课题编号：CSDP20FS0B311

儿童心理辅导范例

ERTONG XINLI FUDAO FANLI

徐晓虹 编著

宁波出版社

图书在版编目（CIP）数据

儿童心理辅导范例 / 徐晓虹编著 . — 宁波：宁波出版社，2017.4（2020.12 重印）
ISBN 978-7-5526-2835-7

Ⅰ.①儿… Ⅱ.①徐… Ⅲ.①儿童心理学 Ⅳ.① B844.1

中国版本图书馆 CIP 数据核字（2017）第 033175 号

儿童心理辅导范例

编　　著	徐晓虹
出版发行	宁波出版社
	（宁波市甬江大道 1 号宁波书城 8 号楼 6 楼　邮编：315040）
网　　址	http://www.nbcbs.com
责任编辑	俞　琦
责任校对	胡雯艳　王　丹
封面设计	Add1design
内文设计	金字斋
印　　刷	宁波白云印刷有限公司
开　　本	710mm×1000mm　1/16
印　　张	19.5
字　　数	350 千
版　　次	2017 年 4 月第 1 版
印　　次	2020 年 12 月第 2 次印刷
标准书号	ISBN 978-7-5526-2835-7
定　　价	39.00 元

版权所有　翻印必究

本书若有印装问题影响阅读，请与承印厂联系调换，联系电话：0574-83875165

代序：我的教育信条

第一条　什么是教育

我相信——

一切教育都是通过个人参与人类的社会意识而进行的。

这个教育过程有两个方面：一个是心理学的，一个是社会学的。它们是平列并重的，哪一方面也不能偏废。否则，不良的后果将随之而来。这两者，心理学方面是基础的。儿童自己的本能和能力为一切教育提供了素材，并指出了起点。

心理的和社会的两个方面是有机地联系着的，不能把教育看作是二者之间的折中或其中之一凌驾于另一个之上而成的。

总之，我相信，受教育的个人是社会的个人，而社会便是许多个人的有机结合。如果从儿童身上舍去社会的因素，我们便只剩下一个抽象的东西。如果我们从社会方面舍去个人的因素，我们便只剩下一个死板的没有生命力的集体。因此，教育必须从心理学上探索儿童的能量、兴趣和习惯开始。

第二条　什么是学校

我相信——

学校主要是一种社会组织。教育既然是一种社会过程，学校便是社会生活的一种形式。在这种社会生活的形式里，凡能最有效地培养儿童分享人类所继承下来的财富以及为了社会的目的而运用自己的能力的一切手段，都被集中起来。因此，教育是生活的过程，而不是将来生活的预备。

学校必须呈现现在的生活——即对于儿童来说是真实而生气勃勃的生活，像他们在家庭里、在邻里间、在运动场上所经历的生活那样。

不通过各种生活形式，或者不通过那些本身就值得生活的生活形式来实现的教育，对于真正的现实总是贫乏的代替物，结果形成呆板而死气沉沉的局面。

第三条　教材

我相信——

儿童的社会生活是他的一切训练或生长的集中或相互联系的基础。社会生活给予他一切努力和一切成就的不自觉的统一性和背景。学校课程的内容应当注意从社会生活的最初不自觉的统一体中逐渐分化出来。

我们由于给儿童太突然地提供了许多与这种社会生活无关的专门科目,如读、写和地理等,而违反了儿童的天性,且使最好的伦理效果变得困难了。

因此,学校科目相互联系的真正中心,不是科学,不是文学,不是历史,不是地理,而是儿童本身的社会活动。

第四条　方法的性质

我相信——

方法的问题最后可以归结为儿童的能力和兴趣发展的顺序问题。提供教材和处理教材的法则就是包含在儿童自己本性之中的法则。

（1）在儿童本性的发展上,自动的方面先于被动的方面;表达先于有意识的印象,肌肉的发育先于感官的发育,动作先于有意识的感觉;我相信意识在本质上是运动或冲动的;有意识的状态往往在行动中表现自己。

（2）表象是教学的重要工具。儿童从他所见的东西中所得到的不过是他依照这个东西在自己心中形成的表象而已。

（3）兴趣是生长中的能力的信号和象征。我相信,兴趣显示着最初出现的能力,因此,经常而细心地观察儿童的兴趣,对于教育者是最重要的。

（4）情绪是行动的反应。力图刺激或引起情绪而不顾与此情绪相应的活动,等于导致一种不健全的和病态的心理状态。

只要我们能参照着真、善、美而获得行动和思想上的正确习惯,情绪大都是能够约束的。

第五条　学校与社会进步

我相信——

教育是社会进步及社会改革的基本方法。

以上文字摘自杜威的《我的教育信条》,以代序。

目　录

代序：我的教育信条 ·· 001

第一章　悦纳自我心理辅导

第1节　渴望长大的卡卡 ·· 002
第2节　红星闪闪亮 ·· 006
第3节　成长的小小鸟 ·· 010
第4节　小乌龟开店 ·· 013
第5节　当你说我不好时 ·· 017
第6节　拥抱自信 ·· 021

第二章　良好情绪心理辅导

第1节　表情与心情 ·· 026
第2节　心情颜色小屋 ·· 030
第3节　情绪初体验 ·· 035
第4节　喜怒哀惧真体验 ·· 041
第5节　我能控制我自己 ·· 045
第6节　走出悲伤 ·· 053

第三章　挑战困难/诱惑心理辅导

第1节　大胆说出来 ·· 060

第 2 节　小兔新旅行……………………………………………… 064

第 3 节　闯关过关………………………………………………… 067

第 4 节　"豆豆"奇遇记…………………………………………… 071

第 5 节　龟兔又赛跑了…………………………………………… 075

第 6 节　好想好想………………………………………………… 079

第四章　自立勇敢心理辅导

第 1 节　换牙初体验……………………………………………… 086

第 2 节　从前,有个小怪…………………………………………… 091

第 3 节　我会独自睡觉…………………………………………… 095

第 4 节　晚上小便,我不怕………………………………………… 099

第 5 节　我迷路了………………………………………………… 104

第 6 节　三只蚂蚁的奇怪旅行…………………………………… 108

第五章　同伴交往心理辅导

第 1 节　霸道的小熊……………………………………………… 114

第 2 节　小兔不嫉妒……………………………………………… 118

第 3 节　对不起,我错了…………………………………………… 123

第 4 节　主动的奇妙魔力………………………………………… 127

第 5 节　宽容,给世界一片晴天…………………………………… 131

第 6 节　我为你高兴……………………………………………… 139

第六章　人际关系心理辅导

第 1 节　大肚子的熊爸爸………………………………………… 146

第 2 节　亲亲的烦恼……………………………………………… 149

第 3 节　公主爱美丽……………………………………………… 157

第 4 节　该为谁多想……………………………………………… 162

第5节	如何来说"不"	167
第6节	真的没关系	173
第7节	对不起！So easy	177
第8节	寻找人际沟通的金钥匙	182

第七章　幼小衔接心理辅导

第1节	开开心心上幼儿园	190
第2节	走近小学	193
第3节	说再见	199
第4节	守规则,好处多	201
第5节	我想和你交朋友	206
第6节	学会合作你我他	209

第八章　学习心理辅导

第1节	静心,收获成功	216
第2节	寸金难买寸光阴	220
第3节	让耳朵更灵敏	224
第4节	小猫钓鱼新说	228
第5节	与音乐对话	234
第6节	轻轻松松上考场	239
第7节	I am I, I am better	248
第8节	摆脱习得性无助	253

第九章　面对挫折/消费心理辅导

第1节	我一定会回来的	262
第2节	阳光总在风雨后	266
第3节	直面挫折　珍爱生命	272

第4节 让挫折丰富人生 …………………………………………… 278
第5节 我是小富翁 ………………………………………………… 282
第6节 名牌的烦恼 ………………………………………………… 286
第7节 我的 money 我做主 ……………………………………… 289
第8节 热线 51880（我要帮帮你）……………………………… 294

主要参考文献 ……………………………………………………………… 299
后记 ………………………………………………………………………… 300

第一章
悦纳自我心理辅导

> 自我意识包括自我认识、自我接受、自我协调、自我激励和自我管理等,对于正在成长中的儿童,自我意识辅导非常重要,可以帮助儿童树立自信心,进行初步的自我评价,认识到自己的长处,快乐地接纳自我。本章精选了6个范例。

第1节 渴望长大的卡卡

【辅导主题】

成长认知的心理辅导。

【辅导目标】

1. 感受成长过程,正确认识自己的长大,感悟长大是一个丰富的过程。
2. 体验"成长之路",萌发踏实、坚定走好每一步的积极正面的成长态度。

【辅导对象】

幼儿园大班幼儿。

【辅导预设与教学流程】

◎ 谈话引出,开启内心

设疑:你想长大吗?为什么想长大?开启幼儿想长大的内心独白,随后让孩子们带着对长大的渴望进入第二环节。

教学线	心理线
开启内心 ←→	心理潜伏期
体验感受 ←→	心理表白期
认知冲突 ←→	心理调整期
经验重构 ←→	心理同化期
操作感悟 ←→	心理强化期

◎ 创设情境,体验感受

师:今天老师就让你们梦想成真,让我们穿过时光的隧道,看,这里有爸爸的衬衫、妈妈的高跟鞋……让我们尽情打扮自己,完成长大的梦想!孩子们,穿越吧!

材料提供如图,分成饰品区、服装区、鞋帽区

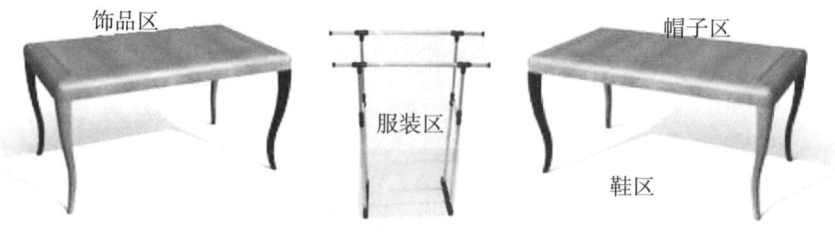

孩子们自由选择并让自己长大,在这个过程中老师随机访问:"你长大了吗?变成谁了?感觉怎么样?"整个环节在一种轻松诙谐的氛围中进行。紧接着回到现实,追问:"刚刚你们长大了吗?长大的感觉怎么样啊?"

本环节旨在让幼儿完全释放内心渴望长大的情绪,让幼儿对长大的固有理解做一个心理表白,随后进入活动第三环节。

◎ 揭示矛盾,认知冲突

首先跟孩子们讲述卡卡的成长困扰:他模仿成人的行为和装扮,却改变不了别人眼中他仍然是小不点儿的现实。随即抛出问题:"卡卡长大了吗?怎么才算真的长大呢?"

引发集体的认知冲突,进入心理调整期,随即进入辅导中心环节。

◎ 多通道展示,经验重构

1. 播放卡卡妈妈成长视频,这是突破难点的策略之一。

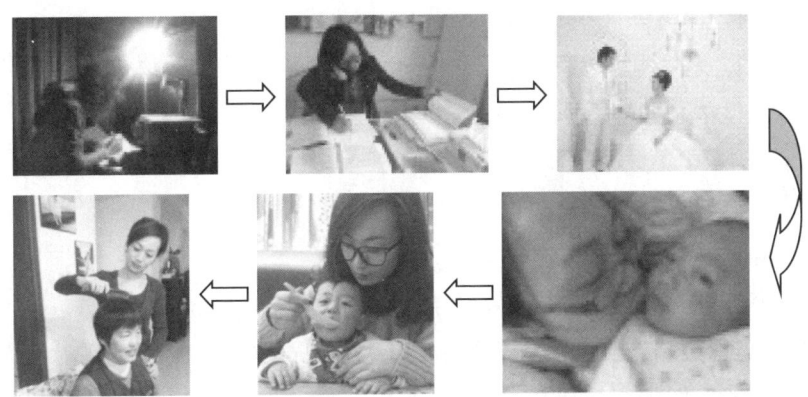

挑灯夜读、努力工作、孝敬老人等片段组成动态视频,结合音乐、画外音,揭示长大不仅是长个子,长大是用勇敢和智慧战胜一个又一个困难的过程,长大虽然辛苦但很快乐。

2. 设疑推进。

问题一:在视频里,卡卡妈妈经历了哪些事?

问题二:你身边有谁像卡卡妈妈一样经历着这些成长的事?

在问题二过程中同步运用成长树,把幼儿看到的成长用成长牌展示,最后在幼儿的表述中变成一棵枝繁叶茂的大树。揭示长大是一个丰富的过程。

本环节旨在用一种积极、正面、温情的基调唤起孩子对长大的新感悟,孩子对长大的解读可能会偏于表现长大的辛苦,教师可适当引导。如幼儿会说:"阿姨生了小宝宝晚上睡不好,要起来喂奶。"老师就可以回应:"对,但是当妈妈的感觉很幸福哦!"或者进一步追问:"如果你将来长大当了妈妈,小宝宝要哭要闹,你会用心照顾她(他)吗?"当得到肯定答案时给予激励:"相信你一定会是好妈妈!"

3. 成长照片展。

其实长大离我们很近很近,我们一直在长大哦。不信,让我们看看小时候的自己。看完过去的自己,你觉得自己在长大吗?

至此,本环节辅导的重难点已基本解决,但心理学认为"情绪先导行动,而行动内化情感",因此最后一环节要用一种具象的方式让孩子们在行动中充分内化情感。

◎ **操作感悟,情感升华**

在励志音乐背景下,幼儿每人两块砖铺路前行,用砖块的重量感对应成长路上会遇到的辛苦,在过程中教师要给以不断激励:"加油!你一定行!"鼓励幼儿坚持走下去。

师:让我们带上这份勇敢,一起加油,一起成长,一起坚定地走下去!(开放收尾结束辅导,把情感和状态延续到最后)

【辅导活动点评】

本辅导活动体现的亮点:

第一,突破难点:教师运用辅导教学策略。

1. 媒体呈现策略:自制卡卡妈妈的成长视频,通过一些成长点展示长大是很丰富的过程,很苦很累又很快乐!

2. 层级支架策略:通过两问推进、具象成长树等不同形式,让幼儿对成长由远及近逐层推进,在过程中自然了解我们一直在长大,长大无处不在,长大是自然而然的事。

3. 体验感悟策略:铺设幼儿走"成长之路"的体验环节,用砖块本身的重量映射成长路上会遇到的困难和辛苦,揭示成长并不是一件轻松的事,但坚持就能获得成功的喜悦。

第二,积极回应:凸显心理辅导活动的价值核心。

在心理辅导活动中,教师不能用大而泛的表扬,单一重复的评价会让幼儿缺失安全感,唯有用理解、鼓励的态度方能让幼儿放下一切心理负担,用精准的回应让幼儿提升经验。例如:"我小时候也那么想过。""我相信你一定行!""哦,长大就是担起更多责任,照顾更多人!"当然,真正的共鸣是由内而外的,教师只有用心体会和感受才能让幼儿容易接受,这样的互动绝不仅限于语言!

第三,真情入境:心理辅导活动的有效途径。

作为一个心理辅导活动,教师和幼儿的投入程度的多少、对活动动情与否,如试金石一般决定了活动的成败。教师除了要在情感上全身心投入活动中,更需要创设良好的氛围带动幼儿。所以在本活动中确定了各环节的不同基调,用不同的背景音乐烘托。如体验长大环节,用诙谐的音乐营造轻松的氛围;成长之路环节,用励志的音乐调动幼儿坚持的情绪等,以情塑行,达到辅导效果。

【给家长的建议】

心理学家对自我意识辅导内容的界定,主要包括自我认识、自我接受、自我协调、自我激励和自我管理五个方面。自我激励辅导能帮助幼儿树立自信心,克服自卑感,在面对困难和挫折时,能自己给自己打气。

3~6岁的学前儿童,处在心理成长和人格形成的关键时期,具有巨大的发展潜力,可塑性大。由于他们在心理上极不成熟,自我调节、控制水平较低,自我意识还处在萌芽状态,极易因环境等不良因素的影响形成不健康的心理和人格。

在实际调查中,我们发现不少幼儿由于缺乏对自我和他人的正确评价,在自我意识的发展上常常表现出自我中心与自我菲薄两种状态,即过于自我或过于自卑。

所谓自我中心,是指在观察事物或考虑问题时,只从自己的角度,用自己的经验去对待事物,不能设想他人观点、他人内心世界的一种心理状态。例如当他们看到一个小朋友拿着玩具在哭泣,他们便会认为小朋友不喜欢这个玩具(因为他们自己也会因为不喜欢某个玩具而哭泣)。如果别人告诉他(她),小朋友从来没见过这种玩具,被玩具吓哭了,他(她)怎么也难以理解。所以,幼儿往往很难从别人的角度来观察事物;很难用别人的观点去分析问题;很难体验别人在某种情境中的行为;很难考虑别人的感受,表现出自私、自大、不接受别人意见等特点。

所谓自我菲薄,是对自己的能力、性格、体格、容貌的自谴自责。主要表现如下:1.过分地责备自己。自我菲薄的幼儿犯了点错误,做错了一点事情往往过分地责备自己。2.过度地嫌弃自己。自我菲薄的幼儿常因自己的一点生理缺陷,一些学习或生活中的不足而嫌弃自己,并经常有意识地掩饰自己的缺陷与不足。当别人提及自己的缺陷与不足时,就会发火。3.过分地毁损自己。极端者会扯自己的头发,打自己耳光,不吃不喝,有时甚至用头撞墙,用针刺自己,以此表示对自己的不满和愤怒。

为什么会出现自我中心与自我菲薄等这些自我意识发展障碍呢？这与幼儿的年龄特点密切相关。由于认知水平的局限,幼儿的自我意识还比较低级,具体表现出以下三个特点：

1. 依从性和被动性。对成人权威的尊重和服从往往使幼儿把成人对自己的评价看成是自己的评价,成人认为好就好,成人认为不好就是不好。

2. 表面性和局部性。幼儿对自己的认识都集中在外部行为表现上,还不会关注内心活动和品质。

3. 情绪性和不确定性。幼儿的自我评价往往带有主观情绪性。

因此我们有必要对儿童进行自我意识的辅导,帮助幼儿科学地认识自我、悦纳自我、激励自我、管理自我,促进幼儿良好自我概念的形成和自我意识的发展,形成自尊、自信、自重、自爱、自强、自制的健康人格,帮助、推动幼儿的自我意识向更高阶段发展。

所以,为了孩子的心理健康,家长们首先要关注自信心的形成,从孩子的自我认识与自我接受开始。

第2节　红星闪闪亮

【辅导主题】

自我意识的心理辅导。

【辅导目标】

1. 知道每个人身上都有优点,初步学会欣赏同伴和自己的优点。
2. 体验更多的自信心和满足感,在心理活动中感到愉悦。

【辅导对象】

幼儿园中班下学期、大班幼儿。

【辅导预设与教学流程】

◎ 创设情境,引出课题

师:森林王国的国王给我写了封信,邀请我们班里优点多的孩子去参加动物联欢会,你们觉得自己有机会去吗?我们先来找一找自己有多少优点。

教师用参加动物联欢会作为兴趣点,创设情境,自然地向幼儿提出活动要求,使幼儿一开始就有了明确的目的和浓厚的兴趣,为开展下一个环节做了心理铺垫。注意,这里进行举手统计,作为前测数据。

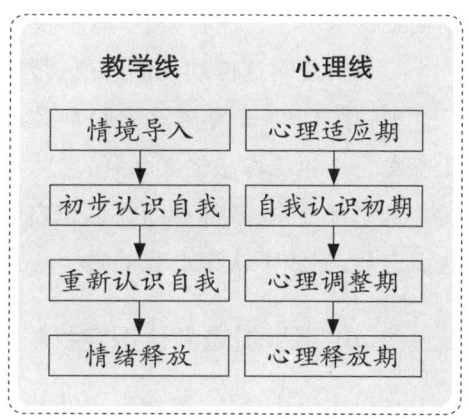

◎ 说优点,初步认识自我

1.幼儿自己向同桌讲述自己的优点,说出一个优点,同桌就在花朵上贴一颗五角星。

师:请你向你的同桌讲讲自己的优点,说出一个优点,同桌就在花朵上贴一颗五角星。然后两个人交换进行。

这个环节为幼儿创设了认识自我、发现自己优点的机会,让幼儿能够初步地认识自我,也为下一个环节的开展做了铺垫。活动中,请同桌用五角星进行记录,一方面能够体现公平,更重要的是让幼儿之间能够相互关注、相互合作。

选择贴五角星这一方式进行记录,能够大大地激发幼儿的活动兴趣。因为以往只有老师能够为孩子贴五角星,而在这个活动中孩子也拥有了这样的权利,那是他们无比高兴的事情。

2.集体交流,寻找五角星最少的幼儿。

师:请你们拿好自己的花朵,相互看一看,谁的五角星最少?

这是教师了解班级幼儿自信心状况的途径,能够从幼儿的五角星的多少,来初步了解孩子的自信心状况,为下一步单独辅导、寻找对象做好准备。

3.请全体幼儿帮助寻找该幼儿的优点,找到一个,就再添一颗星星。

师:小朋友们,你们来帮忙找一找,他(她)除了这些优点,还有别的优点吗?你找到一个,就告诉大家,并上来为他(她)贴一颗五角星。

这是一个非常重要的环节,对于班级中自信心特别弱的这个孩子是一个心灵震撼的过程,通过这个环节他(她)能够在同伴们找出的各种各样的优点中,重拾自信。同时对于其他孩子而言,这一过程也能让他们努力去发现别人身上的优点,更加积极地评价同伴。无论对于这一个孩子,还是对于其他的孩子,都有积极的心理辅导价值。

4.了解此时这位幼儿的感受,帮助其树立自信心。

师:原来你(五角星最少的那位幼儿)也是个有很多优点的孩子,只是你自己没有发现。你现在感觉怎么样?

这一环节中,教师重新将认识自我的权利交到了幼儿自己的手上,让孩子重新认识自我,完成了认识自我的整个心理过程。

◎ 小组活动,重新认识自我

1.以小组为单位,寻找组内幼儿身上的优点。方法同上。

2.集体交流:"你的同伴为你找到了几条优点?"这里为幼儿创造了一个积极的交往空间,小组成员间相互寻找优点,能使组内幼儿之间多一些了解。知道别人有很多优点,大家都要努力。

◎ 情绪释放,快乐结束活动

师:游戏中,你感到高兴吗?如果你觉得很高兴,就贴上大笑的表情,如果你觉得一般就贴上微笑的表情。

师:狮子大王看我们班的小朋友身上优点真多,决定让我们所有的小朋友都去参加联欢会,你们高兴吗?那我们就出发吧!

通过贴表情,一方面可以看出这个心理辅导活动之后幼儿的情绪状态,另一方面也让每一个孩子将内心的感受进行了释放,同时也为教师反思教学活动提供了依据。

【辅导活动点评】

在幼儿期,很多孩子都有自信心不足的问题,因此自信心的培养成为本次活动的方向。

熊燕燕老师执教的本次辅导活动,主要运用认知矫正和肯定性训练相结合的方法,激励幼儿重新认识自我,调控自卑心理,帮助幼儿树立自信心。辅导的亮点有:

1. 创设一定的故事情境,帮助幼儿更快地进入角色。幼儿的思维是具体形象的,对事物的理解也是直观形象的,因此情境是对幼儿进行心理辅导的一个很好的桥梁。在这一活动中,以参加动物联欢会作为活动的情境,引起了幼儿的兴趣。

2. 保证全体幼儿全身心地参与,注重活动的心理体验。因为团体心理辅导不是强调心理学知识的掌握,而是在参与的过程中不断地获得情感体验,以促进幼儿个性良好的发展。

3. 通过互相寻找优点,让幼儿不仅发现了自己的优点,也注意到了同伴的优点,共同体验到了一种被他人认可的快乐。这也是本次活动的出彩之处。

本活动是针对幼儿的自我意识进行的心理辅导,教师不能居高临下地说教,而是应当引导幼儿主动参与、亲身体验,这样才会使幼儿获得体验,并在体验中获得发展。

【给家长的建议】

心理学研究认为,4~5岁的儿童开始能够进行同伴评价,因此他人的评价、态度对学前儿童自我效能感的培养有重要意义。但是幼儿往往有以自我为中心的心理特点,加上在家庭生活中较少或者没有同伴的比较,他们往往难以看到别人的优点。

其实,人作为社会关系的总和,在认识和改造客观世界的过程中也在认识和改造自己。任何人在成长过程中,都需要得到别人的欣赏和认可。欣赏能够增添动力,激发活力。得到他人欣赏,就是得到了一种肯定和激励,得到了一种慰藉和力量。

有心理学家认为:"人性中最深切的心理动机,是被人赏识的渴望。"人关于自己的观念在很大程度上取决于周围人对他的评价。个体可以从他人的评价、态度中获取有关自己能力高低的信息。

然而,若孩子们从小听到的、得到的都只有赞扬和表扬,形成了以自我为中心的性格,又怎么去发现和寻找别人的优点呢?在幼儿园评小组长、值日生、小班长时,幼儿通过揭别人的短处来突显自己,增加自己被选上的机会。针对这种情况,家长有必要教育孩子正确评价自我、正确评价他人,同时,学习欣赏别人。

第3节 成长的小小鸟

【辅导主题】

自我心情的心理辅导。

【辅导目标】

1. 初步了解自己有高兴、愤怒、悲伤、快乐四种最基本的心情。
2. 尝试在情境中体验高兴、愤怒、悲伤、快乐等心情。
3. 初步学习一些心理调节的方法,学习和同伴分享快乐。

【辅导对象】

幼儿园小班幼儿。

【辅导预设与教学流程】

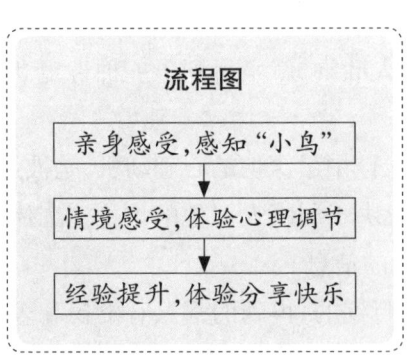

教学具体细节流程,见下表:

流程	具体设计	设计意图
亲身感受,感知"心里的小鸟"	1. 从小鸟的叫声引出 2. 教师引导,激发幼儿感知兴趣。"小朋友心里都住着一只小鸟,它每天和我们在一起……"	●教师神秘引出课题,让幼儿对"心里的小鸟"产生兴趣,自然引入活动

续表

流程	具体设计	设计意图
亲身感受,感知"心里的小鸟"	3. 幼儿互相听听心跳声,感知"小鸟"的存在 4. 引导幼儿建立"情绪和小鸟"的联系。心里的小鸟是你最要好的朋友,你开心它也开心,你难过它也难过,你想吃东西它也想吃东西,问问你心里的小鸟现在在想什么?	● "砰砰"的心跳声与小鸟扑腾翅膀的声音形象对比,让幼儿"听听彼此的心跳声" ● 是本环节的重点,让孩子感受小鸟的情绪变化是和自己的情绪变化相联系的,从而为后面的活动做好铺垫
情境感受,体验心理调节	1. 种巧克力豆: (1)期待,豆豆发芽 (2)高兴,豆豆长大 (3)悲伤,豆豆吹倒 (4)快乐,豆豆丰收 (5)愤怒,豆豆被偷 提问:豆豆种下去了,各种情况下(发芽了/被风吹倒了/长出糖果了),你心里的小鸟是怎么想的? 有时可以怎样来安慰你的小鸟? 2. 分享巧克力豆	● 通过每一个事件的发生,共同感受不同的情绪,在悲伤、失望、愤怒的时候,能够运用适当的方法加以调节 ● 可以有多种心情的表达,重点突出"喜怒哀乐"四种心情
经验提升,体验分享的快乐	谁愿意把豆豆分给客人老师吃呢? 为什么? 结束:继续播种豆豆	●引导幼儿学习和他人分享成功的快乐和喜悦,体验分享的快乐

【辅导活动点评】

世界上所有的儿童得到心爱的礼物时都会高兴,世界上所有的儿童受到伤害或者感到悲哀时都会哭泣,因此,自我情绪的表现往往具有先天的遗传模式。我们平时所说的喜、怒、哀、乐是人类四种最基本的情绪,人类的其他情绪都是这四种情绪派生出来的。这几种情绪在体验上是单纯的、不复杂的,但是对于小班幼儿来说,因为年龄小,情感内容不丰富,情感表现不稳定,而且不会用准确的语言表述自己的情绪情感。因此我们要丰富幼儿的情感经验,创设情境表演,运用一定的语言描述,模拟出幼儿生活中最常见的情绪性问题情境,让孩子一起来参与活动,共同感受和表达出自己心里所想的事情,从而加深对自己心理的认识,让孩子初步学会调节自己情绪波动的方法,充分发挥"助人自助"这一方法原则的作用,使孩子的心理世界更加开阔和明亮。

由于小班孩子年龄小,一切以自我为中心,在家里都是要什么有什么,而初入幼儿园过集体生活,什么东西都要和同伴一起分享,就感觉不自在和不乐意,而这也需要老师和家长逐步引导,使孩子养成与同伴分享的良好品质。任怡娇老师执教的本辅导活动还有其他特点:

1. 注重氛围的营造,使活动情境游戏化

环境之于人的作用是重要的,幼儿的联想能力、融入情境的能力又很强,让孩子置身于特定的情境中,能使孩子亲身感受和体验。所以整个活动根据小班幼儿的年龄特点,采用了幼儿直接参与的情境教学法。让幼儿在有趣、直观、形象的情境中,始终以角色的身份参与活动,既符合小班幼儿好动的特点,又吸引了幼儿的注意力,真正实现在活动中感知,在活动中得到更深的体验。

2. 注重幼儿的情感激发和迁移,使活动得到拓展和升华

本次活动始终以情境贯穿其中,随着情节的发展,孩子的情绪也在不停地发生着变化,从平静到高兴,从期待到失望,从悲伤到快乐,引发幼儿内在的情感。教师注重以情促景,在活动中以自己的情感、语言来感染幼儿,将幼儿带入温馨的氛围,共同体验情境中的喜与悲、开心和快乐,以引起情感共鸣。

通过这次现场活动,我们也发现很多有趣的现象,小班的孩子非常喜欢这种情境性的学习活动,每一个孩子都能积极投入到活动中来,随着情节的不断变化,情绪也随之改变。

比如,当看到糖果树被风吹倒的时候,小朋友都很着急,有几个孩子甚至哭了,但是孩子们还是能够在老师的引导下一起安慰自己心里的小鸟,从而调节好自己的情绪,虽然才是小班第一学期的孩子,但是大家都能用完整的语言来安慰自己。"小鸟小鸟,别着急,小树还会长大的。""小鸟小鸟,别哭,我们给小树浇点水,小树会好起来的。"……可见孩子的情绪被调动起来了,而且已经完全进入情境了。

在活动现场,我也看到了孩子的真实天性:要和别人一起分享时,很多孩子还是显得非常犹豫,有几个孩子甚至先把糖果塞进了嘴里,但当有一个孩子将糖果送给客人老师的时候,因为有了领头的作用,所以,也有部分孩子将手中的糖果送了出去。因为孩子年龄小,这种分享应该逐步来培养。

不过,换位思考:不管是谁,要把手中好不容易、千辛万苦才得到的唯一一颗糖果送人,确实会有很大的思想斗争。如果在课中安排的是橘子或者是两颗糖果的话,孩子这一暂时的犹豫会明显减少,分享的环节也会更加成功,因为要把手中的全部奉献出来和只奉献其中一部分的感觉是完全不同的。这是教师今后

在安排和考虑活动材料时需要不断完善和改进的,要更加注重孩子的身心特点和年龄特点。

【给家长的建议】

积极心理学、多元智能等理论,重视孩子的心理情感,这也要求家长不能只停留在对孩子不同心情的体验上,而是将引导孩子拥有积极健康的情绪和心理行为作为最终目标,积极调控,排解消极情绪,给孩子以情感智能的初步启蒙,使幼儿逐步走出自然属性的低级情感,促进健康心理的发展。

关注孩子个性特征的教育理念,指导我们更多地去了解孩子,尝试通过各种途径解读孩子,努力走进孩子的心田。让孩子大胆地说出自己的所思所想,是了解孩子最直接的途径。

然而,要让孩子对成人敞开心扉也并不是一件容易的事情,因为成人毕竟和孩子处于不同的认知世界中,总是会不自觉地以成人世界的认知规则去衡量孩子。如果有一天孩子不愿意说出他们的心里话,那么,家长将如何陪伴孩子长大呢?而一个不敢或不善于表达自己内心世界的人,他的人生也是不真实的。所以,让孩子说出心里话,不仅有利于教育,更有利于孩子的心理健康。

因此,家长应该培养孩子从小大胆地说出自己的心里话,建立良好的倾诉习惯,沟通彼此的心情,培养彼此的感情,养成孩子敏锐地感知周围事物的习惯。

第4节 小乌龟开店

【辅导主题】

自信心的心理辅导。

【辅导目标】

1. 知道每个人都有自己的长处,尽量发挥自己的长处。
2. 能用较清楚、连贯的语言表述自己和他人的长处。

【辅导对象】

幼儿园中、大班幼儿。

【辅导预设与教学流程】

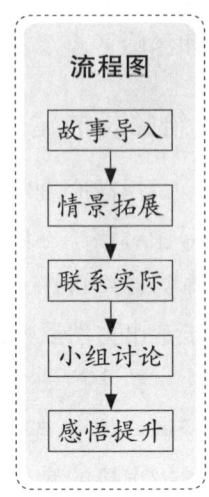

◎ 故事导入,欣赏故事《小乌龟开店》

森林里有两只小乌龟,它们想开一家店,但是又想不出开什么店好。它们就去问森林里的其他动物。

小乌龟看见大象伯伯,就问:"您开了一家什么店?"大象笑眯眯地说:"我的鼻子长,一次能吸好多水,正好用来浇花,我开了一家花店!"

它们在路上又遇见了袋鼠妈妈,就问:"您开了一家什么店?"

袋鼠妈妈笑眯眯地说:"你们瞧!我的大口袋可以装许多东西,而且我跳得快,所以我就开了一家流动报刊店。"

两只小乌龟继续往前走,看见河马大叔,就问:"您开了一家什么店?"河马笑呵呵地说:"我的大嘴巴一口就能吹出好多气,我开气球商店!"

两只小乌龟这下有点明白了,它们觉得别人都是靠自己的长处在开店,那么它们有什么长处呢?小朋友,你能猜出两只小乌龟到底开了一家什么店吗?

告诉你吧:它们开了一家烧饼店!它们把揉好的面团放在自己坚硬的壳上压扁,然后在太阳底下烘晒。烧饼的香味飘呀飘呀,很多动物都来买它们的烧饼!两只小乌龟甭提有多高兴了。

1. 问:小乌龟既没有长鼻子,又没有大嘴巴、口袋,它们开什么店呢?

2. 揭示谜底,并小结:每个动物都有自己的特长,小乌龟正是发挥了自己的特长,才做出了香喷喷的大烧饼。

◎ 情景拓展,幼儿操作分析

请幼儿到"大森林"中去寻找动物,并结伴讨论:如果这些动物想开店,它们能开什么店?为什么?

◎ 联系实际,寻找同伴特长

先进行自我分析,小朋友们自己有什么特长。然后出示 5 个幼儿照片,寻找同伴特长或长处,进行示范。

5个幼儿的特长比较明显,有助于引导;特长不要拘泥于学习什么乐器之类,还可以从动作、细节、事件入手,比如会让座,不乱丢东西,会分享,懂谦让等文明礼貌的细节,最后拓展、提炼到品德行为。

◎ 小组讨论,相互寻找特长

进一步联系幼儿实际生活,分小组讨论或者请幼儿找好朋友,自由组合,按照教师上面的示范,继续寻找每个人的特长或长处,学习用比较清楚、连贯的语言表述自己和他人的长处。

【辅导活动点评】

本辅导活动由谢颖等老师执教,属于海曙区较早期的探索性活动,活动性质属于学科渗透心理辅导,在大班的语言活动中使用。本辅导活动的亮点主要有:

1. 非常切合幼儿实际,包括展现自己的长处、发现和寻找他人长处等内容,对于幼儿正确自我意识的形成具有非常重要的意义。

2. 小乌龟开店的故事形象生动,寓教于乐,跟本心理辅导活动的主题极其吻合,幼儿容易理解并迁移。

3. 本辅导活动创设了一种尊重、轻松、平等的教学氛围,老师教态自然和蔼,幼儿感到心理安全,思维积极,各项活动主动配合。

教师语言以引导、鼓励、肯定、赞扬为主,幼儿在活动中充满成就感、满足感。平等、尊重、安全的心理环境氛围,本身就是培养幼儿自信心的最好软环境。

本活动可以设计《小乌龟开店》故事录音,或者由教师现场解说,配上故事情节的相关图片,也可以配上幼儿的情景表演。

【给家长的建议】

自信心,是一种相信自己有能力实现目标的心理倾向,是一种推动个人进行活动的强大动力,也是个人完成活动的有力保证。自信是健康的心理状态,需要家长重点培养。

在调查了诸多名人经历后,卡耐尔得出结论:"一个人事业上成功的因素,其中学识和专业技术只占15%,而良好的心理素质要占85%。"

所以,自信是成功的保证,是相信自己有力量克服困难,实现一定愿望的一种情感。有自信心的人,能够正确地、实事求是地评估自己的知识、能力,能虚心接受他人的正确意见,对自己所从事的事业充满信心。

幼儿自信心不足的主要行为:

第一,在课堂上一般表现为不敢或很少主动举手发言,回答问题紧张,不流利,不敢在他人面前展示自己的成果。

第二,不敢主动要求参加其他同学的小组或集体活动,不敢主动提出自己的意见、建议,不敢放心大胆地活动。

第三,在遇到困难时常常害怕,退缩,易放弃,而不能努力解决。惧怕尝试新事物,选择那些比较容易的项目,而逃避那些可能有一定难度或挑战性的项目。

第四,与同伴交往时不敢主动地与其他同学交往,常常畏缩,退避,独逛或独自游戏,说话小声,胆怯。

给家长的建议是:

第一,多作肯定性评价来树立自信心。幼儿判断能力较弱,成人心理投射是他们形成自我评价的主要来源,需要在成人给予的肯定性评价中确立自信心。

英国心理学家罗森塔尔在美国一所小学做实验,为18个班的学生做了未来发展趋势测验,然后把具备"最佳发展前途"的学生名单交给老师。这种暗示坚定了老师对这名单上的学生的肯定。8个月后复试,上了名单的这些学生进步较快、且性格活泼、自信心强。实验表明:教师对学生的肯定评价形成了期待效应。

第二,多角度评价孩子来形成自信心。对孩子的评价除了看各学科成绩,同时也不能忽视对其他方面的评价,如兴趣、工作能力、口头表达能力、动手能力、计算能力、人际关系能力等。多角度评价,有利于孩子正确看待自己的优点和缺点。

第三,多用鼓励、激励方法培养自信心。美国心理学家杰丝·雷耳说:"称赞对鼓励人类的灵魂而言,就像阳光一样。"对孩子任何一点值得鼓励的地方,我们都应该加以肯定、赞扬,激起他们的自尊和自信,并通过持续不断的鼓励,使其持久地保存下去。

比如尊重激励。苏霍姆林斯基指出,越是深入孩子的内心世界,体验他们的思想感情,就越体会到这样一条真理:在影响孩子内心世界时,不应该损伤他们心灵中最敏感的一个角落——人的自尊心。心理学家威廉杰姆士说过,在人的所有情绪中,最强烈的莫过于渴望被人重视。

比如信任激励。巴特尔指出,"爱和信任是一种神奇的力量","哪怕是仅仅投向孩子的一瞥,幼小的心灵也会感光显影,映出美丽的图像"。

比如赏识激励。人需要赏识,诺贝尔化学奖获得者瓦拉赫,在被多数教师判为"不可造就之材"以后,另一位教师从他的"笨拙"之中,找到了他的办事认真谨慎的性格特征并予以赞赏,鼓励瓦拉赫学化学,终于使他成了"前程远大的高才生"。这启示我们要多发现孩子身上可以肯定的东西,对正确的加以赞赏,"锦上添花";对错误的也可以从思维方式、答题方式或态度上加以肯定,"雪中送炭"。

第四,多创设成功的机会来巩固自信心。詹姆斯说:"每个人都具有在生活中取得成功的能力。每个人天生都具有独特的视、听、触以及思维的方式。每个人都能成为富于思想与创造的人,一个有成就的人,一个成功者。"

要让每个孩子都抬起头来走路。"抬起头来"意味着对自己、对未来、对所要做的事情充满信心。任何一个人,当他昂首挺胸、大步前进的时候,在他的心里就有潜台词——我能行!

自信心是一种内在的心理动力,能鼓舞人去克服困难,不断进步。所以,高尔基指出:"只有满怀信心的人,才能在任何地方都把自己沉浸在生活中,并实现自己的理想。"

第5节 当你说我不好时

【辅导主题】

面对他人评价的心理辅导。

【辅导目标】

1. 知道每个人都会面对负面评价,愿意和同伴、教师倾诉自己遭遇负面评价时的心理感受。
2. 积极寻找面对负面评价的方法,并尝试一些积极的做法。

【辅导对象】

幼儿园中班下学期、大班幼儿。

【辅导预设与教学流程】

心理放松期 —— 心理阐述期 —— 心理冲突期 —— 心理释放期。

心理线	活动线	教育线	设计线
心理放松期	一、游戏导入，活跃氛围 游戏：《我说你学》	1. 师生共同游戏，活跃课堂氛围 2. 设疑引发幼儿关注，激发学习欲望	●游戏开场活跃课堂气氛，拉近师幼间的心理距离 ●借助正面评价，愉悦孩子的心情，为之后的活动做好铺垫 ●简单的转折，引起幼儿对绘本的关注
心理阐述期	二、绘本引发，产生同感 1. 播放绘本课件片段（负面评价部分），提问引导 2. 联系自我，自由阐述	1. 播放课件片段一 主要提问：爸爸能干吗？这么能干的爸爸为什么会被妈妈说？ 假如你是爸爸，妈妈的话会令你的心情怎样？ 2. 继续播放课件片段 主要提问：别人都说妈妈、爷爷、奶奶什么不好的话？ 3. 迁移自身 主要提问：平时有人这样说过你吗？听了这样的话你心情怎么样？ 4. 小结：每个人身上总会有一些缺点，连这么漂亮能干的妈妈，这么厉害的爸爸、爷爷奶奶，都有人说呢，更何况我们小朋友呢	●初步感受绘本，让幼儿尝试角色体验，为之后的心理阐述做好铺垫 ●引导幼儿讲述自己听到负面评价的经历，释放情绪 ●借助绘本以及教师的语言，让幼儿意识到每个人都有缺点，被别人批评，是很普遍正常的事，从而使幼儿的情绪得到缓解，敢于正视负面评价
心理冲突期	三、梳理发现，逐步感悟 1. 经验回顾，幼儿简单讲述自己曾经的应对方法	1. 主要提问：当别人说你不好时，你会怎么做？ 2. 观看绘本片段二，并用图表梳理课件中人物的做法 主要提问：爸爸妈妈、爷爷奶奶听到负面评价是怎么做的？	●经验的回顾，可以帮助教师更好地了解本班幼儿对负面评价的看法及回应策略 ●借用优优一家的做法让幼儿了解每个人会用不同的方式回应负面评价

续表

心理线	活动线	教育线	设计线
心理冲突期	2.播放绘本课件片段学习"优优一家人"的做法并梳理	教师根据幼儿回答进行简单记录 3.小结:当别人说我们不好时,每个人心里都会有点难过,甚至会哭、发脾气、不理人、躲起来	●再次疏导幼儿的心理,让他们乐意讲述自己的困惑与应对方式
心理释放期	四、积极行动,实践方法助人自助:别人说优优和她的朋友时,可以怎么做呢?	1.场景再现:优优是幼儿园大班的小朋友,她和她的好朋友们身上也有一些小缺点:吃饭吃不快、不太会跳绳、常常忘记整理东西、忍不住吃手指。她们也在努力改正,只是当别人说她们不好时,她们只会哭、发脾气。你们能帮她们想点办法吗? 2.分小组选择角色,讨论适合的回应方法 3.秀出我的方法 幼儿站在自己选择的帮助对象的模板后,大声说出回应的话 4.小结:原来当别人说我们不好的时候,我们可以用很多方法回应,既可以让别人知道我们已经认识到自己的缺点,还可以让自己的心情变得美好一些	●优优和她朋友身上的问题其实就是幼儿园大班孩子普遍存在的问题。角色的借用,巧妙地降低了孩子的焦虑,又引发了孩子的思考 ●自由选择,以小组合作的方式,使幼儿很好地在生生互动中得到学习,也使得教师可以更好地开展个别的心理辅导 ●表现自己的回应方式。这种角色转换式模拟,很好地帮助了幼儿在未来生活中遇到相似场景时采用适宜的方法回应 ●体现了心育活动最终目的是孩子更加健康地成长
活动延伸	五、延伸拓展	1.把梳理好的方法带回班级,让更多人分享 2.将模板投放到区域中,鼓励幼儿对着模板练习积极的应对方法	●真正实现心育从课堂走向生活

【辅导点评】

大班孩子正处在社会性发展的关键期,他们越来越关注他人对自己的评价,会为别人夸奖自己帅气而沾沾自喜,也会为别人嫌弃自己动作慢而流泪,甚至会因为一些不太好的评价而出现负面情绪、自卑心理。

针对如上心理现象,陈丽婷老师别出心裁地设计了"面对他人评价"的心理辅导活动。本次心育活动,有以下几个亮点:

1. 角色媒介的支持,缓解幼儿的顾虑。大班孩子不愿意向别人表达关于自己的负面信息,总是希望展现自己美好的一面。在心理辅导中,通过倾诉表达能让负面的情绪得到缓解释放。用"优优一家人"的示范,让幼儿意识到每个人都有缺点,有些时候被别人批评,是很普遍正常的事,从而使幼儿的紧张、戒备情绪得到缓解,敢于正视负面评价,并乐意与他人倾诉自己遭遇的负面评价。这对他们情绪的释放起到了很好的作用。

2. 教师的同理回应,敞开幼儿的心扉。教师借优优一家的做法,让幼儿了解每个人会用不同的方式回应负面评价,甚至是一些消极的方式,我们也能坦然接纳,让孩子没有思想顾虑。教师对幼儿讲述自己心情和做法时的同理回应,让幼儿彻底放下防范,全然敞开心扉,让辅导活动得以顺利进展。

3. 表格、语言的梳理,强化孩子的学习。由于孩子的年龄特点和学习特点,他们没有清晰的逻辑思维,教师的小结性语言和表格式的对比分析,能帮助孩子梳理,找到合适的方法,寻求一个更为积极有效的结果。而且适时地使用图谱、表格,会增强教师的说服力,让孩子们在以后碰到类似问题的时候也会想到如此处理,从而促进幼儿个性的良好发展。

一个美好的心育辅导活动,必须是如诗般在孩子心中流淌,体现一种"教育了无痕迹"的理念,在不经意间对孩子的成长起到不可忽视的作用,而这一切必定是建立在教师周密、详尽的考虑之上。

【给家长的建议】

此阶段的幼儿在认知、智力、情绪、个性、道德等多方面都呈现飞跃式的发展,社会性发展也处于关键时期,特别是幼儿的自我认识,正处于一个基础性的发展阶段。

大班孩子,开始出现独立的评价,但是,他们的自我评价还主要依赖成人的评价。同时,他们的自我评价受认知水平的限制,带有情绪性,以自我为中心;只注意主观的观点,不能向客观事物集中;只能考虑自己的观点,无法接受别人的观点。

因此,当他人的评价与自己的评价不符时,幼儿会提出质疑或申辩,甚至表示反感,产生负面消极情绪。那么,如何让幼儿在面对他人的负面评价时可以有一个良好的心态,或者尝试一些较为积极的方法应对?这是家长需要思考与面对的问题。

选择"当你说我不好时"这一命题,其关注点就是,了解孩子受到负面评价时他的心情,我们如何帮助、缓解他们的焦虑,同他们一起寻找更为积极的回应方式,使他们今后能够积极面对他人的负面评价,成为一个积极、平和、健康的人。

第6节 拥抱自信

【辅导主题】

增强自信的心理辅导。

【辅导目标】

1. 学会正确地认识自我。
2. 能运用正确的方法增强自信心。

【辅导对象】

小学高年级学生。

【辅导预设与教学流程】

◎ 课前游戏:"大风吹"

我说:"大风吹呀吹!"同学们就问:"吹什么?"我说:"吹××的人。"这时具有这种特征的人就要站起来,并且大声说:"我是××的人。"

设计这样一个课前小游戏,一是可以使学生对自己的特点产生关注,二是缓解学生上课前的紧张感,能让他们以较轻松的状态进入课堂。

◎ 引入主题，进行讨论

1. 播放一段录音——"我能行和我不行"。

听完录音之后让学生思考，交流、讨论两个问题：（1）这两个同学，他们的想法完全不同。他们为什么会有这样的想法呢？（2）你在生活中，更多的时候是自信的，还是不自信（自卑）的？

2. 播放一段关于"要不要报名参加校运动会800米比赛"的学生内心矛盾的视频——"想参加，但又担心害怕跑不过别人，不能为班级争光"。

看完视频，让学生讨论：主人公为什么会这么矛盾、犹豫？然后再让学生猜测最后主人公的选择。之后播放一个关于不同选择的AB剧。看完AB剧之后，再让学生谈感受。目的是让学生明白：不自信会使自己错过一些机会，造成遗憾；而自信则会带给人勇气和力量，并能收获快乐。最后，再讨论：不自信的时候，我们应该怎么办？

◎ 寻找自信的源泉

1. 活动——寻找自信的源泉。

在大屏幕上打出一些优秀特质的词语，让具有这些优秀特质的学生们站起来，并大声地说："我，××××，我很棒。"

也许这个活动刚开始，主动站起来的学生不会很多，大部分学生会比较腼腆，但随着教师的引导，和之前学生的一个个自信的表现，会慢慢感染到班级里的其他同学。随着活动的展开，主动站起来的学生会越来越多，班级里的自信气氛也会越来越浓。

◎ 课堂小结

看到了学生们自信的微笑，听到了他们自信的声音，最后送给学生们一首歌《我相信》，让学生跟着音乐一起歌唱，尽情地释放自己，在学生们自信、愉悦的气氛中结束本次辅导活动。

【辅导活动点评】

自信往往被列为心理健康的重要标准，自信在儿童成长过程中十分重要，只有自信才可以释放人的各种力量。但事实证明并不是所有的孩子都充满自信，他们会因为各种原因导致自信心不足。有一句教育名言是这么说的：要让每个孩子都抬起头来走路。"抬起头来"意味着对自己、对未来、对所要做的事情充满信心。"自信"不是遥不可及的,它是一种内部的力量,可以通过训练、通过各种成功的体验逐步培养起来。所以在辅导活动中,教师设置了讨论环节"我能行与我不行"、人生 AB 剧,这些活动能让学生明白自信的重要性,并得出一些能让自己增强自信的方法。之后通过"寻找自信的源泉"的活动,让学生积极地发现自己身上的优点,并让学生站起来,大声说出"我很棒",不断强化自己身上的优点,增强自信。课堂取得了不错的效果。

【给家长的建议】

在幼儿园,家长可能还会不时地给孩子打气、鼓励,注重培养幼儿的自信心。但随着孩子年龄的增加、学业压力的加重,家长从关注孩子品德与习惯的养成,转移到关注孩子成绩分数的高低与班级排名。慢慢地,对孩子的自信心培养反而渐渐忽略甚至无视了。这里特别提醒各位家长,成长中的孩子犯些错误很正常,不能以偏概全、让分数主宰孩子的生活。成绩固然重要,但是孩子的品德、艺术修养、审美情趣,乃至健康体魄,在某种程度上比学科素养重要得多。

本辅导主题提供给家长另一种思维方式,让家长更全面地看待孩子的优点与长处。培养孩子的自信心应贯穿孩子的整个成长期。

第二章
良好情绪心理辅导

> 神经科学和心理学研究证实:情绪与儿童认知发展、动机形成、创新能力、健康状态及突发性暴力等相关。良好的情绪是人生活的动力,可促进智力等因素发挥更大的效用。要善于观察儿童的情绪,开展针对性的辅导,本章提供了6个范例。

第1节 表情与心情

【辅导主题】

情绪调控的心理辅导。

【辅导目标】

1. 知道自己在不同的时间、地点、场合有不同的心情,这种心情的产生很正常。
2. 体验不同的心情,知道在不同的表情下有不同的心情。
3. 初步了解几种调节自己心情的方式。

【辅导对象】

幼儿园大班幼儿。

【辅导预设与教学流程】

◎ 初步了解不同的心情及自己的心情状态

1. 请幼儿看看不同的表情娃娃,分别说说是什么表情,提问:为什么有不同的表情?

在心理学中,"情绪"是一个很抽象的概念。活动中,让幼儿体验、认识什么是"心情",是首要任务。通过观看不同的表情这一幼儿比较容易理解的内容,使幼儿间接认识到人有不同的表情,代表不同的心情。

2. 请幼儿投票决定红、绿、黑三种颜色分别可以代表哪种表情。

教师预设的这三种颜色比较能够代表典型的喜、怒、哀三种心情,为幼儿投票的一致性创造了条件。这一环节旨在让幼儿进一步了解心情的不同表达方式。

3. 请幼儿自由说说自己今天的心情。

在这一过程中,幼儿有机会说出自己的心情,有了进一步的心理体验,落实了目标 1 和 2。

◎ 体验不同的心情,讨论调节心情的方法

1. 教师自我揭示曾经经历过的生气和难过的心情体验。

教师的自述将为接下来幼儿的选择提供暗示作用,避免幼儿单纯性地选择高兴的事例来讲述。

2. 请幼儿回忆自己曾经经历过的一种心情,选择相应颜色的圈圈就座。

通过回忆帮助幼儿进一步认识喜、怒、哀三种基本心情,并加深幼儿对这三种心情的体验。这一过程唤起了学生对自己以往心情的体验,而且使原先抽象的"心情"变得具体。

3. 幼儿分组讨论,了解几种调节心情的方法。

幼儿根据自己所选择的心情共同讨论,探索调节心情的方法,在交流中宣泄自己的心情。

幼儿想出了看电视、唱歌、和好朋友说说、大声叫、吃东西、做游戏、讲笑话、玩奥特曼等办法。

4. 小组汇报,请每组的代表来介绍一下讨论出来的方法。

教师和孩子一起做简单的小结。

5. 创设情境,使全体幼儿产生生气的心情。

教师请孩子看他们喜欢的《猫和老鼠》动画片。正当他们看得津津有味时,突然,另外一位老师把电视关了。大胆的孩子就表现出强烈的不满和生气。教师在一边煽动他们这种不愉快的情绪。

根据幼儿喜欢看电视这一特点,故意激起他们生气的心情,层层递进,将活动推向高潮。

6. 幼儿实践,以唱歌、做游戏、体育锻炼、讲笑话、看图书、画图画等途径来调节生气的心情,产生愉快的心情。

在掌握方法后,让幼儿现学现用,巩固知识,加深印象。

◎ 延伸辅导:在愉快的活动中走到户外,亲近大自然

【辅导活动点评】

心理学认为,心理健康的人一般情绪愉悦稳定、生活态度积极、人际关系和谐,能自我调节和控制行为。情绪是人感应某一事物而产生的一种心理状态,是人的一种本能反应。人的情绪在不同的年龄阶段有不同的特点。3~6岁的小朋友属于

幼儿时期,情绪极端丰富而强烈,且起伏变化很大,然而他们自己却未必清楚地了解自己的情绪。

让幼儿了解人所具有的不同情绪,并知道自己的情绪状态,对自己有进一步的认识是十分必要的。因此,方意老师执教《表情与心情》,选择了以认识体验情绪为主题进行教学辅导活动,以认识和控制情绪为线索,初步教给学生控制情绪的方法,这对幼儿身心健康发展有着实实在在的意义。

《幼儿园教育指导纲要(试行)》明确指出:"幼儿园必须把保护幼儿的生命和促进幼儿的健康放在工作的首位。树立正确的健康观念,在重视幼儿身体健康的同时,要高度重视幼儿的心理健康。"本辅导通过一定的途径使幼儿初步了解了人有不同的心情,并掌握了几种适当调节自己典型心情(喜、怒、哀)的方法。

在整个辅导活动中,教师始终注重环境的创设。幼儿园作为幼儿接受教育的主要场所,其环境的好坏对幼儿身体及心理的影响是不容忽视的。环境作为幼儿园的一种隐性课程,能对幼儿产生感染和熏陶的教育作用,尤其对幼儿的心理健康教育有着"无声胜有声"的独特效果。

在辅导中,教师的教态和蔼亲切,与幼儿建立一种平等的伙伴关系,能蹲下身来和孩子讲话,倾听他们的心声,分享他们的感受,关注他们的需要,体悟他们的一举一动,爱护尊重他们,如在幼儿最需要鼓励时,亲切地看他一眼,或轻轻地抚摸他一下。让幼儿在没有顾虑、没有压抑的宽松环境中,敢想敢说敢做。同时,教师随时调控自己的心情,严格注意自己的言行举止,用积极的心情感染幼儿,以极高的热情和兴趣与幼儿共同活动。

教师还积极创设环节帮助幼儿建立友好的同伴关系。例如:组织幼儿一起分组讨论,了解几种适当调节心情的方法,让每个幼儿都有机会说出自己的想法,并鼓励性格内向的幼儿积极表达,充分营造出充满爱心、文明健康的人文环境。

在整个辅导活动中教师还关注到个别幼儿。因为幼儿发展水平存在差异,每一个幼儿都是独一无二的,仔细观察,我们会发现,每个班级均有个别心理状况不佳的幼儿:有的过于好动、自控能力差;有的过分内向,整天不说话;有的过分依赖,独立性差等,虽然这些还算不上什么心理问题,但如果不及时进行教育和引导,对幼儿的心理健康发展是十分不利的。为此,教师应无条件地从心理上接纳他们、理解他们,并通过自己的语言、表情、行为、动作,不断在活动中向他们传递关心和爱的信息。

在辅导活动的第二个大环节中,教师还可以增加一个内容,就是让幼儿了解不同的心情会带来怎样的影响。这样,辅导活动层层递进,幼儿对心情也能够有更加全面的认识和了解。

通过这一活动让幼儿了解自己的心情,并懂得一些简单的自我调节方法,慢慢学会用理智来控制情绪,这对幼儿身心健康发展非常有益。当然,在上课时针对幼儿的认知规律与心智特点,不宜使用"情绪"一词,应用"心情"一词替代。

【给家长的建议】

情绪是人的一种复杂的心理活动。人们一般将喜悦、愉快等称之为积极情绪,而将愤怒、哀伤、惊怕、恐惧等称之为消极情绪。喜悦、愉快的情绪能明显促进幼儿的身心健康。反之,恐惧、悲伤等情绪会危害其身心健康。

消极情绪,为什么会影响人的健康?许多心理学家对此做过不少研究。例如,有人对于情绪和消化功能的关系做实验,证明人在进餐时情绪愉快,能使胃液分泌增多,食欲增强;相反,进餐时情绪恐惧不安,会抑制胃液分泌,而使人不思进食。

美国有位学者把同一窝生的两只羊羔,安排在大致相同的条件下喂养,唯一不同的是,一只羊羔身旁拴了一只狼。狼虽然碰不到羊羔,但羊羔随时可以看见狼。另一只羊羔的身旁没有拴狼。不久之后,前者由于恐惧而不愿进食,日益消瘦而死亡,后者进食始终很正常,长得很健壮。

这一实验的对象虽然不是儿童,但其道理是相同的。

3~6岁幼儿社会情感迅速发展,道德感、理智感、审美感都逐渐发展起来了,开始有了调节情绪的认知策略,并随着年龄的增长逐渐加强。他们开始掌握了一些简单的情绪表达规则。但由于他们的情感发展还没有完善,对情绪的控制能力不强,所以易冲动、易感染、易外露。

幼儿积极的情绪能促进其智力发展,有利于形成良好的行为习惯。幼儿期是各种良好行为习惯形成的开始时期。情绪经常处在良好状态的幼儿,对成人的各种指示一般都乐于接受,这样就有利于幼儿的健康成长,形成团结友爱、遵守纪律、独立活动等良好的行为和习惯。

情绪在幼儿的心理活动中起着重要作用,幼儿的行为充满着情绪色彩。美国心理学家普拉契克指出:个性特征中都蕴含着情绪的成分,在个性特征形成中,情绪起着重要作用……情绪特征是性格结构的重要组成部分。

随着年龄增长,幼儿在一定的不断重复的情景中,经常体验着同一种情绪状态,这种情绪逐渐稳定为幼儿的性格特征。心理学研究表明,幼儿到了5岁,中班以后,情绪逐渐变得稳定和系统化。幼儿经常保持何种情绪,将会影响其人格特点的形成,甚至影响其成年后的行为表现。

因此,让幼儿经常保持良好的情绪,有助于促进活泼开朗的性格形成。

第2节 心情颜色小屋

【辅导主题】

情绪调节的心理辅导。

【辅导目标】

1. 了解颜色会对人的心情产生细微影响。
2. 感受三种色彩带来的不同心理体验。
3. 初步学会用相应的颜色调节自己的心情。

【辅导对象】

大班幼儿,且已参加过情绪心理辅导,有一定的基础。

【辅导预设与教学流程】

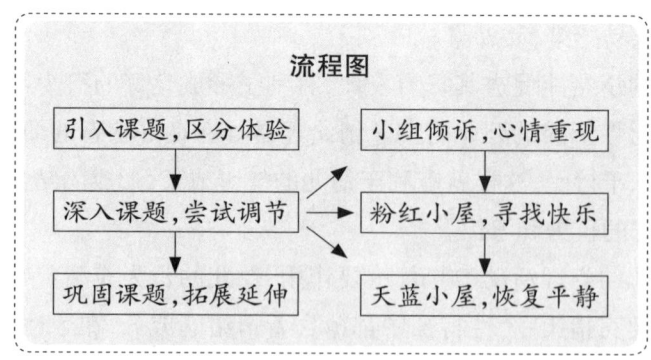

◎ 引入课题,区分体验

1. 讨论三种颜色给人带来的联想。

请孩子站到颜色小屋里直接体验,并说出自己的联想和心情。

师:小朋友们,请站到颜色小屋里,说一说,看着这种颜色你联想到了什么?有一种怎样的心情?

有的小朋友说联想到太阳,很温暖。有的小朋友说联想到苹果,吃到嘴里甜甜的等。

教师对讲得正确的答案表示肯定,并加以重复;孩子讲出不同于一般人的奇思妙想,可以点评说:"哦,原来你是这么想的。"可以忽略,不可纠错。

2. 分别听三段音乐,找感觉匹配的颜色小屋。

对学过乐器的小孩可以增加难度,让其通过直接匹配找出。

师:你觉得哪段音乐和哪个颜色给人的心理感觉是一样的?能说出理由吗,还是完全凭直觉?

根据幼儿的接受程度,也可以直接与红、蓝、黑灰三种颜色匹配放在颜色小屋中,利用通感来启发孩子对颜色与心情联系的认识。

师:你有没有发现音乐和颜色小屋带给我们的心情是一样的?

小结:刚才小朋友们关于颜色小屋的联想都很好,五花八门的回答也很对。确实,颜色会给人的心情带来一些细微的影响,我们小朋友发现了心理学家的这个研究结果,真是了不起。

◎ **深入课题,尝试调节**

不仅注重教给孩子方法,还注重让孩子深入体验,达到内心认同。

1. 请幼儿选择一种颜色心情卡,小组倾诉分享。

师:今天,为了便于区别,我们暂时将红色小屋命名为快乐心情小屋,将蓝色小屋命名为安静心情小屋,将黑灰色小屋命名为不高兴心情小屋;因为红色代表快乐心情,蓝色代表平静心情,黑灰色代表不高兴心情。请小朋友选择一种颜色心情卡,在小组里说一说最近经历的一件印象特别深的事情以及当时的心情。(小组交流,教师每组巡视倾听)

2. 幼儿讲述自己的伤心经历、生气经历。

在巡视幼儿小组倾诉交流过程中,将拿黑灰色心情卡的这些幼儿单独叫到自己的身边。教师也拿黑灰色心情卡,自己揭示一件伤心的事情。

师:其实每个人学习生活中都会遇到不开心、生气、愤怒的事情,非常正常,你看老师也要说一件事情。……现在怎么办?谁能想办法帮助我?

(幼儿说各种方法)

师:这些方法都很好。如果要运用今天的一个了不起的发现,会是什么方法呢?

幼：可以到心情小屋去。

3. 找快乐心情颜色小屋,辅助心理暗示导语,恢复快乐心情。

师：太对了,真是好方法,可以到心情小屋去。先找红色快乐心情小屋调节自己的心情。

教师示范：先按下音乐磁带,播放快乐的乐曲,同时心里要想：红色的快乐小屋,让我想到了太阳(苹果、彩虹糖),很温暖(甜丝丝的),就像在妈妈的怀抱里一样(真好吃、真舒服)。

心理暗示导语可以缓慢地说出："快乐小屋,快乐小屋,请带给我快乐的心情。"重复练习几次。

4. 其他幼儿讲述自己的伤心、生气经历,描述自己不开心的心情。

5. 找平静心情颜色小屋,辅助心理暗示导语,恢复平静心情。

教师可以找个孩子示范：先按下音乐磁带,播放平静安宁的乐曲。同时心里想着：蓝色的平静小屋,让我想到了广阔的天空(蔚蓝的大海),天空真大呀真大呀(大海无边无际呀无边无际)。

心理暗示导语可以缓慢地说出："平静小屋,平静小屋,请带给我平静的心情。"然后深呼吸三次。可以重复练习几次。

◎ 巩固课题,拓展延伸

进一步加强和延伸课堂教学效果,锻炼和提高孩子的自我辅导能力。

1. 任意选择喜欢的心情色涂色。

师：今天我们大家很了不起,发现并且运用了一个心理学的研究结果——颜色与心情的关系。

2. 把心情卡贴到心情小屋,在自己的心情卡上签下自己的名字或学号。

3. 活动延伸：把粉红色、天蓝色心情小屋放在幼儿园,欢迎小朋友到心情小屋做客。

师：今天的辅导活动结束了,小朋友都很开心,如果大家平时心情不好的时候,怎么办呢？老师准备把心情小屋搬到幼儿园进门的地方,大家可以自己去调节心情,如果发现其他小朋友心情不好时也可以推荐他去,帮助他排解烦恼。

心情小屋会说："欢迎小朋友到心情小屋做客。别忘记我哦！"

【辅导活动点评】

初入门的教师,一般都会选择情绪心理辅导活动,内容大多是关于快乐心情的,环节设计较容易,气氛活跃,教学容易把握。难一点的就是选择辅导如何消释、排减、调控消极心情。经验丰富的徐晶老师执教本次辅导活动,进行了有益的与众不同的探索,总体上取得了成功。本次活动的亮点可以概括为以下几点:

第一,尝试着进行开放式教学。

主要包括创设开放的心理氛围和开放的课堂情境。幼儿心理辅导的过程是激发、唤醒幼儿心理体验活动的过程,要激发其情感共鸣,诱发其行动愿望。因此,良好的心理氛围的创设在活动中就成为十分重要的任务。

活动不拘泥于固定座位,幼儿在活动中可以自由选择变换座位。这样更能激发幼儿积极的情绪体验,激发幼儿的参与热情,融洽师生关系。除了让孩子多动,更能让孩子多说。

活动让每个幼儿都有发言的机会,让每个孩子都在活动中表达自己的真实情绪、情感,说出自己的真实想法。教师可以体会到孩子真实的内心世界,与孩子进行心灵对话。

第二,教学形式多样,力求创新。

主要是通过创新型的"颜色小屋"为幼儿营造出与主题相映衬的浓厚气氛,让原本对幼儿来说比较抽象的情绪变得真实而容易理解。除利用颜色小屋外,还进行音乐通感渲染,利用富有激情的语言描述,营造出与主题相映衬的气氛。

运用团体动力学说,让孩子在活动中通过讲述与讨论,尽情表达自己对颜色的理解以及说出自己不开心、悲伤的事情,把自己过去的不愉快在活动中及时进行宣泄,最后助人自助。

运用幼儿园常用的游戏方法,让幼儿在轻松愉快的涂涂画画、贴贴写写中进一步巩固不同颜色对心情的不同调节作用。

在颜色与音乐相关性上利用"通感原理",同时应用了多元智力理论。最初设计时没有考虑到幼儿的实际情况,设计的提问太难:"为什么这段音乐的感觉和这个颜色的感觉是一样的?"在多次试教的过程中,教师了解到应该根据幼儿的实际接受能力来设置问题,后来就改为在颜色小屋里直接匹配好音乐。当然,音乐本身对心情也有调节作用。

心情小屋搬到幼儿园进门的地方,或者装饰在教室的墙壁里,更有利于平时幼儿的心情调节。需要改进的是颜色小屋的颜色设置,红黄色相间、蓝绿色相间和黑灰色相间的颜色效果不好,因为红色、黄色、蓝色、绿色各自代表不同的心情,再加上本身人们对颜色的理解存在差异,混色以后更容易产生不同的感觉,所以最后使用了单色的小屋。

当然,情绪心理辅导不可能通过一两次活动就一劳永逸,它是一个长期的、不间断的过程。所以,本次心理活动的另一个亮点是课后拓展,颜色小屋可以放在幼儿园的固定区域,作为给幼儿进行自我心理疏导的心情小屋,对幼儿的心理辅导起到长远而实际的作用。

【给家长的建议】

现代的神经科学和心理学研究证实:情绪与儿童认知发展、动机形成、创新能力、健康状态以及突发性暴力等相关。

据教育部提供的资料显示,在我国17岁以下的儿童中,至少有3000万人受到各种情绪障碍和行为问题的困扰,且人数呈明显上升趋势。

在中国家庭中,孩子往往是家庭的中心,父母长辈的过度迁就,使得孩子面对挫折情绪波动大,难以控制。同时成人缺乏对其不良情绪进行适当疏导的意识,造成许多孩子因为不良情绪得不到适当宣泄而产生了一系列的问题行为,如自闭、攻击、退缩等。在幼儿园里,因为情绪的原因出现了同伴交往障碍、争吵打闹的现象。建议家长时刻关注孩子的情绪,按照本单元教师心理辅导的要点,对孩子进行同步辅导。

在幼儿期,孩子逐渐独立自主,让他害怕、生气、苦恼与感到挫折的情况也多了起来。倘若儿童所经历的不愉快太多,愉快太少,可能会影响他的人生观,形成抑郁性格。所以,家长须采取一些方式,帮助孩子以正确的方式去排解、释放、调节自己的情绪。

心理学家对颜色与人的心理健康进行过相关研究。美国纽约一位颜色心理学家指出:"颜色能滋养人的心灵,就像维生素对人体的作用一样。"

诸多的研究表明:在一般情况下,红色表示快乐、热情、开心、活力,它使人情绪热烈、饱满、激发爱的情感;蓝色给人以安宁、恬静、凉爽、舒适之感;黑灰色代表压抑、阴暗等,使人产生难受、悲伤、不高兴、苦恼等感觉。

教师组织的活动所运用的"颜色小屋",正是情绪调节的有效方式之一,通过红、蓝、黑灰三组色调所带给人的不同心理体验,尝试着对孩子实施情绪心理辅导。家长可以仿效,让孩子经常用各种颜色的涂料画画,家长观察、适当诱导并给予积极的心理暗示。这样有利于创设开放自由、利于沟通的环境,营造愉快而和谐的家庭气氛,给孩子自我表现的机会,在画画中让孩子说真话,吐真言,愉快童心,放飞心情。

据全国22个城市的调查发现,20%的孩子在受委屈时不告诉任何人或找不到人述说,这是个触目惊心的数字。

孩子受委屈的事例很多。有的孩子心爱的玩具被其他小朋友拿走了,他去告诉老师,老师则说,好玩具大家一起玩吧。可孩子自己还没玩够!他心里虽然很委屈,但也只好默默地走开了。

有的男孩摔倒了,大哭不已,可往往会遭到父母的压制和同伴的嘲笑:"男子汉也哭,羞!羞!羞!""男子汉要坚强,不许哭!"男孩虽然很痛,但还得压制自己的情绪不哭出来,心里相当的委屈。

幼儿在遇到委屈时,一般会产生负面情绪,比如紧张、焦虑、恐惧、忧郁、悲伤、惊慌、愤怒等,甚至在委屈后产生攻击性的行为。攻击性行为一般有三种形式:一是直接攻击,把攻击指向设置障碍的人或物;二是间接攻击,指向无关的人或物,迁怒于他人;三是自我攻击,伤害自己。无论哪一种都会对幼儿造成不良影响。我们不应该压抑幼儿所受的委屈,应鼓励他们用适当的方式表达出来,从而使其重新获得快乐。

家长要运用因势利导的方法帮助孩子形成正确的观念。在让孩子说说受委屈时的处理办法时,可能有的孩子的做法比较偏激,暂时不要给予否定,而是就孩子的说法展开讨论,诱导孩子明辨是非,形成正确的观念。

比如有个孩子说,爸爸说话不算数,他心里很委屈,想把爸爸从窗台扔下去,这想法妈妈听了之后也许会哈哈大笑起来或者有点生气,但还是要冷静地引导孩子正确处理好这件事,比如让孩子说说,假如爸爸从窗台掉下去了,会产生什么后果?

成人无法把孩子置于一个绝对不受伤害的环境里,为了让孩子能从容面对生活中的各种现象,有必要对孩子进行情绪调节的训练。

第3节 情绪初体验

【辅导主题】

情绪管理的心理辅导。

【辅导目标】

1. 了解、觉察、感受、体会生活中各种常见情绪,了解人的情绪是多种多样的。
2. 了解情绪是可以调节的,情绪与个人看待事件的态度紧密相连;认识到情绪可以自我调节,掌握几种调节情绪的方法。
3. 体验情绪和调节情绪的作用,体会生活的美好,感受生活的乐趣,拥有快乐积极的心态。

【辅导对象】

小学四到六年级及初一学生。

【辅导预设与教学流程】

◎ 动画片导入,感知情绪

大家都喜欢看动画片,所以,今天,先准备了一段给大家看,名字叫《小恩的一天》。

1. 被叫绰号 —— 生气　　作为代表发言 —— 激动
   考试第一 —— 开心　　参加演讲比赛 —— 紧张
2. "生气、激动、开心、紧张……"我们将它们称为"情绪"。

带着孩子们观察、感知别人的情绪,了解情绪的多样性和表达方式。

◎ 游戏活动,表达情绪

内容:激动、恐惧、愤怒、烦躁、快乐、轻松。(出示情绪卡给全班学生)

1. 请学生上来表演。(语言动作神态等,了解表达情绪的方式有很多)
2. 猜情绪,你觉得是哪种?为什么?从哪里看出来的?(学会观察并正确感知周围人的情绪)

小结:表演的同学表现得非常出色,其余同学也观察得很仔细,那么,在我们平时的生活中,大家是否知道自己每天在经历着哪些情绪的变化呢?又是否能够常常注意到自己的情绪变化呢?

◎ 回顾自我,分享情绪

师:老师这里有个小小气象台,因为我觉得我们的情绪就像天气,有着阴晴雨雪。我来把我最近的情绪气象给大家汇报一下。

1. 老师讲自己经历,并填表示范。

时间	白天	晚上
星期一	●	
星期二		●
星期三	●	
星期四	●	
星期五		●

2. 学生填表。(配乐)

画好的小组与你们的好朋友分享一下心情。(每个人自我探索)

3. 学生上台与所有小朋友分享情绪体验。

◎ **小品表演,角色体验**

小明和小兰是一对好朋友。一天,小明带着爸爸新买的《十万个为什么》兴冲冲地去找小兰,因为小兰也很喜欢这本书。小明叫了小兰好几声,小兰都没有回答,小明便用力拉了拉小兰的衣服,小兰很不耐烦地说:"干什么啊?"小明说了原因,小兰还是没好气地说:"我不要看!"说完甩开小明就走了。

1. 小明此时会怎么想,会产生怎么样的情绪?

2. 集体讨论交流:如果你们是小明,是不是也会这么想?产生了这样的情绪,会对和小兰之间的友谊产生怎样的影响?或者,你和小明有怎样不同的想法?

3. 表演 AB 剧。

(1)根据学生提出的可能会产生的情绪,大致分类,请所有学生做选择。

(A 剧情:生气、愤怒,认为小兰不够朋友,没礼貌;B 剧情:回想小兰平时的为人不是这样,是不是有什么原因?)

(2)分别请不同选择的同学上来表演:你作为小明,会怎么做,故事又会怎样发展?

(B 剧情:小兰讲述因为父母要让自己转学,自己心情很低落很沮丧……)

(3)看了 AB 剧后,请同学针对刚刚看到的,发表感想。

4. 小结:A 选择是很自然的,很多人在这样的情况下会产生这样的情绪,但在知道了事情的原因以后,我们可能会觉得 B 选择更加恰当。同样的一个故事如果当时小明所想的是小兰没有礼貌、不够朋友,那么他的情绪可能就会像刚才大家所说的那样气愤、难过,而如果他能仔细考虑一下"是不是小兰有什么事",他的情绪可能就会平静多了。看来一个人的想法对情绪是很重要的,你怎么想,就会有怎么样的情绪。

5. 比喻示范。

杯子 —— 生活　石头 —— 困难、不如意的事情　清水 —— 快乐、轻松、愉悦

小结:如果杯子是我们的生活,石头代表着我们碰到的困难,它们沉甸甸地压在我们的心里,如果我们只看到杯子里的石头,那么我们就容易生气、烦躁。但如果我们能换个角度,找找那些空隙,找找事情的另一面,寻找希望,我们就能发现,其实,我们身边有许多快乐。

◎ 寻找方法,内化体验

1. 我们在生活中肯定也会碰到这样那样的事情,会让我们感到愤怒、烦躁、悲伤。产生这些情绪都是正常的,但学会控制它们也是必要的,你在生活中试过用什么方法来调节?(小组内交流)

2. 把你觉得最好的方法写在彩色纸上,并小组交换,"七彩方法,调节情绪"。

3. 看看你的七彩宝盒里,是什么样的方法。请你想一想,这样的方法对你调节情绪有没有帮助呢?能不能举例说说?

师:很高兴和大家一起度过这样的一节课,我非常开心和快乐,也希望把这份情绪带给大家。

【辅导活动点评】

情绪管理是学生团体心理辅导中比较重要的一块内容,了解情绪,感受情绪,管理情绪。

本堂团体心理辅导活动由周蓉老师设计,获得了宁波市第二届小学心理优质课第二名,入选浙江省"万人百课"创新教育观摩课。

教师先从观察别人的情绪开始,再回顾自己一周内经历的不同事件引发的各种情绪,由人推己,深入感知自己和他人每天都在经历着不同的情绪变化。之后以 AB 剧的形式,让孩子走出误区:以往我们都以为情绪的产生是由事情本身引发的,而事实上,引发情绪的,是我们看待事物的态度。就如 AB 剧中,小明兴高采烈地去找好朋友小兰,却碰了一鼻子灰。如果态度是以自我为中心的,就会很生气,很

气愤,认为小兰很莫名其妙;如果态度里有着理解包容,就会稍微冷静地想想是不是有什么事情让小兰有这么奇怪的表现。让孩子们初步了解到:同样的事情,引发不同情绪的产生,原因不是事情本身,而是自己看待这件事情的态度。简单渗透情绪 ABC 理论。

现在的很多孩子比较自我,情绪控制和调节能力不够,情绪的表现也经常很极端,小实验是让孩子们亲眼看到,装"满"石头的杯子,竟然还能装下满满一杯清水,人的情绪也是一样,如果你感到"生气极了""愤怒极了",是因为被眼前糟糕的事情(实验里的石头)牵绊了全身心,如果能够换个角度,找找缝隙,撇开这件令人不快的事情,生活中其实有更多值得我们开怀的内容(清水)。

最后,让孩子们聊聊,当自己遇到不良情绪时,试过用怎样的方法调节。分享自己的方法,也为自己以后在遇到类似事件时,积累更多的好方法,更加乐观地面对生活。

活动设计的重难点在于融入了艾利斯的情绪 ABC 理论:激发事件 A 只是引发情绪和行为后果 C 的间接原因,而引起 C 的直接原因则是个体对激发事件 A 的认知和评价而产生的信念 B,即人的消极情绪和行为障碍结果 C,不是由于某一激发事件 A 直接引发的,而是由经受这一事件的个体对它不正确的认知和评价所产生的错误信念 B 所直接引起。

在情景剧的体现就是小明兴高采烈地去找朋友小兰,碰了一鼻子灰之后所引发的情绪,并不是因为小兰行为本身引发的,而是小明对于小兰冷淡行为的认知看法。所以,设计的 A 剧:小明觉得小兰态度很差,自己那么热情地去找她却不被理睬,引发的情绪是负面情绪;B 剧:小明虽然受到了小兰的冷落,但是他很冷静地思考小兰不寻常的表现肯定有所因由,并深入询问,情绪表现稳定。

活动设计里,既让孩子了解到,影响小明情绪的其实是小明对于小兰冷淡态度的认知,又让孩子看到,不同情绪会引发不一样的事件发展。教师不做是非判断,只用真实的画面告诉孩子,我们怎么做可能更为合适。这一完全不同以往品德教学的设计,走到了孩子的心里,让他们没有任何抵触心态,通过观察、自我回顾进而将其应用到日后的人际交往中。

团体辅导活动后,跟孩子们随意聊天,发现他们对这堂课印象最深的是活动中的 AB 剧环节和小实验环节。很多孩子都谈到,他们以前生气发怒,都会归咎于事情本身,现在才知道,原来自己的想法很重要。那个小实验给了他们太深的印象,以后遇到不开心甚至很生气伤心的事情,他们一定试着去找找那杯"清水",不让自己的情绪继续糟糕下去。

将抽象的心理学理论用情景剧的方式融入孩子的心理辅导活动,形式新颖,孩子们也乐于接受。

【给家长的建议】

小学生的喜怒哀乐经常不加掩饰地写在脸上,成人很容易观察到孩子不停变换的情绪。但当负面情绪出现的时候,很多家长都不知道该如何去开导孩子,帮助他们合理调节情绪。尤其当孩子在人际交往中出现各种各样的情况时,他们的负面情绪通常会表现得十分强烈,而且对于之前发生的事件言之凿凿,认为就是因为某个人或者某件事让他们忍耐不了。

如果事情真的如孩子描述的那样,家长们通常更加束手无策,情绪甚至会被孩子带着走,认为这样的事件导致孩子这样的情绪变化,是完全正常的。这时,家长不仅不能帮到孩子,反被孩子的情绪影响,一份负面情绪变成了两份。

而艾利斯的情绪 ABC 理论,以及这堂辅导课的设计初衷就是告诉我们,其实引发孩子们情绪的不是事情的本身,而是他们对这件事情的看法。有了这样一个理念,家长就有了切入点 —— 调节孩子们看待事物的心态。

第一是关于学习方面。引发孩子学习焦虑等情绪的,不是学习本身。学习内容对所有孩子而言,都是完全相同的,不同的是孩子们的学习程度以及看待学习的角度。有时我们先给自己的孩子定性了,把能力程度作为态度情绪的衡量标尺,孩子的视野被分数局限,产生的负面情绪慢慢累积。我们要让孩子从分数中走出来,调整看待成绩的心态和角度,这才是对症下药。

第二是关于人际交往方面。首先家长自己要明白,影响我们情绪的其实是我们自己的看法,不要过于纠结发生在我们眼前的人和事。家长要以这样的心态来影响我们的孩子,言传身教,让他们明白,需要用宽容的心态待人处事,这样伴随而来的就是积极心理、积极情绪。

其实,改变孩子看待事物的角度,调整心态,就可以让我们的孩子拥有积极、快乐的情绪。

第4节 喜怒哀惧真体验

【辅导主题】

情绪调节心理辅导。

【辅导目标】

1. 认识喜、怒、哀、惧是常见的四种情绪。
2. 在情境中体验这四种不同的情绪。
3. 初步了解调控情绪的一些方法,初步学习一些心理调节的方法,在延迟满足中学习和同伴共同分享快乐。

【辅导对象】

小学三、四、五年级学生。

【辅导预设与教学流程】

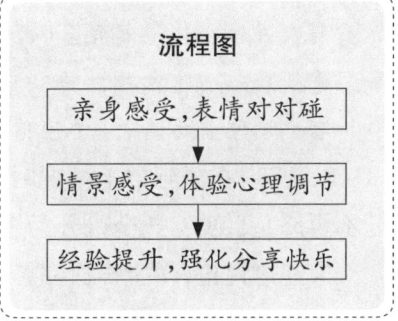

◎ 表情对对碰

1. 看视频《男左女右》娱乐节目中的"喜怒哀乐"游戏,引导学生发现不同表情能够表达不同的情绪这一事实。
2. 教师说情绪名称,学生做相应的表情。
3. 伴随着优美而动听的音乐,开始今天的心路旅程,今天我们来研究人的情绪。(出示课题——喜怒哀惧真体验)

通过游戏热身活动,抓住每个学生的兴奋点,使学生以饱满的热情进入学习状态,活跃课堂气氛,拉近师生的距离,提高学生对情绪的识别能力,使学生对"表情是情绪的外在表现"这一特点有一定的了解。

◎ 喜、怒、哀、惧,我观察

1. 观察他人的情绪。

出示一组表情图片,让学生观察人物的表情,猜一猜他们是什么情绪?连一连。

2. 观察我们的情绪。

出示10张场景图片和情绪贴纸,让学生用"喜怒哀惧"四张情绪贴纸来贴一贴:如果你遇到这些情况,你会有怎样的情绪表达?

学生通过观察不同年龄人物的表情来分辨人物的情绪。需要调动学生目前已经掌握较好的观察能力、分析能力,对具象的事物进行抽象分析。

利用一组生活中的场景,让学生身临其境地感受和体验,活跃思维。学生由观察图片猜人物情绪,到场景体验表达自己的情绪,是一个从感知他人到感知自我的过程,这是由人至己的过程,遵循了心理健康教育的渐进性原则。

◎ 情绪小剧场

1. 学生心理剧表演。

有人弄坏了你的钢笔。(怒)

你把妈妈省吃俭用给你买书的100元钱弄丢了。(哀)

有个同学告诉你,放学后他要找几个人揍你一顿。(惧)

2. 讨论:在碰到以上情况时,你会有何种情绪产生?你会怎么处理?怎样让自己不再怒、哀、惧?(全班分为3大组,每组讨论一个剧场的情绪转换主张。)

3. 通过讨论,学生再次完善这3个心理剧,知道情绪转换的有效途径有哪些。

安排的学生心理剧表演素材来源于学生的日常生活,是他们最真实的生活体验。学生对生活中的"喜"有一定的调控能力,而"怒、哀、惧"的调控对学生来说则有一定的难度,所以这个环节帮助学生初步了解调适情绪的方法。

通过设计一个有梯度的心理剧表演,先创设怒、哀、惧三种情境,再让学生讨论、辨析,最后完善表演。这样的设计,不仅开发了学生的智力,张扬了个性,抒发了情感,更使学生进一步体会了不同情绪下不同的心理感受,初步了解了调适情绪的方法。

◎ 学做"情绪小主人"

1. 小组成员相互说说我的怒、我的哀、我的惧,并说说自己遇到这些情况是怎样应对的。(播放背景音乐)

2. 在全班内选出几个较具代表性的例子,分小组讨论,共同找出调适情绪的好方法。

通过播放音乐,渲染气氛,引导学生挖掘自己的生活体验,学以致用,并学会与人分享,使小小的课堂成为社会的缩影,将学生的认识空间瞬间拉大,眼界放宽,让学生在参与活动的同时培养了团结合作精神,达到了很好的教育效果。

◎ 天天有个好心情

1. 学生齐唱动听的歌曲《好心情》。

2. 小结:本节课一起认识了喜、怒、哀、惧四种常见的情绪,也通过各种情境体验了四种不同的情绪,同时还初步了解了调控情绪的一些方法。这就是我们这堂课的主题——喜怒哀惧真体验。

3. 以视频《男左女右》娱乐节目中的"喜怒哀乐"游戏表演结束本课。放音乐,全体学生做变脸游戏。

让学生齐唱《好心情》这首歌,使微笑在师生、生生之间传递,让快乐在课堂上弥漫,使教学效果得到升华,学生真正学会了在生活中应该用积极乐观的情绪对待自己和别人。

考虑到这一阶段学生的年龄特征,认识到游戏和学生的亲密且特殊的关系,有效地发挥游戏功能的优越性。一个简单的"变脸"游戏,使学生在玩中体验"情绪是通过表情表现出来的"这个深刻的道理,享受边玩边学习的极大乐趣。

◎ 板书设计

喜怒哀惧真体验　　　　　　学做情绪小主人
　基本情绪　　　　　喜　怒　哀　惧
　情绪贴纸

【辅导活动点评】

多元智能理论使得儿童的心理情感受到重视,教师不仅仅停留在对孩子不同心情的体验上,而是将善于引导儿童拥有积极健康的情绪和心理行为作为最终目标。关注孩子个性特征,努力走进孩子的心田,让孩子大胆地说出自己的所思所想。

本次团体心理辅导活动由杨建华老师设计执教。根据学生的心理发展的需要,杨老师设计了一系列生动有趣的活动,以有趣的游戏、生动的体验、直观的剧场为载体,以认识和体验情绪为线索,通过观察情绪的外在体现——表情的变化,让学生正确判断他人的情绪,有效表达自己的情绪,并通过帮助他人调控情绪,让学生初步学习情绪调控的方法。整个过程让学生多动、多参与、多感悟、多思考,让学生通过助人达到自助,体现心理教育在共性中彰显个性的原则。

在辅导过程中,创设情境表演,运用一定的语言描述,模拟出儿童生活中最常见的情绪性问题情境,让孩子一起来参与活动,共同感受和表达自己心里所想的事情,从而加深对自己心理的认识,让孩子初步学会调节自己情绪波动的方法,充分发挥"助人自助"的作用,使孩子的心理世界更加开阔和明亮。

本心理辅导活动注重氛围的营造,使活动情境游戏化,让孩子置身于特定的情境中,身临其境,亲身感受。整个活动根据学生的年龄特点,采用了儿童直接参与的情境教学法,让学生在有趣、直观、形象的情境中,始终以角色的身份参与活动,这既符合他们好动的特点,又吸引了学生的注意力,真正实现了在活动中感知、在活动中得到更深的体验的目标。本活动还注重儿童的情感激发和迁移,使活动得到拓展和升华,始终以情境贯穿其中。随着情节的发展,孩子的情绪也在不停地发生着变化,从平静到高兴,从期待到失望,从悲伤到快乐,能始终引发孩子内在的情感。另外,注重以情促景,教师在活动中以自己的情感、语言来感染幼儿,将他们带入温馨的氛围,共同体验情境中的喜与悲、开心和快乐,引起了情感共鸣。

【给家长的建议】

情绪调节是一个内涵丰富的概念,情绪心理学家对情绪调节的含义的界定,主要归纳为以下三类:

第一类,适应性界定方式,即强调情绪调节是一种适应社会现实的反应。

第二类,功效性界定方式,即突出情绪调节旨在服务个人的目的。

第三类,特征性界定方式,即从情绪调节的某一特征或特性着手,对其加以界定。

当然,这三种界定方式其实是相互关联的,有助于我们从不同角度、不同侧面认识情绪调节的本质。

三年级的小学生已经有了一定的自控能力,他们能控制自己的注意力、观察力,但在自我情绪的调控上,相对缺乏行之有效的方法。他们容易冲动、情绪经常起伏不定,而且随意性明显,使得不少学生成为不良情绪的俘虏。这样不稳定的情绪表现,容易影响他们正常的学习、生活和人际关系。

父母是孩子情绪稳定的重要保证。培养孩子良好的情绪调控能力,家长应该身体力行。最重要的一点就是和孩子建立良好的亲子关系,要经常和孩子进行良好沟通,为孩子提供情感上的支持,消除孩子紧张、焦躁、抑郁的心理。和谐的家庭氛围对于孩子的情绪有积极的影响。父母为孩子营造轻松愉快的家庭氛围,对缓

解孩子的压力和不良情绪非常有益。为了让孩子学会调节自己的情绪,父母可以采取以下几种措施:

1. 让孩子学会客观地看待事物。带领孩子开阔视野,不要将所有的事情都放在心上,放在眼前。比如孩子的成绩不是很理想,受到老师的批评,情绪很低落,父母就可以让孩子看到自己前进的可能性,而不是局限在当下的某一个分数。

2. 让孩子适度释放心中的苦闷。我们可以告诉孩子,一旦有了苦闷就要找个信任的人谈谈,比如老师或父母,因为老师和父母经验丰富,可以为他排忧解难。告诉孩子不要将自己置于一个小圈子里,要想办法走出来,调整好自己的情绪。

3. 让孩子学会冷静地处理问题。我们可以教孩子一些调节自己情绪的方法,如深呼吸、转移注意力等。

4. 让孩子学会自我提醒。在孩子情绪不稳定的时候,我们可以告诉孩子,他们有自我提醒的能力,他们可以合理地控制自己的情绪。遇到生气的事情时,引导孩子重新思考,暂不要冲动而为,在事件发生的当口做一个冷处理,之后,孩子的情绪也就不会过于激动了。

同时,家长自己也要学会调节情绪,降低焦虑,让生活更轻松愉快!

第5节 我能控制我自己

【辅导主题】

情绪调控心理辅导。

【辅导目标】

1. 认识情绪的多样性,了解不同的情境、不同的事情会让人产生不同的情绪,并了解情绪有不同的表达方式。

2. 能正确区分积极情绪与不良情绪,知道情绪是可以调控的,初步掌握情绪调控的方法。

3. 体验当生活中和别人产生矛盾时,理智地控制自己的情绪,释放心中的不良情绪,体会生活的美好,感受生活的乐趣。

【辅导对象】

活动一适合低段小学生、活动二适合中高段小学生。

【辅导预设与教学流程】

活动一

◎ 游戏导入,引入本课主题

1. 教师出示游戏规则:老师做表情动作,学生做相反的表情动作。游戏开始。做错的小朋友坐下。

2. 师:看来,我们每个人在不同的时候都有不同的心情,可是当别人和你发生矛盾或是故意伤害你时,你就会非常生气,这时候你会怎样控制自己的不良情绪呢?(揭题:我会控制我自己)

◎ 观看小品,联系实际解决问题

1. 看小品片段。

小明下课时从教室外面回来,看到自己的课桌被撞歪了,椅子也倒了,课桌上的物品撒得满地都是,同桌告诉他是小刚下课时弄的,可是小刚根本就没向他道歉。小明的心情越来越糟糕,心里升起了一股火,恨不得现在就找小刚理论一番。

2. 当你碰到这样的情况,是怎样的心情?学生举牌表示。(红牌表示心里很愤怒。绿牌表示宽容,心里想想也没有什么大不了的,下课时自己整理一下就行了。黄牌表示心情一般,想在下课时问问小刚事情的原因,如果他是故意的,就找老师评评理,如果他不是故意的,就原谅他。)

小结:不管你是上面的哪种情况,我们有不同的想法都是很正常的。

3. 继续看小品,看看小明的表现。

小品呈现小明的表情和话。

这时的小明非常愤怒,脸涨得红红的,恨不得现在就找小刚理论一番。

◎ 课堂实践,帮助小明控制自己的情绪

1. 师:接下来,我们分小组讨论,帮助小明想想办法,如何控制自己的情绪。

每个小组发一张爱心帮助卡。再通过小组讨论,尝试帮助解决,并把解决方案写在爱心帮助卡上,最后由小组代表发言讲述本组的解决方案。

方法一:分散注意力,认真听老师上课,过一会儿可能就不生气了。(分散注意力)

方法二:想想小刚平时对你的好,他曾经帮助过你,你就原谅他吧!(想想别人对你的善意)

方法三:想想今天有什么好事情发生,自己心情就好了。(想想令你开心的事情)

方法四:看看教室里有没有绿色植物,平静一下自己的情绪。(听音乐或是看风景)

2. 继续播放小品,我们来看看现在小明的表现。

小明说:"谢谢你们的帮助,我能控制自己的情绪了。现在我的心情好多了呢!"

3. 联系生活谈感受。

生活中你有没有碰到过这样让你生气的情况,你是怎样控制自己的情绪的呢?学生自由思考,请个别学生回答,教师给予肯定。

题目一:你通过自己的努力考试得了满分,同学却说你是抄别人的,这时候你很生气,你该怎样控制自己的情绪呢?

生1:比如,下课时,同学不小心撞到我,开始时,我很生气,可后来我想到生气是拿别人的错误来惩罚自己,就不生气了。

题目二:你为了帮助妈妈收拾房间,却不小心打碎了妈妈心爱的花瓶,妈妈责怪了你,你感到很生气。

生2:我练琴没练好,被妈妈批评了,想想妈妈是为了我好,就不生气了,我能控制好自己的情绪。

有这样一句话:"生气就是拿别人的错误惩罚自己。"而生气时,人身体的各种器官都会受到伤害。所以,当别人欺负你、误解你、不小心伤害了你时,千万要控制好自己的情绪,别生气,别愤怒,要自己进行调节。要知道你宽容了别人,自己的心情也会变好呢!不信,你们就试一试吧!

活动二

◎ 游戏导入,体验情绪

1. 师:同学们好!今天老师很高兴能与你们相聚在一起,相信我们会一起度过这快乐的40分钟。今天老师带来了一些数字卡片,已经发到每一位同学的手里了,别看手上的数字现在没多大意义,等老师说完,意义就不同了。

2. 师：(出示大转盘)看,我给你们带来了什么? 让这个幸运大转盘转动起来,指针所指的数字和你手里的是一样的,你就可以得到一件幸运礼物。谁愿意来转转盘?

3. 师：转盘转起来,幸运数字是多少?（出示幸运数字）幸运数字是×,谁手上是这个数字? 请上来领奖。(发幸运奖品)你的心情怎样?

再转2次,看看这次的幸运数字会落到谁的手里。

4. 师：刚才同学们的心情有哪些变化?（平静——紧张——兴奋、激动或失望）

小结：其实,我们刚才所说的平静、紧张、兴奋、激动或失望等都是大家所表现出来的一种情绪,我们每天都会有不同的情绪,情绪会随着心情、事情的变化而变化,所以它时时刻刻都在跟我们打交道。那么如何调控好自己的情绪,做个健康快乐的人呢? 今天就让我们走进"情绪"这个五彩缤纷的世界,一起去体验一下吧!（板书"情绪"）

◎ 深入感知,不同体验

1. 利用音乐进入情境。

师：下面先请同学们来欣赏一段音乐,注意要用心去听、去感受,并说说你的情绪产生了哪些变化?（欢快、幸福——恐慌——悲伤）

小结：刚才短短一分钟的音乐就引起了我们情绪上强烈的波动,说明我们的情绪无时无刻不在受着环境的影响,经常会出现不同的情绪,既有欢快的、愉悦的、幸福的,也有烦恼的、忧愁的、悲伤的,甚至还有痛苦的、沮丧的。(边说边把卡片贴在黑板上)

2. 提问质疑。

（1）你能把这些情绪分成两类吗? 为什么这样分呢?

（2）像这些情绪能带给我们幸福、快乐的感觉,对我们的生活、学习起积极的推动作用,我们把它们叫作积极情绪;相反也有一些情绪会让我们对生活感到很烦恼,我们把这些情绪叫作消极情绪或者不良情绪。

（3）你还知道哪些积极情绪? 说说你曾经体验过的积极情绪以及不良情绪。

◎ 交流合作探究,调控不良情绪

师：同学们,你希望自己拥有哪种情绪多一些呢? 为什么? (因为这些情绪能带给我们快乐)如果你有了不良情绪,不去及时排解,就会给我们的生活和健康带来不良后果。这不,小云就与同学发生了一件极不愉快的事,我们一起来看一看吧。

1.感知不良情绪导致的后果。

情境展示(有条件的可让学生表演)。

在数学课的课间,同学们在讨论数学课上的题目,只有小云一人沉默不语,其他同学认为小云笨,不会做,就嘲笑她,小云大怒,出手打人。

(1)小云这种做法对吗?她有怎样的情绪体验?(委屈,但她的愤怒导致了她动手打人)

(2)面对同学的嘲笑,小云应该怎样做?如果你是小云,会怎么做?

2.探讨调节不良情绪的方法。

师:看来不良情绪确实会影响我们的生活和健康,甚至还影响我们的人际关系。但是你也不要担心,每个人都会有心情不好的时候,如果有了这些不良情绪或者烦恼,该怎么办呢?让我们来听一个故事吧!

3.听故事。

哭婆婆笑婆婆

从前有一个婆婆,她有一个女儿是卖伞的,另一个女儿是卖布鞋的,不管是晴天还是雨天婆婆都会哭。下雨时她哭,因为她担心卖鞋的女儿没生意;晴天时她哭,因为担心卖伞的女儿没生意,所以人们都叫她哭婆婆。一天,她遇到了一位禅师,禅师一语便将她点醒了,哭婆婆一下子就开怀大笑了,从此她便成了笑婆婆。

师:发挥你的想象,你知道这位禅师给哭婆婆说了什么话吗?(下雨时你就想你卖伞的女儿生意好,不下雨时,你就想你卖鞋的那个女儿生意好,这样不是天天都是开心的吗?)

师:其实这位禅师在教婆婆什么呢?(做快乐的人,想快乐的事情,要乐观,用积极的心态去面对所有事情)

课件展示:如果换个角度去思考,会使你的心情豁然开朗。

4.展示心理小博士调节情绪、快乐自己的方法。

(1)禅师就是告诉婆婆凡事要往好的方面去想,换个角度去思考事情。其实还有很多方法可以来调节我们的情绪呢!让我们来看看心理小博士对我们有什么建议吧。(读一读)找亲人、朋友或者老师倾诉你的烦恼;回忆那些使你快乐的事;把自己的烦恼写下来;适当娱乐,如跑步、练书法、歌唱、看书等。

(2)你记住了心理博士的哪几条建议呢?你以后遇到烦恼了,会怎么去排解呢?(学生回答)

◎ 活学活用,调节情绪

1. 写烦恼。

师:听了哭婆婆的烦恼,同学们,你们还有烦恼吗?每个人都有自己的烦恼,只不过多一点少一点罢了。这棵大树也不例外,它也有很多烦恼,久而久之就成了一棵烦恼树。你有什么烦恼的事情向它诉说吗?把它写下来吧!(写完后交流)

2. 小组讨论。

师:当你遇到这些不快乐的事情时,你是怎么想的、又会怎么做呢?如果你是心理小博士,会怎么去开导和帮助这些同学呢?

3. 交流。选出最有效的方法,用孩子们喜欢的方式向大家汇报。老师可根据学生的说法,归纳、总结出消除不良情绪的方法。

4. 全班合力,调节情绪。

(1)看来信

师:现在我们已经有自己的方法来解决这些烦恼了,就让我们把这些烦恼折成纸飞机,随它飞走吧!烦恼消失了,瞧! 烦恼树成了开心树,结出了一个个开心的果子,看来你们的烦恼都解决了。但这里有3个小朋友遇到了困难,他们给心理博士寄来了信,让我们来看一看他们的来信吧。

①心理博士:你好! 我有一个3岁的弟弟,爸爸总是对弟弟特别好,而很少关心我,我觉得自己在家里成了多余的人,你说我该怎么办呢?

—— 不开心的女孩

②心理博士:你好! 我数学成绩不好,第一单元才考了77分,第二单元又只考了83分,试卷都发下来好几天了,我都不敢给爸爸妈妈看,我真苦恼啊!

—— 小苦恼

③心理博士:你好! 昨天上科学课时,我偷偷地看漫画书,被我的好朋友小明看见了,没想到他马上报告了老师,我被老师批评了。我很生气!你说他还是我的好朋友吗?

—— 漫画迷

(2)写回信

师:现在心理小博士想考考大家,看谁能真正帮助他们快乐开朗起来,请你选择一封来信,在信的背面给他们写回信吧!看谁写得最好。(放音乐)

(3)分享回信,交流

师:哪位同学愿意和同学们来分享一下你的回信?你是怎么帮助这些小朋友的?

交流后总结:同学们都很能干,不仅能解决自己的烦恼,还能帮其他小朋友解决烦恼。同学们有了不好的情绪,要努力去排解,不能让这些不好的情绪积压在自己的心里,你可以找老师、同学倾诉,不然时间长了会影响我们的身心健康。

◎ **快乐情绪,放飞心情**

师:通过这节课的学习,你有什么想说的吗?(生回答)

师:孩子们,今天这节课我们学会了如何调节和控制自己的情绪。让我们忘掉一切的烦恼。老师相信,从现在起,快乐将伴随着你我每一天!

◎ **板书设计**

积极情绪:欢快／愉悦／幸福等

不良情绪:烦恼／忧愁／悲伤等

【辅导活动点评】

小学生正处于由儿童期向青春期过渡的关键时刻,处于心理发展的骤变期,自我意识、独立意识明显增强,成长中各种人生课题相关的烦恼和焦虑也随年龄的增长而增多,学业压力、同伴关系、亲子关系、师生关系,都带给他们很多烦恼。两节课都遵循了"以教师为主导,以学生为主体"的理念,心理辅导方式以学生学习为主,教师进行有效引导,学生在愉快的情境中获得新的体验。

王瑜老师执教的第一个辅导活动,通过游戏导入、观看小品、联系生活实际等办法,告诉学生如何控制自己的坏情绪,大多数学生都受益匪浅。教师的教学还体现了3个优点:第一,用学生喜欢的游戏形式导入,更加能拉拢学生的心;第二,除了听、说等形式以外,运用多种学生喜欢的活动形式;第三,保证全体学生全身心地参与,注重活动的心理体验。

郑伟伟老师执教的第二个辅导活动,在"幸运大转盘"环节,学生在游戏中有了切身的情绪体验;在听故事过程中感知拥有好心情的重要性;让学生回忆自己遇到的引起消极情绪的事,并通过故事启发学生换一种想法就会换一种心情的道理。接着让学生写出自己的烦恼,引导学生解决烦恼,使他们掌握调节情绪的方法。课堂上,学生能积极参与活动,掌握调节情绪的方法,当他们为别人解决烦恼后是那么开心、自豪,师生间、同学间都感受到了心灵的交融、沟通的快乐!这节课结束时,同学们还沉醉在这种幸福和快乐之中,可见达到了预期的教学效果。但本节课中部分学生还不能将内心最隐秘的烦恼表露出来,还有待进一步开展活动对他们进行心理健康教育。课后还要引导学生在日常生活中保持好心情,并尝试帮助同伴、家人解决烦恼。

在本次辅导活动中,教师充分重视导入的重要性,通过游戏体验情绪变化,设置疑问,引发思考,激发兴趣,慢慢揭开"情绪"的神秘面纱。在辅导如何调控不良情绪阶段,结合现实实例,通过听故事、小组讨论等方式,帮助学生进一步认识和掌握调节情绪的策略。此外,运用多媒体加强效果,发挥了课件的趣味性、生动性。最后,运用"当当心理小博士"的活动,让学生进一步了解自己的情绪,为调控情绪奠定基础。

当然,教学效果的衡量不只是看显性教学目标是否实现,学生知识是否掌握,还要考量隐性目标,即学生的能力目标和情感目标是否实现,这个目标是不好量化的,只能在授课过程中通过教师的价值观来影响学生,通过多节课的积累来实现。

【给家长的建议】

研究表明,儿童的心理健康问题与家庭的教养方式及人际关系有直接或间接的关系,有的甚至是家庭问题的表现和延续。因此,无论是了解孩子情绪状况、心理与行为偏离的原因,还是咨询、矫正计划的制订与实施,家长都是第一责任人。

首先,家长需要关注孩子的情绪变化。

其次,要多倾听孩子说话。家长往往习惯于自己说话,让孩子听话。在学校里一个教师面对几十个学生,主要是教师说,小学生说话的机会相对少,说心里话的机会就更少了。家里应该是孩子说心里话的地方,家长要注意把说话的机会留给孩子,特别是内向的孩子,家长更要鼓励孩子多说话。家长不能因工作忙忽略与孩子的交流。

再次,宽容与约束并举。对孩子宽容好还是严格好,并没有一致的意见,现实中家庭教育失败的案例中家教往往过分宽或过分严。家长应平等地对待孩子,在宽容孩子的同时给孩子必要的约束。过分宽容则陷于溺爱,过分严格则变成缺爱。家长要明白,孩子的快乐性格是不会在训斥声中养成的,家长的适时表扬比其他物质奖励更能帮助孩子养成好品性,表扬孩子与约束孩子不构成矛盾,奠定孩子愉悦的心情和开朗的性格,须从建立更亲密的家庭支持关系开始。

中国教科院2013年的调查发现,家庭支持与否与儿童入学准备的水平、自信心的高低、幸福乐观的程度密切相关。整体而言,家庭支持水平越高,儿童的发展越好。

家庭支持水平高的家长,在生活和人际关系等方面能为儿童提供适宜的支持,能够做到既严格要求又尊重孩子,既能为儿童的发展和成长提供丰富适宜的物质条件、文化环境,也能使家庭成员间保持相互尊重、亲密融洽的关系。得到这样的家庭支持,孩子更有好奇心和求知欲,孩子的知识经验、分析问题和解决问题的能力都能得到更好的发展,更重要的是孩子能体验到更多的尊重、快乐和幸福,能培养更多的乐观和自信情感,具备更好的社会适应能力。

研究还发现家庭支持对儿童身心发展有重要的影响作用。家庭支持分为三种典型的类型——亲密型、疏远型和若即若离型,不同类型的家庭支持差异很大,对儿童发展的影响也有很大的不同。

三种典型的家庭支持类型中,亲密型的家长具有较高的家庭支持水平,他们能为儿童身心发展创设温馨的人际环境,让儿童充分感受到亲情和关爱,善于鼓励和支持儿童与他人交流,让儿童想说、敢说、喜欢说并能得到积极回应,这类家长约占48.7%。疏远型的家长不能或不愿为儿童提供丰富、适宜的儿童读物,也不会与儿童一起看图书、讲故事,往往用自己的标准去评判儿童,为了追求结果的"完美"而对儿童进行千篇一律的训练,这类家长约占10.6%。若即若离型的家长既难以像亲密型家庭那样父母关系坦荡真诚、家庭气氛民主活跃、教育资源丰富多样,也不会像疏远型家庭那样父母关系冷淡、家庭气氛冷漠、教育资源匮乏,这类家庭约占40.7%。疏远型和若即若离型的家长共占到了51.3%。可以说,超过半数的家庭支持需要改进。

第6节 走出悲伤

【辅导主题】

战胜恐惧、害怕心理的辅导。

【辅导目标】

1. 能够正确宣泄自己的情绪,释放压抑感,并学会平复心情,树立健康、积极、坚强的情感。

2. 树立健康、积极的生活态度,学会坚强面对困难。

3. 激发学生内心的同情心,珍惜生命。

【辅导对象】

小学高段以上学生。

【辅导预设与教学流程】

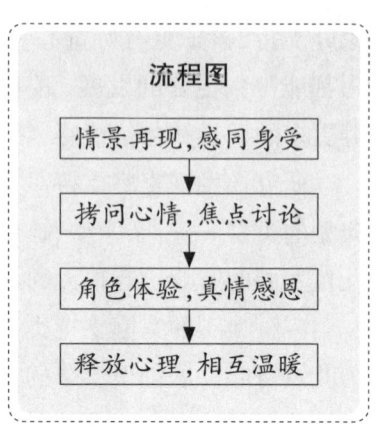

◎ 播放录像,展示心理问题

师:同学们,我们先来听一段清唱的歌曲《我们在一起》。(播放课件)听出来了吗?这首歌曲是为谁而做的?

师:2008年的5月12日下午2时28分,在我们中国的四川汶川发生了里氏8级的大地震。知道那里的受灾情况吗?谁想来说说?(房屋倒塌,公路被毁,山体滑坡,人员死伤,灾后重建等等)

1. 师:大家通过电视、网络、广播等媒体了解到了不少地震的情况,看到了很多悲惨、恐怖、让人难过的照片。在地震发生后的几天中,老师的脑子里经常像放电影一样浮现这些照片,这让我很悲伤,也有些精神紧张。有时候身体也会感到特别疲劳,甚至在晚上我都不敢闭眼睛,怕万一宁波也来个地震,这该怎么办?总之心里挺恐惧的。不知道同学们有没有类似的感受?或者有和老师不同的心理想法?地震后你的生活有什么变化吗?给大家说说。如果不好意思,可以和旁边的同学轻声说说。

2. 师:大家都非常棒,能把心里的想法说出来,那有没有胆量把自己的感受用文字表达出来呢?请你把自己的想法、感受用一个词语或者一个短句写在"心情卡"上。

写好后举在胸前,让老师和同学们看看,我们挑选不一样的贴在黑板上,让这些情绪和行为来曝曝光,大家不介意吧。

学生写:害怕/愤怒/悲伤/坚强/恶心/噩梦/容易生气/心神不宁/要吵架/没力气……教师将"心情卡"贴在墙上。

◎ 焦点讨论,拷问心情

师:同学们,有这些心理和行为上的反应都是很正常的,对你们所经历的痛苦和感受,我感到非常难过,这不是你们的错,地震给大家带来了巨大的心灵震撼,任何一个有血有肉有情感的人都会产生这些不舒服的感受,不需要去克制,我觉得大家如果心里觉得害怕的时候,可以喊出来,心里难受的时候可以哭出来,因为事情不会一直这样下去,会慢慢好起来的,因为我们能活着就是幸运,能活着就有力量,甚至可以把这些恐惧转化为战胜困难的力量、帮助别人的决心。

师:让我们来看看那些同龄人,那些灾区幸存下来的小学生们,在受灾中、受灾后,他们都做了些什么?

(课件展示图片和文字:抢救小学生、敬礼男孩子、灾后志愿者)

师:同学们,老师无法一一写出他们的名字和事迹,因为这样的英雄少年实在太多太多。他们在经受了灾难后,都能这么坚强地生活下去,那我们该怎么去击垮心中的恐惧和悲伤呢?我们应该怎样去帮助他们,与他们共同创造美好的未来呢?

(当学生说到众志成城、万众一心时,教师可以引导一个心理游戏)

◎ 亲身体验,真情感悟

师:大家都这么有决心有信心与灾区的小朋友们一起共同努力渡过难关,这让老师很感动。老师想到了一个场景:地震发生后,余震不断,当时在小学的空场地上站着许多幸免于难的学生,左边是因地震造成的地表裂缝,右边是快要倒塌的楼房,现在余震又要来临,要尽快把学生集中到这块安全地带上来,你觉得应该怎么办?谁来帮帮他们?我们现场来演习一下如何?

当学生站起行动时,老师适时提问:

不够站了,怎么办? (坚持住)

又来一个幸存者怎么办? (抱起来)

又来一个伤员怎么办? (手搭手给他坐人轿)

老师也从危楼里跑出来了(挤出点位置,我们要在一起)

老师适时添点气氛,齐喊:"同学加油,四川加油,中国加油……"

◎ 感恩心情,尽情心理释放

师:谢谢大家给了我战胜困难的勇气,当我刚才和你们站在一起的时候,我真正感悟到只要和你们在一起,任何困难都压不倒我们。虽然我们这里没有受灾,但其实我们和灾区人民的心是在一起的,我们应该给予他们力量,从精神、从物质上给予他们帮助,你认为还可以怎么做,让他们体会到我们永远和他们在一起?(展示绿丝带。学生想办法:可以打个漂亮的蝴蝶结,写上祝福的话语)

师:把绿丝带系在同学的手臂上共同分享祝福和希望,系在现场不认识的老师手上,让他们感受你们的力量,传递你们的祝福,因为我们所有的人都要在一起,共同迎接美好的明天。你还可以给对方一个拥抱,向他说一句:"我们和你在一起。"

播放《我们在一起》的 MV 结束。

【辅导活动点评】

本堂课的设计顺应了学生的心理发展需求,随着教师一步步地深入辅导内容,激发学生内心的同情心,使他们理解珍惜生命的意义,树立健康、积极的生活态度,学会坚强面对困难,获取战胜悲伤的方法,培养团结一心共同战胜坏情绪的心理品质。

灾后儿童的心理救助、心理危机干预是全社会共同关注的问题。本活动主要从对儿童进行心理宣泄、心理疏导、心理自助、心灵抚慰四个内容展开,课堂上学生都能积极主动地投入到辅导活动中,正确宣泄自己的悲伤情绪,释放内心压抑的恐惧情感,针对性强、效果好。

"走出悲伤"由丁继英老师设计、执教,获得 2008 年海曙区小学心理健康优质课一等奖,市心理健康优质课三等奖,其中录像光盘获选为浙江省心理健康优秀成果。

【给家长的建议】

受创伤的孩子会变得很胆小,很黏人,很容易被吓到,他可能对以前喜欢的活动没有兴趣,变得容易分心,也很爱哭,爱发脾气,不听话。有的孩子反而会变得很乖很懂事,但是晚上却会做噩梦、睡不着或尿床。有些孩子会在意外发生过一段时间后才有这些行为,有些孩子只会出现其中的某几种行为。

这里向家长介绍一般心理创伤的复原过程以及家长应注意的内容:

1. 意外刚发生时

孩子可能有的行为:木然、没有反应、变得特别听话;爱哭、爱闹、很黏人;做噩梦、失眠、容易受惊吓等。

家长能做的:让孩子相信你会保护他。

2. 意外发生后一段时间

孩子可能有的行为:做噩梦、故意惹大人生气、一直说意外发生的经过、在玩的时候重演意外发生的情形等。这时候孩子会在心里问自己:"为什么是我?""是不是我的错?""是不是因为我太坏了?"

你能做的:帮助孩子了解他的害怕和难过,让他说出来或用其他方式表达出来。

3. 复原后期

孩子可能有的行为：开始恢复正常的生活情形。

你能做的：帮孩子做复学的准备、让家庭恢复到以前的生活情形。

生活和身体安顿：住屋不能使用，或失去了家人的学生应尽快请专人协助安顿食宿和生活，并注意其身体健康状况。

心理咨询：约三个月到一年之间，根据个人悲伤复原进展情况，考虑是否需专业心理人员协助。

注意事项：青少年和儿童阶段的学生，因其悲伤反应性质与成人有别，一般未受专业训练的人往往难以辨识其悲伤反应。因此，对待这类学生，若学校无悲伤咨询的专业辅导，则先寻找专业人员咨询，安排教师给予心理支持，等生活安顿后，安排心理人员给予协助。

如何正确地保护受创伤孩童的心理：

（1）注意儿童的情绪和行为变化，做好基本的心理保护

促表达：鼓励并倾听儿童诉说恐惧，允许他们哭泣，帮助儿童理解出现害怕和恐惧是正常的情绪反应，不要强求儿童勇敢或坚强。

多关心：花更多的时间关心孩子，多与孩子沟通，表达对孩子的爱和关心，可以消除一部分恐惧。条件允许的情况下鼓励孩子玩一些游戏。

勿批评：不要批评儿童暂时出现的尿床等行为，这是儿童心理受灾难影响的常见反应。

给希望：回答儿童的问题，用儿童能够理解的方式告知原因，同时给予希望，向儿童承诺，灾难是暂时的。

（2）注意成年人的反应，避免影响儿童

大人应尽量不在孩子面前表现出自己的过度恐惧、焦虑等情绪和行为，及时处理自己的压力，并调整情绪。父母稳定的情绪、坚强的信心、积极的生活态度会给予孩子安全感。

第三章
挑战困难 / 诱惑心理辅导

> 美国心理学实验研究揭示：幼儿期抗诱惑能力强，跟将来有所作为呈显著正相关。当然，幼儿期抗诱惑能力一般都不强，家长不需特别着急。关于"延迟满足"的研究成果已应用到本章第 6 个范例中，供参阅。

第1节　大胆说出来

【辅导主题】

克服胆怯的心理辅导。

【辅导目标】

1. 知道大胆说话可以帮助自己解决问题。
2. 初步克服胆怯心理，愿意用语言表达自己的想法。
3. 感受"说出来"带来的成功体验。

【辅导对象】

托班幼儿。

【辅导预设与教学流程】

◎ 游戏导入，切入主题

教师带领幼儿进入，看到兔奶奶的花园，讨论如何进去参观。

在这个情境中，兔奶奶正在花园里悠闲地浇花，孩子们发现了兔奶奶的花园，激发了想进去参观的愿望，使幼儿自然地进入游戏的情境。

◎ 情境体验，直面胆怯

1. 打招呼请求参观。

（1）尝试体验：询问兔奶奶是否能进去参观。

（2）交流体会：为什么不敢说？怎么说？如果不说，兔奶奶会让我们进去参观吗？

（3）小结：心里想的话可以说出来，不说出来没人会知道。不敢说的时候，可以在心里对自己说："不要怕，说出来。"（配合动作进行积极暗示）

这一环节预设了以下三个层面。第一层面——个别尝试：请个别幼儿去向兔奶奶表达需求，如不敢上前说时，再换一名。如个别幼儿大胆地讲了，教师及时进行肯定和表扬。第二层面——团体突破:如果幼儿都不敢去,预设以集体的形式,手拉手地上前说。手拉手是互相传递能量的一种方式,促使幼儿互相鼓励,通过团体的力量突破心中不敢说的障碍。在初步尝试中,发现说出心里的话并不是一件很困难的事,懂得心里有话要说出来别人才会知道的道理。第三个层面——归纳策略:依靠集体的力量达成了愿望后,教师还需要对那部分胆怯的孩子进行疏导与安慰,这里通过一组问题"刚才××为什么不敢去对兔奶奶说?""××是怎么对兔奶奶说的?""如果不说,兔奶奶会让我们进去参观吗?"来帮助幼儿回顾梳理并首次亮出克服胆怯的策略。即用"说出来!说出来!""不用怕!不用怕!"来暗示自己大胆说出来。

2. 想吃糖征求同意;不会剥糖纸寻求帮助。

(1)尝试体验:请幼儿征求兔奶奶的意见。个别没有糖的幼儿再次询问。不会剥糖纸的幼儿请求帮助。

(2)交流体会:怎么跟兔奶奶说?得到糖开心吗?不会剥糖纸的时候怎么办?

(3)小结:当遇到问题的时候,可以先自己试试,实在不会可以说出来,别人知道了,就会帮助我。表扬自己"说出来,我真棒"。(配合动作进行积极暗示)

进入兔奶奶家后,桌子上的糖果会引起幼儿的注意,孩子肯定想吃糖,此时教师引导幼儿尝试先思考该怎么说,再通过集体的练习,得到成功的体验。正当孩子们为得到糖果而欣喜时,又设计了一个小小的插曲,果盘中的糖果少于孩子的人数,再次为部分孩子提供表达愿望的机会,鼓励孩子能大胆地告诉兔奶奶自己没有糖。

得到糖果后孩子们有了想吃的迫切愿望,却再次出现了问题——不会剥糖纸,又一次激发幼儿寻求帮助的愿望。此时教师再一次以支持者的身份给予幼儿策略的支持,让他们理解:当遇到问题的时候,可以说出来,别人知道了,就会帮助我。鼓励孩子用语言激励自己,比如"说出来,我真棒"。当然,从之前的"不用怕"到现在的"说出来,我真棒",在语言的暗示上更有利于激发孩子的自信,是提升了一个层次的。

3. 喜欢花提出请求。

(1)尝试体验:个别幼儿向兔奶奶表达自己的愿望。

(2)交流体会:你说了吗?得到花开心吗?

(3)小结:想要的时候可以说出来,也许可以达到愿望;如果不说出来,就一定不会达到。表扬自己"说出来,我真棒"。(配合动作进行积极暗示)

此时幼儿的情绪已在一个比较高的点上,孩子们都有想得到兔奶奶赠送的花的愿望。引导孩子对兔奶奶说出自己的要求,让他们理解:有愿望的时候可以说出来,也许可以达到愿望;如果不说出来,就一定不会达到。这是一次一对一练习的机会。

◎ 深入拓展,巩固提升

借工具给花浇水。

(1)尝试体验:为表达谢意,向客人老师借水壶给花儿浇水。

(2)交流体会:借到水壶了吗?说的时候怕不怕?借到了开心吗?

(3)小结:可以尝试对不认识的人说出心里的话,做个大胆的小朋友。要记住"说出来,我真棒"。(配合动作进行积极暗示)

鼓励幼儿对不认识的人说出心里的话。这是在以上环节的尝试后,对幼儿提出的一个更高的要求。再一次面对陌生人,并且面对面地表达,让幼儿再次挑战自己。相信通过努力克服胆怯,定能获得成功的体验。

【辅导活动点评】

对托班孩子而言,不敢说话很常见,此时教育者关注并加以积极的引导,帮助小年龄孩子克服此阶段不敢表达的胆怯心理是非常有必要的,也是可行的。

本次活动游戏环境的创设、游戏情节的构思,为幼儿提供了一个尝试说出来的平台,不仅使幼儿身心愉悦,在兴趣和情趣的引领下放下胆怯,大胆表达,而且通过积累成功经验,形成"精神愉悦、自我激励、增强自信"的良性循环。其中5个层次的情境设置层层递进,从打招呼、请求参观 —— 想吃糖、征得同意 —— 不会剥、寻求帮助 —— 喜欢花、提出要求 —— 愿浇水、求得工具,难度逐步提升。这些需求是每个孩子迫切想在情境中解决的,有了积极的愿望,他们就有了表达的勇气,活动真实地呈现了幼儿从不敢说到愿意说的变化轨迹。在榜样式的学习模仿及互助式的能量传递中,让每位幼儿直面"胆怯",用说出来的方法帮助自己解决问题,辅导取得了非常好的教学效果。本辅导活动由陶学军老师执教,获得2013年幼儿园心育优质课评比特等奖。

实施本活动旨在给予小年龄孩子创设大胆说出来的情境,用积极的心理暗示和多次的练习来突破孩子不敢大胆表达的心理障碍,在活动中需要注意的事项有:

1. 显性指导与隐性指导相结合。活动中教师的作用是正面、显性的,而兔奶奶则起到了重要的隐性指导作用,她是贯穿整个活动的核心人物,以生动的角色形象拉近了与幼儿的距离,使得与幼儿交流更自然和生活化。

2. 全体施教与个别施教相结合。因幼儿个体存在差异,在实际活动中,可能会出现幼儿总是不敢说的情况,这时应允许幼儿保留自己的意愿。

【给家长的建议】

您的孩子入园后有没有遇到过这样的情形:没有分到画笔,饭菜吃不下了,甚至尿裤子了等,都不愿主动跟老师说。这些不敢说的现象,都是一定的胆怯心理造成的。究其原因,主要在于缺乏说的经验。入园前,家庭生活以孩子为中心,有需求时,即使孩子没有表达,父母也能从他的举手投足间捕捉到信息,给予满足。而当孩子在集体中生活,很多时候不表达、不说出来,就无法达成自己的愿望。这种心理落差导致的消极情绪体验若积累起来,就有可能导致畏惧与退缩倾向,不利于孩子健康、开朗性格的形成。大胆说出来是与人交往的重要一环,也是孩子从一个家庭人走向一名社会人的关键。

如何鼓励孩子大胆说话呢?家长可从以下几点入手进行培养:

1. 激发孩子愿意说的信心

无论哪个年龄的人,都喜欢被称赞,如果希望孩子做出某些好的行为,称赞是最佳的方法。当孩子勇敢地走出大胆说话的第一步时,要及时让孩子知道父母的支持与鼓励。有时只要简单的一句话,如"会说出来,很好""能说,真是我的好孩子""这个想法好,我也是这样想的",或用身体语言如微笑、拥抱、点头等,就能让孩子觉得受到了父母的认同,而变得更加努力,做得更好。父母不要小看或吝啬针对性称赞的话,它是各种幼儿教育方法中最具效用的灵丹妙药,父母只要能正确地运用它,必定会事半功倍。

2. 提升孩子语言表达的能力

孩子会从经常接触到的事物尤其是父母的言传身教中学习语言,其语言能力的迅速发育,往往超过了我们的想象,所以家长要经常和孩子交流,让孩子有一个想说、敢说、喜欢说、有机会说,并能得到积极应答的环境。

从打招呼的方式开始,开发孩子大胆说话的潜能。当遇到熟人时,自然地鼓励孩子打招呼。在家也一样,不要以为一家人就没有必要打招呼。每天起床,看见孩子,妈妈微笑着说:"宝宝早上好!"这样的招呼会令孩子有归属感,知道妈妈爱他,不但能拉近亲子间的关系,也为孩子与人相处做出榜样。

当孩子用表情或手势提出要求时,家长不需积极响应,可以适当地拒绝孩子,延迟对他要求的满足,促使孩子不得不使用语言把心里话说出来。如果孩子发音不准,先猜猜孩子发出来的词句是什么意思,然后用正确的语言向他做示范,帮助他讲清楚,绝对不能笑话他,否则会导致孩子不愿意或不敢说话。

3. 创设大胆说话的机会

征求孩子的意见,听取孩子的心声,给予他们表达自己的想法和愿望的机会,给孩子充分展示自己的空间,随时与孩子交往沟通,及时捕捉教育契机,因势利导,用真正的爱将孩子引向未来的生活之路。节假日可带孩子去公园、书店、游乐园等地,充分利用孩子感兴趣的周围景物,在玩的过程中教幼儿认识事物,鼓励幼儿勇于交谈,如与小朋友、售货员、管理员进行对话。有时,也让孩子与小动物、植物说话。这样家长可以从中了解孩子们的内心在想些什么。孩子们的大脑中有了内容,自然会流露出想说的欲望,同时为想象插上美丽的翅膀。在家中可以把客厅当成教育孩子待人接物的小课堂,鼓励孩子做一个落落大方的主人,在接待客人的过程中学会表现自己,培养孩子礼貌、热情待人的好习惯及主人翁意识。

第2节 小兔新旅行

【辅导主题】

初步培养自我控制能力。

【辅导目标】

1. 了解生活中尽管有些事或物看起来很诱人,但是不能做的事情就不应该做。
2. 学习克服诱惑的简单方法,引导幼儿抵抗诱惑,保护自己。
3. 学习自我控制的技术,初步培养幼儿自我控制能力。

【辅导对象】

幼儿园小班、中班幼儿。

【辅导预设与教学流程】

◎ 情境性表演游戏,注意力集中导入

师:兔宝宝们,跟着妈妈一起到草地上来玩吧!(伴随音乐,幼儿做律动。兔

妈妈带兔宝宝回家休息后离开）

通过兔头饰和欢快的音乐，让孩子们自然地投入所扮演的角色中，教师以兔妈妈的身份用游戏的语言自然导入，席地而坐使幼儿不受拘束，为幼儿创设了一个放松的心理氛围。在环境和情境语言的影响下，使幼儿投入到游戏情境中去。

流程图

角色扮演，放松心理
↓
自由实践，获得体验
↓
启发引导，探索表述
↓
再次实践，强化引导
↓
体验成功，获得愉悦

◎ **熊婶婶用语言诱骗小兔上当，获得心理体验**

师：（对骗去的幼儿）兔宝宝们，你们为什么要跟熊婶婶走呢？她说的话是不是真的？找不到妈妈心里会怎样？

师：（对没骗去的幼儿）你们真棒，你们为什么没跟熊婶婶走呢？你们心里是怎么想的？

兔妈妈分别对骗去的小兔和没骗去的小兔进行引导。

随着游戏情境的发展，幼儿会根据自己的行为，产生深刻的心理体验。被骗小兔的心理体验先是茫然，经过后果分析后还会产生紧张、害怕、后悔等不同的心理，这时，教师及时引导、点拨，幼儿再用语言进行描述，产生更深的心理体验。对于抵抗住诱惑的小兔，进行表扬鼓励，使幼儿产生积极的心理体验。

◎ **通过多种教学手段让幼儿学习、探索抵抗诱惑的方法**

师：如果下次再有人要骗你们，你们会想出什么好办法呢？

教师的提问设计通俗易懂，能让幼儿理解并通过幼儿一定的生活经验让他们自己想出抗诱惑的办法。图示演绎的运用，既能肯定个别幼儿的想法，增强幼儿动脑的积极性，又能让更多的幼儿了解、学习这种方法。唱《小兔乖乖》的歌曲既有娱乐性，又有很强的暗示作用。对于幼儿没有说到的方法，教师则做及时的补充，直述经验并进行模仿练习，加深印象。

◎ **狐狸用玩具、美食诱惑小兔**

师：刚才你们是怎么做的？我们一起来帮助小兔。

教师表扬抵抗住诱惑的幼儿，对受诱惑的小兔，通过集体帮助他们克服诱惑。

该环节是运用更强的刺激物让幼儿运用已有的经验、方法来抵抗诱惑，并以集体的力量来影响再次受骗的小兔，教师的再次肯定与表扬更加激发了幼儿抗拒外界诱惑的自信心。

◎ 大家一起跳着兔子舞,欢庆胜利

该环节是对孩子战胜外界诱惑的肯定,通过肢体动作进行情感的释放,从中获得愉悦、自信的体验。

【辅导活动点评】

吴红霞老师执教的《小兔新旅行》,在区域比赛中,是最早选择以抗诱惑为主题的心理辅导活动,具有积极的现实意义。

心理学家布洛克认为,在严厉、专断、限制模式的控制下,儿童一般有情绪压抑、盲目顺从等过度自我控制的特征。因此,应给予幼儿充分活动的自由,不要过于压制幼儿,给幼儿创造良好的自我控制的环境。

游戏是培养幼儿自我控制能力的有效方法。幼儿在游戏中可以获得控制与影响环境的能力,能体验到获得成功的喜悦及克服困难、达到目标的快乐,而快乐作为强化物,会使幼儿对游戏本身产生兴趣。

小班孩子自我意识初步形成,爱模仿,情绪作用大,认识依靠行动,有较强的情境意识。"小兔乖乖"是孩子非常熟悉和喜爱的游戏,通过该游戏进行抗诱惑的心理辅导便于孩子理解和接受。通过角色扮演,在自然的情境创设中感受、体验与实践,在游戏中提高幼儿对事物的分析能力,积极探索抗诱惑的方法来抵抗外界的诱惑。

本次辅导目标是从教师的角度提出来的,因为对小班孩子来说,抗诱惑心理的辅导更多依赖于教师。游戏中情境的创设、教师的观察与引导、辅助手段的运用都是以教师为主导,充分发挥孩子的主体作用来达到预设的目标。

表演游戏的活动形式让幼儿在身临其境中产生真实的心理和情感体验,教师适时的心理疏导能对孩子在抗诱惑方面起到事半功倍的效果。心理辅导重在教师对孩子行为的观察与把握,对不同孩子的反应进行适宜的指导,使孩子循序渐进地体验和了解诱惑中的潜在危险,从而达到预设的目的。

【给家长的建议】

大千世界充满诱惑。实验发现,各年龄段的孩子面对"诱惑"物会产生不同的状态。比如,小班幼儿受好吃的零食诱惑;大班幼儿对神秘的、新鲜少见的物体充满好奇。由于幼儿年龄小,认知水平低,缺少对事物及现象的判断,加上自制力差,独立意识薄弱,缺少自我防范意识,所以幼儿容易受骗上当。当然,这同其生理发展特点密切相关,因为幼儿的神经纤维髓鞘未发育完善,神经兴奋强于抑制。

《幼儿园教育指导纲要(试行)》中明确指出幼儿应该"知道必要的安全保健常识,学习保护自己"。而在实践中我们往往会发现孩子虽有一定的相关认知,然而落实到行为上却存在着偏差。这种知行脱节究其原因是缺乏抗诱惑心理能力的训练。

抵抗诱惑需要慢慢培养,家长不要着急。凡事开头难,只要家长有了培养的意识,正确摸索,孩子抵抗诱惑能力一定会提高。

第3节 闯关过关

【辅导主题】

不怕困难、勇于挑战的心理辅导。

【辅导目标】

1. 鼓励幼儿大胆地参加活动,从中体验挑战带来的惊险刺激和成功乐趣。
2. 引导幼儿练习走、跨的技能,并尝试在椅面上跳过椅背落地。
3. 初步培养幼儿不怕困难、勇于挑战的心理品质。

【辅导对象】

幼儿园大班幼儿。

【辅导预设与教学流程】

◎ 热身运动

师:小朋友们好!今天我们要一起来挑战困难,闯关过关!在进入训练之前,我们得先活动活动身体,让我们跟随音乐跳起来吧!(幼儿跟随老师在音乐伴奏下做准备活动)

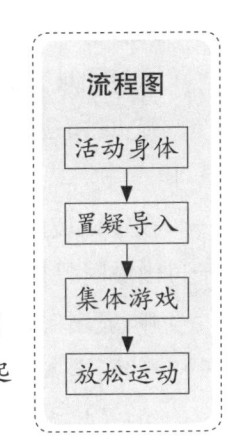

◎ 置疑导入

我们要成为一名小勇士,不仅要有健康的身体,而且还要有勇于挑战的精神。在今天的训练中,我们要挑战有一定难度的动作,那就是从椅面上跳过椅背。(教师示范动作)

师:你敢不敢跳?请说说自己不敢跳的理由。

幼儿1:不敢,我觉得很害怕。

幼儿2:太高了,有点怕。(教师请孩子站在椅子上感觉一下,孩子还是觉得高)

幼儿3:我也不敢跳。

幼儿4先是不出声,过会儿才勉强说了:不敢。

师:刚才有几个小朋友都说不敢跳,那我告诉你们,只要经过我们今天的训练,你们一定能够克服困难,成为小勇士。

◎ 游戏训练

师:下面老师把训练计划给你们讲一下,有三个内容:第一个是过小桥,第二个是走木桩,第三个是过山坡。请你们跟着我一起参加训练吧!大家有没有信心?

1. 过小桥。用椅子排成小桥,让幼儿试着快速地过桥。

师:大家走在小桥上有什么感觉?有没有害怕?有没有紧张?

幼:没有。

幼(个别):一点都不怕,这么简单。

师:刚才小朋友都说太简单了,没问题,那现在我们一起来走木桩。

2. 走木桩。椅子的面就是木桩,木桩之间要有一定的距离。(教师和幼儿一起把椅子排成木桩,椅子面对面交叉放置)

师:加油!加油!你真棒!真厉害!不错嘛!(相关的语言鼓励)

3. 过山坡。椅子的背就是一个个山坡,把椅子排成小山坡,一起来试试过山坡。

师:过山坡比走木桩要难,你们有困难吗?对自己有信心吗?需要我帮忙的说一下。

在过山坡的过程中,发现有孩子摔倒,有的没走完就从旁边下来了,还有的孩子过山坡时是扶着椅背过去的。

师:我刚刚发现有的孩子过山坡有些困难,不过,只要你站稳了跨着过去,应该没问题的,大家说是不是这样啊?

幼:是!我们没问题!

4. 往下跳。(教师增加难度,把最后的两把椅子背面向幼儿摆放,同时外侧放上垫子)

师:这回啊,真的是有难度了。如果你觉得困难,可以脚分开跨跳过去;也可以不跳,从旁边下来;如果你对自己有信心,那就去试一试。

活动中发现有不少孩子都是脚分开跳过椅背,其中有一名女孩等大家都回来了,她还站在椅子上,这时老师过去指导。

师:你怎么了?

幼儿1:老师,我怕。

师:小朋友们,她说怕,有没有办法帮助她啊?(孩子们建议老师帮助她)

师:这样吧,你拉着我的手来试一次,大家也在给你加油呢。

在同伴们的拍手声中,她拉着老师的手跨跳过了椅背;第二次,她慢慢地放掉了老师的手跨跳了过去,老师及时给予了表扬。

师:还有害怕不敢跳的吗?请你们用行动告诉我,自己是不是一名小勇士?

幼儿再次练习过山坡。要求能独立完成跳过椅背的动作。

师:真是没想到,你们都这么勇敢,虽然刚才我们碰到了困难,心里觉得害怕、紧张,但是最终我们成功了,挑战成功就是小勇士。在今天的闯关训练中大家克服了害怕和紧张,表现得都非常出色!在这里也要提醒一下,平时没有老师的保护,不能独自这么玩,否则是很危险的。在任何活动中我们都要注意安全,懂得保护自己。

◎ 放松运动

请训练过关的小勇士领取挂牌,并跟随音乐做随意动作,放松身体。

【辅导活动点评】

《幼儿园教育指导纲要(试行)》中指出"用幼儿感兴趣的方式发展基本动作,提高动作的协调性、灵活性"。在日常的户外体育活动中,孩子们比较喜欢具有挑战性的活动器材,而大班的孩子已经具备了由高处往下跳的能力,王蝶琪老师执教的本次辅导活动满足了孩子们的这一需求,培养了他们勇于挑战的冒险精神。

整体辅导设计,循序渐进、层层深入。辅导活动环节安排合理,充分体现了科学性,"扮演小勇士、活动身体→增加障碍、层层递进→解决问题、集体游戏→游戏结束",环环紧扣,教师充分考虑到幼儿的运动强度和练习密度,鼓励孩子们一次次由浅入深地尝试练习。

本活动设计的最大优点是难度安排恰当,避免了一般同类设计中难易处理不当的问题。整个活动目标定位准确、具体,过程清晰,活动内容生活化、游戏化,大大激发了幼儿参与活动的积极性和主动性,使幼儿始终处于"我想玩""还要玩"的主动积极状态,体现了《幼儿园教育指导纲要(试行)》的精神。

活动现场过程中的亮点还有:

1. 游戏环境的创设、有趣情节的构思,为幼儿主动尝试提供了一个"最近发展区"。在辅导活动的过程中,教师以幼儿感兴趣的方式组织活动,让孩子们在游戏中充满乐趣地锻炼身体、提高技能,同时也体验到了成功的快乐,增强了自信心。

2. 注意个别差异,提高每个幼儿的游戏积极性。幼儿之间的动作存在着差异性,而教师能注意到个别差异,在活动中有的放矢地加以指导,同时以鼓励的口吻和细小的动作,使原本不敢跳的孩子同样保持了游戏的积极性。另外,还在活动中配上了激昂、鼓舞人心的音乐,减弱了孩子的畏惧心理。

3. 将尊重幼儿和培养规则有机结合,在活动中及时反馈信息。另外,教师饱满的情绪对幼儿也起到了隐性激励作用,使得活动中处处洋溢着勇敢、积极进取的气息。

4. 本活动对促进幼儿的跳跃能力发展具有针对性和实效性,在促进幼儿身体素质提高的同时,也促进幼儿意志力等心理品质的发展,且活动的游戏化大大提高了辅导活动的趣味性。

教师在练习中充分地观察了幼儿,但由于是分组练习,所以教师对不同小组里的个别幼儿仍存在指导不够,有所忽略的情况。

【给家长的建议】

一个人的一生不可能不遇到困难,关键是如何对待这些困难、如何去挑战困难。现在的"四二一"家庭结构,使得孩子在过多的关爱中形成了依赖思想,当遇到什么困难时,首先想到的便是找成人解决,而缺少自己去克服困难的意识和勇气。

意志力是人们改造世界、发展能力、实现预定目的时不可缺少的心理素质。意志力通过行动表现出来,不仅表现在克服困难的行为上,而且还体现于调节自己意志的过程中。

选择一两种适合孩子的体育活动,培养孩子一两种运动技能,加强户外体育锻炼,是培养孩子意志力的有效方法。让孩子从小进行一定的体育锻炼,有利于使他学会以积极的态度去面对困难、挑战困难。

5岁以后的孩子追求成功的愿望较为强烈,由于其受暗示性强,榜样的作用、语言强化及同伴的鼓励对他们来说是相当重要的,从这个意义上说,体育锻炼中幼儿还需依赖成人的教育和指导。

家长的鼓励和指导,能够帮助孩子逐步克服心理上的害怕、紧张,能勇敢地面对困难,并从中体验到成功的快乐;更重要的是孩子在克服困难的过程中能够获得积极、愉快的情感体验,进一步促进了孩子身心和谐全面发展。

第4节 "豆豆"奇遇记

【辅导主题】

抗拒诱惑心理辅导。

【辅导目标】

1. 知道生活中要抵抗一些诱惑,树立主动抵抗诱惑的意识。
2. 感受通过自身努力抵抗诱惑获取成功的喜悦。
3. 能初步控制自己的行为,探索并初步掌握抵抗诱惑的多种方法。

【辅导对象】

幼儿园大班幼儿。

【辅导生成或精彩片段】

◎ **实景再现**

真实诱惑第一次出现——诱惑以食物的形式呈现。

幼儿分组,根据游戏要求分开绿黄豆,在桌旁放置巧克力豆和彩虹糖三四颗。在分豆过程中,有的意志薄弱的小朋友忍不住

教学线	心理线
实景再现 ⟷	心理潜伏期
内心流露 ⟷	心理表白期
辅导迁移 ⟷	心理调整期
实践成功 ⟷	心理强化期

吃了糖，由于老师并没有阻止，于是越来越多的小朋友开始吃糖。教师在还有一些幼儿没有吃的时候暂停游戏，然后根据是否吃过糖将孩子分成两组。

◎ **内心流露**

教师和颜悦色地问一组中最早吃的几个孩子：请告诉我，刚才你心里是怎么想的？（可以让他在教师耳边轻轻地说）

幼儿1（很不好意思）：我……我……我最喜欢吃彩虹糖了。

幼儿2（红着脸小声地）：我没有忍住。

师：哦，原来是这样。

教师继续问一组中的其他孩子：一开始，你没有吃，为什么后来忍不住吃了呢？

幼儿3：反正老师没有批评，糖越来越少了。

（幼儿慢慢胆子大了，流露出真实想法。）

教师提高嗓门问二组的同学：我要采访你们，你们为什么不吃糖呢？

幼儿4：老师说过要考验我们，不能吃！

教师：对！你们不光听清楚了规则，而且抵抗了诱惑，老师给你们分别记一朵小红花，真棒！鼓掌表扬一下。但是一组小朋友第一次失败。没有关系，人都是会犯错的，重要的是我们要探讨一下怎样抵抗诱惑，坚持不吃？你们二组有什么好方法？

二组幼儿讲述如何控制自己，抵抗诱惑。教师第一次点评并概括幼儿好的经验。请一组幼儿说说，听了其他同学的经验，自己准备采用什么好方法。助人自助，体现个性化的原则。

◎ **辅导迁移**

实景再现，第二次诱惑体现多样化：玩具的诱惑、看的诱惑，将刚才的方法迁移到生活中。

1. 设计展示大班同学喜欢的玩具，但是告诉小朋友不能碰。先让二组走过去，接着让一组走，这里教师用眼神、动作示意不能碰。有的小朋友开始唱歌、画画或者把手放入自己的口袋，有的举手，知道要忍住。只有为数不多的孩子（还是那几个第一次就忍不住吃糖的孩子）碰了玩具。

注意关注幼儿的情感体验，以积极与消极两类方法记录，记录的内容充分体现同伴互助。这次让更多的幼儿体验成功，分别再给他们贴上一朵小红花。

2. 继续分两组探讨抗拒诱惑的多种方法。

孩子讲述生活中自己碰到过的诱惑,有的抵抗住了,有的没有抵抗住。

教师点评并引导、总结、概括好的经验。将幼儿们群策群力想出来的抵抗诱惑的方法,用图表、简笔画的形式予以罗列,以示强化。给第二次进入一组的幼儿加加油,鼓励他们能抵抗诱惑。

◎ **实践成功**

再一次实景诱惑体验,宣布进行闯关游戏,刺激强度逐层提升。

1. 第一层次闯关

当教师揭开厚厚的布,露出一大堆饰物、玩具、食物等诱惑物时,孩子们眼睛发亮,有的嘴巴张得大大的。老师要求:这是第一关,走过看过却要错过,不能碰。

2. 第二层次闯关

继续第一个游戏:根据要求分开绿黄豆。旁边放置巧克力豆和更多糖果,同时播放动画片进行视听干扰,加大任务难度。没有人再吃糖果,很少人偷看动画片。

安排那些意志薄弱的幼儿站在要转身才能看到动画片的位置。教师站在那几个意志最薄弱的幼儿身边鼓劲喊加油。

3. 举办庆功会

嘉奖成功,增强幼儿抗拒诱惑的信心。

【辅导活动点评】

中国俗话说"善始容易,善终难"。意志力的锻炼,必须具有持之以恒,抵制各种诱惑,战胜惰性,坚持到底的品质。

但凡有志的成功者,数十年如一日,意志坚韧,抵抗诱惑,锲而不舍,金石可镂。没有良好的意志品质,再高的智力也不能保证一个人成功,而有了良好的意志品质,平凡的智力也能获得成功。

本辅导活动的亮点,除了选题好之外,还有教学环节清楚、难度设置合理、诱惑物多样、心理辅导层层递进、辅导方法多元等方面。而且教师尊重每一个幼儿,能针对幼儿进行分层和个别辅导,心理辅导十分到位,充分体现了该教师高超的教学技能和优秀的逻辑思维能力。

本次辅导活动由李秀华老师执教,因出色的设计和精彩的教学获得海曙区幼儿园心理健康教育活动一等奖,同时在宁波市第一届幼儿心理健康教育优质活动评比中获得优胜奖。

【给家长的建议】

学前儿童因年龄小,自我控制的能力相对较弱,同时又存在着比较明显的从众和模仿心理,难于抗拒美食、玩具、新鲜事物的诱惑。孩子们常因为贪玩而无法坚持做完一件事情,或因外界的干扰而不能集中注意。当然这些特点也与他们的生理发育密切相关,前文也提到过原因。他们的知行脱节导致老师和家长有着"说教无效"的苦恼经历。

所以,一方面提倡在日常生活中给予幼儿充分活动的自由,对他们不要过于限制和束缚。如果不加区分就加以限制,会造成他们情绪上的压抑,使他们的自我控制能力得不到健康发展。另一方面,家长又要有意识地教育孩子抵抗一些诱惑,不能过分任性,这样才能逐步、有效地控制自己。

诱惑,不可避免,无时无刻不伴随着成长中的孩子。不难发现幼儿在生活中会有这些小细节:站在大生日蛋糕面前,总忍不住悄悄用手指蘸奶油吃;进出教室时,总忍不住把玩一会儿门边箩筐里的玩具;正在完成一些枯燥的作业时,常常忍不住看着外面玩游戏的人出神……

美国心理学家的实验研究揭示:幼儿期抗诱惑能力强,跟将来有所作为呈显著的正相关。这充分说明了幼儿期通过增强抗诱惑能力培养意志力的重要性。

年龄较小的幼儿,由于心智还不太成熟,面对诱惑可能会有本能反应,或者会不假思索地迎合。而大班幼儿的责任感、任务意识逐步增强,他们面对诱惑表现出来的可能会是积极与消极的抗争性,能不能抵挡诱惑的关键在于积极的意志力是否占主导。在这一阶段,成人,包括教师与家长适时的支持性介入,是很有必要的。

我们不奢望通过短短一个活动,幼儿就学会抗拒多种多样的诱惑,培养了很强的意志力,但家长可以配合幼儿园,在孩子遇到诱惑的时候回想起老师教过的这个活动,从而进行巩固与加强。家园同步、同方向的有力配合,不仅仅可以帮助孩子抗拒诱惑,也是开展任何一种心理辅导活动的良好开端。

第5节 龟兔又赛跑了

【辅导主题】

矛盾选择的心理辅导。

【辅导目标】

1. 感受两种小动物在关键时候表现出不同的态度,体验他们各自的矛盾心理。
2. 学习用语言及非语言大胆地表达自己的想法。

【辅导对象】

幼儿园大班幼儿。

【辅导预设与教学流程】

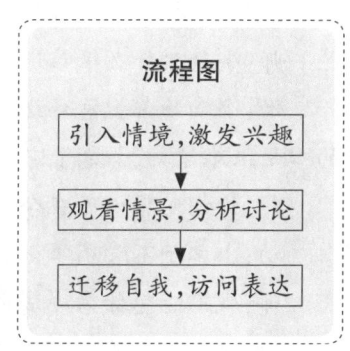

◎ 引入情境,激发兴趣

师:今天森林里要举行龟兔第二次赛跑了。

幼儿在音乐声中进入活动场地入座。运动员入场。

师:比赛马上要开始了,你们有什么话想对它们说呢?

幼:小乌龟、小兔你们要加油!/ 小白兔这次你不要睡懒觉了!/ 小乌龟,我支持你!

开门见山,导入辅导活动。通过对话,让孩子进入角色,同时回忆起第一次赛跑时的情景,自然抒发各自的内心活动。

◎ 观看两组情境表演,分析讨论

1. 幼儿观看情境表演一

师:你认为谁是这次比赛的冠军,为什么?

幼儿先展开讨论,然后按两种答案分区入座,说说各自的理由。

认为冠军是小兔的有14人,认为冠军是乌龟的有8人。

幼:小兔子做事情一心一意(小乌龟爱管闲事),冠军应该是小兔。/ 小兔子最先到达终点,冠军应该是小兔。/ 小兔子没有睡懒觉,冠军应该是小兔。/ 小乌龟帮助别人,冠军应该给小乌龟。

大象裁判宣布比赛结果,并颁奖。

师:小乌龟没有得到冠军,它的心里什么感觉?

幼:小乌龟的心里很难过。/ 小乌龟心里想我下次一定要得冠军。/ 我不帮助别人,我就可以得冠军了。

师:你想对小乌龟说什么呢?

幼:小乌龟,你不要难过,你帮助别人,小动物会喜欢你的。/ 小乌龟,你下次还可以得冠军。

此环节引导幼儿在欣赏情境表演中,理解两种小动物在关键时刻表现出的截然不同的态度,从而结合自我分析讨论各自的内心感受,鼓励幼儿用语言及动作表述各自的心理。

2. 幼儿观看情境表演二

师:小兔为什么很难过?

幼:小动物都把礼物送给了小乌龟,小兔心里很难过。/ 小动物没有和它玩,它的心里很难过。/ 小兔子它没有帮助别人,它觉得心里很难过。

师:你们发现小兔在今天比赛中什么地方很能干?

幼:小兔子不管闲事,做事一心一意很能干。/ 小兔子跑得很快。

师:我们能想什么办法也让小兔高兴起来?

幼:说说高兴的事。/ 我送礼物给小兔子。/ 我们陪它去玩。

师:如果参加比赛的是你,你的表现会和谁一样呢? 为什么?

幼儿大多数表示会选择像小乌龟那样,帮助别人。有一名幼儿选择和小兔一样,做事情一心一意。

小结:我发现小海星班的小朋友都特别喜欢帮助别人,遇到这种矛盾的事情,总是先考虑别人,再想到自己,你们真是棒极了! 其实在我们生活中这样矛盾的事情还有很多,你看下面的这位小朋友就遇到了一件烦心的事情。

随着故事的进展,活动逐层深入,故事更具有完整性。同时也隐含着另一种教育的契机,让孩子分析事物矛盾的相对性。让孩子初步了解生活中也有一些类似的互相矛盾的事情,要懂得宽容、理解、帮助,当然这是更深层次的要求。在辅导活动中虽没有明显说出来,但在几个帮助小白兔的提问中我们似乎已经略微感受到了这一层含义。

◎ 迁移自我，访问表达

师：六一节到了，幼儿园要准备一个节目参加比赛，小红和一些小朋友为了表演，排练了整整一个月的时间。可正当她要去天一广场表演的前两天，爸爸决定带小红去北京游玩，小红感到很为难。如果你是小红，你会怎样选择呢？为什么？

1. 幼儿互相讨论后请个别幼儿发表意见，并将红色的卡片贴到相应的位置上。选择表演的幼儿有16人，去北京旅游的有6人。

幼：我选择表演，这样可以得奖。/ 这件事情是老师先说的，爸爸后说的，应该听先说的。/ 北京我一次也没去过，应该很好玩。/ 表演已经好多次了，就没意思了。

2. 每位幼儿采访客人老师，听听客人老师的意见，并将客人老师的意见用黄色的卡片贴到相应的位置上。

选择表演的有21人，去北京旅游的有1人。

本环节自然地从动物延伸到他人最后到自我，体现了生活即教育，教育的最终是为自我服务的宗旨。在活动中以小记者采访的形式将活动推向了高潮，幼儿在与同伴、老师及身边的人交流采访过程中收集了许多不同的信息，从中悟出了一些粗浅的人生价值观，这对今后控制自己的行为、情绪都有积极的意义。

◎ 结束活动

幼儿与客人老师互道再见，走出活动室。

◎ 辅导延伸

1. 辅导活动结束后，幼儿可以继续对身边的人进行采访，从而捕捉不同人的信息，并将采访到的意见用蓝色的卡片贴到相应的位置上，并进行归类、讨论。

2. 寻找生活中两难抉择的事情，开展相关的主题活动，让幼儿从不同事件的各个侧面去分析矛盾，做出抉择。

附情境表演一：

在大象裁判的"预备跑"发令后，乌龟和小白兔出发了。这次的小白兔可没有中途休息，而是拼命地向前跑，小乌龟也不甘示弱，慢慢地向前爬。它们都想得冠军。

忽然听到水池边传来"救命啊，救命啊"的呼叫声。小白兔听到了想："我才不去理它呢，我要得冠军。"小乌龟听到后，连忙沿着喊声爬去，只见一只小鸡掉进水塘里了。它连忙游到水里，把小鸡救上岸。没等小鸡说声谢谢，它又急着向前爬,继续参加比赛。

　　这时的小白兔已跑到很远的地方了,小乌龟连踪影也看不到,但它仍坚持向前爬。小白兔拼命地跑,忽然它看到地上有一束鲜花,它想肯定是谁不小心掉的,刚才看到小猴骑着自行车从对面骑过,说不定是它丢的。不行,我不能去帮小猴,我要得第一名。小白兔理也不理,仍旧向前跑。

　　小乌龟爬了一会儿,也看到了地上的鲜花,它想:丢花的主人一定会很着急的,于是,它大喊:"谁丢了鲜花?"猴子听到了,一看自己搁在车座上的鲜花不见了,连忙回过头来取花。它看到小乌龟连忙说谢谢,还邀请小乌龟去它们家做客,参加猴妈妈的生日会。

　　小乌龟说:"谢谢小猴,我还要参加比赛呢!再见!"这时的小白兔早已到达了终点。大象裁判宣布:今天的跑步比赛,小白兔夺得冠军。小白兔带上了花环。

　　附情境表演二:

　　小鸡走过来说:"小乌龟,谢谢你救了我,这个礼物送给你。"小猴子跑过来说:"小乌龟,谢谢你帮我找到了花,这束鲜花也送给你。""小乌龟,我们大家都喜欢你,我们一起去玩吧。"

　　小白兔虽然脖子上套着花环,但它看到小动物们都不愿意和它玩,想想自己刚才的表现,它呜呜地哭了起来。

【辅导活动点评】

　　徐丰丰老师执教的本辅导活动属于心理健康教育中自我控制的范畴。自我控制体现了个体理性的力量,是个体极为重要的心理品质之一。一个人缺乏自我控制能力,将会对他的行为、情绪、人际适应和环境适应能力都带来消极的影响。本辅导活动的特点有:

　　1. 辅导活动目标适宜、具体。具体目标切口小,且是从幼儿的角度提出的,体现了《幼儿园教育指导纲要(试行)》中以"幼儿发展为本"的教育理念。始终围绕矛盾的话题,进行两难的选择与讨论,同时在辅导活动过程中对各环节进行了深入探讨,使幼儿在活动中较好地完成了目标要求。

　　2. 辅导活动内容针对大班幼儿。活动事件的选择贴近幼儿的现实生活,注重内容的适应性、针对性、即时性和有效性。通过备受幼儿欢迎的情境欣赏,活跃了幼儿的思维,幼儿讨论、表现的欲望强烈,对主题有一些粗浅的感悟。

　　3. 辅导活动的方法适合、多样。本活动以游戏情境贯穿始终,层层深入,让孩子们在轻松、和谐的活动气氛中,在交流分享的活动中获得体验与感悟,得到互助、自助和提高。

4.辅导活动的注意事项：对能否先采访做出自己的判断。这样更能体现环节安排的紧密性，同时，让孩子在借鉴别人的建议中学会思考、分析，从而帮助自己在面对矛盾时进行自我调节。

整个辅导活动以游戏的形式进行，让幼儿在轻松愉快的气氛中，在没有任何心理压力的情况下，潜移默化地接受指导。

【给家长的建议】

幼儿的生活中也有很多矛盾、冲突，该如何较好地解决？这与大人的引导、榜样的示范、孩子自身的认识是分不开的。教育孩子较好地解决两难的问题，对孩子自主性培养，良好性格、行为的形成都有积极的影响。

大班幼儿的个性虽初具雏形，但其可塑性还相当大，因此，家长可以尝试利用日常生活中常出现的一些偶发事件，抓住时机，引导孩子并及时予以疏导。

家长也可以利用绘本故事、童话寓言等，在情境模拟中让孩子感受前文两种动物在关键时刻表现出的截然不同的态度，积累情感经验。家长要倾听孩子的意见，与孩子充分讨论，以孩子的倾听者的身份，逐步过渡到讨论者的身份，提出不同意见，从而更好地让孩子自己在关键时刻有最佳选择与表现。这里的重点，是让孩子能正确、勇敢表达自己的想法；其次是让孩子自己做抉择，尽管有时抉择不是正确的。

第6节 好想好想

【辅导主题】

延迟满足的心理辅导。

【辅导目标】

1.知道生活中有很多"好想好想"，理解放弃当下的"好想好想"可以让自己获得更大的满足。

2. 学习克服当下"好想好想"的简单方法,提高自我控制能力。

3. 获得通过自我控制、抵制诱惑,最终成功的体验。

【辅导对象】

幼儿园中班下学期、大班幼儿。

【辅导预设与教学流程】

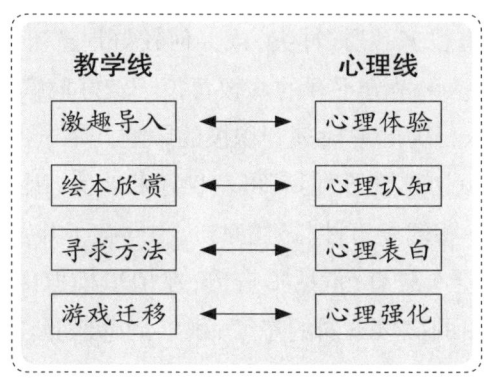

流程	环节设计	设计意图
激趣导入	1. 出示"巧克力豆",引发幼儿"好想好想"的欲望 师:看我带来了什么?香香的,好吃的"巧克力豆"。你吃过吗?味道是怎么样的?你现在心里是怎么想的? 2. 以表格形式进行情景测验:好想好想吃的、有点想吃的、不想吃的 师:把你的学号贴在彩色的纸上,红色表示——好想好想吃;粉红色表示——有点想吃;蓝色表示——不想吃 3. 说说生活中还有哪些"好想好想"的东西 师:除了吃的,还有什么是你好想好想的呢? 师:原来,我们每个人都有好想好想吃、好想好想玩、好想好想得到的东西。有一只小山羊,它有什么好想好想的东西呢?我们来听听它的故事	● "诱惑"这一词语很抽象,幼儿难以理解,所以把"诱惑"简化成适合幼儿认知的"好想好想"。同时,教师借用"巧克力豆"引诱幼儿,并借助红色、粉红色、蓝色来区分幼儿受诱惑的不同程度,引发幼儿对"巧克力豆"产生"好想好想"的真实感受和反应 ● 预设幼儿从吃的、玩的、其他三个类别进行"好想好想"的主题谈话。通过谈话,一方面可以了解日常生活中孩子都受到哪些事和物的诱惑;另一方面,让幼儿在交流中明白"好想好想"其实是大家都会有的一种心理现象

续表

流程	环节设计	设计意图
绘本欣赏	1. 教师讲述绘本《好想好想》 提问:小山羊看到好吃的会怎么样? 2. 第一次流口水,它是用什么办法让自己忍住的? 3. 第二次流口水是为什么?它拒绝好想好想的办法是什么?第三次呢?用了什么办法? 4. 小山羊一次一次忍住,它又得到了什么?满树的樱桃和一颗樱桃你会选择哪个? 小结:是的,小山羊一次一次想办法忍住自己的好想好想,最后得到了满树的樱桃。原来忍住好想好想,可以让我们得到更多想得到的东西	●中大班幼儿的年龄特点决定孩子无法体会和感悟延迟满足能给自己带来的长远价值。而绘本《好想好想》讲述了馋嘴的小山羊得到了一颗樱桃,忍住了一次次的好想好想,等待樱桃成长为满树樱桃的故事。故事中的小山羊角色生动、可爱,故事具象、浅显地解析了延迟满足的内涵,为幼儿理解其意义提供了支架
绘本欣赏	1. 出示平板电脑,引发幼儿的"好想好想" 师:这是什么呀?你们玩过吗?你想玩吗? 2. 观看情景表演 阿宝:我心里也有一只小鸟,它好想好想玩电脑游戏哦! 师:哦,你这么想玩呀,那让你玩吧! 3. 分析情景表演 提问:小朋友,阿宝怎么啦?他为什么眼睛会疼呀? 师:小朋友,我们能不能像阿宝一样玩电脑呀?为什么呀? 阿宝:我看了医生,现在眼睛好了,可是我还是好想好想玩电脑呀!怎么办呢?	●随着物质生活水平的提高,城市里的孩子对于零食、玩具、服装的"好想好想"已经逐渐淡去,反而对手机、电脑等电子产品的需求"成瘾"。电子产品的接触群体越来越低龄化,很多孩子甚至因为玩游戏而顾不得吃饭、忘记了睡觉。所以此情景表演中的内容其实是孩子生活的真实再现,试图让幼儿站在"旁观者"的角度对问题进行思辨
寻求方法	1. 收集幼儿抵制诱惑的方法 你们有什么好办法帮助阿宝吗?想想小山羊好想好想的时候它用了什么方法? 2. 请想到办法的孩子说一说。教师出示相应的图示进行记录、总结 师:你有什么好方法?你去对阿宝说一说。 阿宝:谢谢小朋友,我有一点不想了,我的小鸟也变小了! 3. 通过视频来了解其他方法 师:我们来听一听、看一看其他小朋友还有什么好方法。	●此为本次活动的难点,解决策略有两点。1. 文学欣赏法。将几种简单的方法蕴含于绘本《好想好想》,比如:自我暗示法——对自己说不好吃;注意力转移法——唱唱自己喜欢的歌,闭上眼睛不去看等。2. 视频补充法。通过视频补充孩子们受自身经验、能力限制而无法想到的一些方法

续表

流程	环节设计	设计意图
寻求方法	4. 归纳、学习自我控制的方法 师：你还听到、看到什么好方法？也去对阿宝说一说。 阿宝：谢谢小朋友，帮我想了这么多办法。我现在不再好想好想了，赶走了好想好想玩电脑游戏的小鸟。	●幼儿运用以上方法，在活动过程中和阿宝互动。幼儿每说一种方法，阿宝借助"挂历式"小鸟图片让"小鸟"变小一次，喻示着阿宝心里的诱惑越来越小，最后获得成功。这样就具象表现了阿宝自我控制、延迟满足的过程
游戏迁移	1. 出示平板电脑，交代游戏要求 师：你可以选择马上上来玩，也可以等两分钟以后再玩。 苹果姐姐：小朋友，如果你能坚持两分钟，等这个铃响了以后再玩，我会有奖励哦！ 2. 引导幼儿说说自己要用什么方法来抵制电脑的诱惑。并提供录音机、眼罩、书本等小工具让幼儿选择 3. 游戏"我不想" 教师引诱小朋友去玩电脑，阿宝告诉小朋友要坚持	●游戏受"糖果实验"的启示，其设置意图有两点：1. 提供经验迁移的环境；2. 检验幼儿心理辅导后的结果
	1. 师：小朋友们，我们都坚持到了两分钟，还得到了苹果姐姐的奖励，你们现在高兴吗？ 2. 总结：我们的生活中有很多的"好想好想"，有好吃的、好玩的，还有电脑游戏等，小山羊的故事和游戏告诉我们有时候忍住"好想好想"，也许我们能获得更多哦	●从幼儿的角度来看，他们是为了奖励而忍住自己的"好想好想"，其实我们更应让孩子体会通过自我控制、抵制诱惑，最终获得成功的情绪

【辅导活动点评】

延迟满足是指个体为了更有价值的长远结果而放弃即时满足的抉择倾向，以及在等待中表现出的自控能力。著名的"糖果实验"表明：能够延迟满足的孩子自我控制能力更强，更能保证目标的实现。

本辅导活动由梁瑛老师执教，获得2012年海曙区幼儿园心理健康教育活动二等奖。梁老师从日常生活中发现"孩子受电子产品所诱"这一真实现象来设计辅导活动，体现了此活动的价值和意义。在如何看待电子产品这个问题时，梁老师通过调查分析提出了有关"延迟满足"的心理辅导。在现实生活中,完全对电子产品说"不",是不现实的。只要孩子能在合理的时间、范围内玩,不影响身体、生活、学习,适当玩游戏也是可以的。所以,延迟满足这一心理辅导更贴近幼儿的真实需要,延迟满足也是一个人走向成功的重要心理素质之一。

本次辅导活动中手段多样,绘本阅读、游戏活动、情景表演,非常符合幼儿具体形象思维特征及年龄特点。同时,活动中很多有关延迟满足的好方法都非常实用和有效,比如:注意力转移法、他人控制法等。孩子面对的诱惑是各种各样的,还会随着年龄的改变而变化,但这些方法依然有助于孩子在遇到类似情况时借鉴和运用,同时也体现了孩子的迁移创造能力。

本辅导活动根据幼儿自我控制受"他律"影响等特点,意图让幼儿了解生活中有很多诱惑,理解克服即时诱惑能获得更大的满足和利益。活动从对巧克力豆的"好想好想"——小山羊的"好想好想"——阿宝的"好想好想"——自身的"好想好想",从象征到参照再到现实,从而达成预设目标。

同时,将"诱惑"这一潜在心理外显化为"好想好想"(语言介质),再具化成"象征诱惑的小鸟"(形象介质),最终达到心理强化的辅导效果。

教师尝试用活动中的多种方法——自我暗示法、注意力转移法、他人控制法等来延迟幼儿自己对现实生活中各种事、物的满足,从而提升了孩子的自控能力。

【给家长的建议】

现阶段出现了一种"电子保姆",父母随时随地看手机、平板电脑,于是几乎所有年龄阶段的孩子都摆脱不了电子产品的"诱惑"。电脑、手机等电子产品随着科技的发展,功能越来越多样化,手持电子产品看动画片、玩游戏的情景越来越多地充斥在幼儿的日常生活中。

幼儿缺乏控制能力,沉迷其中,对身体和精神都产生了负面影响。但也应该看到,正常地看动画片、玩游戏也能满足幼儿一部分的需求,其中很多知识和内容还提升了孩子的认知能力。所以,单纯地拒绝电子产品的诱惑是不现实的,而应让孩子认识到经常好想好想玩电脑的后果,从而产生对电脑的延迟满足,这才是最关键的。

教育家卢梭在《爱弥儿》中有这样一段文字:"你知道用什么方法使你的孩子得到痛苦吗?那就是:百依百顺。"现在的孩子想要什么就要得到什么,一旦不能立马满足,便又哭又闹。而家长们往往在孩子的哭闹声中有求必应。但这种有求必应并不利于幼儿延迟满足能力的发展。所谓延迟满足,就是我们平常所说的"忍耐"。

为了追求更大的目标,获得更大的享受,可以克制自己的欲望,放弃眼前的诱惑。

本辅导活动只能作为培养幼儿延迟满足这一控制能力的起点,更多的还应该迁移到孩子的现实生活中。延迟满足是一种自律行为,但孩子自控能力差,需要通过家长在日常生活中有意识地进行他律,才能做到真正的延迟满足。

方法一:从一分钟开始

进行延迟满足训练时,和孩子约定的时间,要根据孩子的实际能力来制订,不要和孩子约定他难以达到的目标,否则会让孩子灰心丧气,放弃追求目标的信心。只要孩子能等上一小段时间,而且在等待的时间里不哭不闹,就是在自我控制了。建议从一分钟开始进行训练,逐渐拉长时间,提高幼儿自我控制的能力。

方法二:代币法

代币法("小红花""五角星"之类的小贴纸)也是延迟满足的好方法之一。比如,爸爸妈妈可以和孩子约定,如果买新玩具,要用平时积累起来的"五角星"来进行交换。"五角星"是平时孩子表现好的时候获得的"奖励"。一般孩子积累到5次或10次后就可以满足他们的需要。孩子每次获得"奖励"的过程就是一种等待。建议爸爸妈妈给予奖励的标准一定要统一,不能失去原则性。同时,奖励物最好是孩子自己提出的,这样更有助于幼儿的自律行为。

方法三:约定法

延迟满足的核心就是通过等待获得更大的利益。对3岁左右的孩子,可以有一些日常的小规定,遵守规定可以得到奖励,反之,不遵守规定,原来可以有的奖励就被"罚没"了,这些小规定,可以帮助他们养成自我控制能力。

方法四:注意力转移法

通过转移注意力的方式,也可以让孩子不被即刻的诱惑吸引。比如,在进行延迟满足训练时,让孩子有一点额外的事情做,如学习小山羊闭上眼睛、唱唱歌等,这样孩子的注意力就不会完全集中在奖励上,也就减少了"未能及时获得"而产生的负面情绪。

家长需要注意的是,延迟满足训练不能生搬硬套,刻意为之。儿童教育应该是活的教育,需要根据当时的情境、孩子的性格做相应的调整,避免为训练而训练。

第四章
自立勇敢心理辅导

> 孩子胆小、怕黑、怕看医生、打针哭闹、不敢独自睡觉、换牙焦虑……类似这些情况,老师与家长怎么办?如何支持与塑造孩子自立与勇敢的心理素质?本章提供了针对6种情况的对策范例。

第1节 换牙初体验

【辅导主题】

换牙期幼儿心理辅导。

【辅导目标】

1. 愿意分享换牙的烦恼,交流换牙的经验,正视缓解换牙的焦虑。
2. 了解换牙是每个人都会经历的生理现象,能用自信、自然的心态面对换牙期,感受成长的喜悦。

【辅导对象】

正值换牙期的幼儿。

【辅导预设与教学流程】

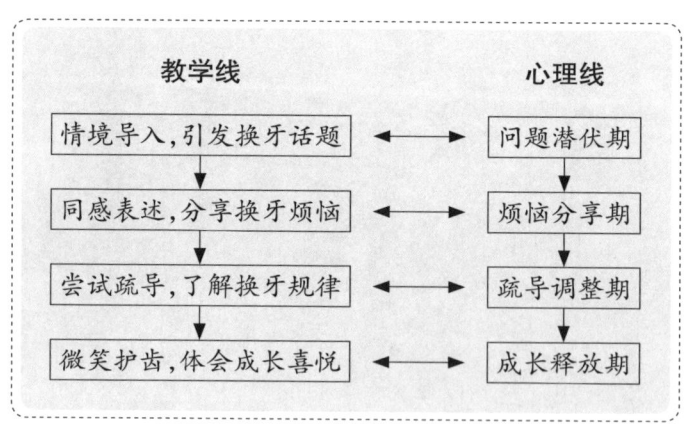

◎ 情境导入,引发换牙话题

1. 用一个掉了门牙的美羊羊,引发换牙话题。

师:今天的美羊羊和我们平时看到的美羊羊有什么不一样的地方?

2. 现场统计开始换牙和还未换牙幼儿的数量。

师：谁和美羊羊一样，也换牙了？换了几颗牙？没换的想不想换牙？为什么？

本环节是心理辅导的导入环节。首先，教师采用情境导入法，选择了《喜羊羊和灰太狼》动画片"换牙记"中美羊羊换牙之后掉了门牙的特殊形象，吸引幼儿的关注，引发幼儿对换牙的好奇和共鸣。其次，运用现场统计法，统计已换牙和还未换牙的幼儿数量、换牙颗数。一方面是了解心理辅导对象的整体情况，为下面的辅导做好铺垫；另一方面则是给还未换牙的幼儿一种成长的暗示。

◎ 同感表述，分享换牙烦恼

1. 观看美羊羊换牙视频，回忆换牙体验。

师：美羊羊换牙的时候，有些怎样的担忧？

2. 根据换牙的不同阶段，罗列美羊羊的换牙烦恼。

（1）牙齿松动 —— 怕疼 —— 害怕拔牙。

（2）牙齿脱落之后 —— 怕羞 —— 怕难看，讲话漏风、被人取笑。

（3）没牙后期 —— 怕长不出牙。

3. 鼓励幼儿分享和表达自己的换牙烦恼。

师：对于换牙，你还有哪些担忧？

4. 操作：你在换牙期最担心的是什么，就把你胸牌上的哭脸贴纸贴在你所担心的地方。

本环节是本次心理辅导的重点环节。视频呈现法是本环节最主要的辅导策略之一。借用美羊羊换牙的视频短片，引发已换牙幼儿的切身体验，愿意分享和表达曾经或正在经历的换牙烦恼。同时也想给予未换牙幼儿一种正视自己即将面临的成长问题的勇气，逐步形成不逃避而是积极面对的良好心态。其次，由视频短片中美羊羊的换牙烦恼引出怕痛、怕羞、怕长不出牙等换牙期最主要的心理问题，并与换牙的三个阶段相对应，一一进行呈现。采用图示呈现法，将零散的担忧烦恼进行有条理的梳理。第三，运用情境迁移法，由视频短片美羊羊的烦恼，联系幼儿自身，让幼儿分享和表达自己的换牙烦恼。教师引导幼儿结合自己换牙期的感受，谈谈乳牙变化和新牙生长的过程，以及少了牙齿对自己的吃、说话等方面带来的不便等，让幼儿深入、细化地分享。这样便于教师了解不同幼儿的心理焦虑，即时做出有针对性的心理辅导。

◎ 尝试疏导，了解换牙规律

1. 同伴互助，缓解怕痛心理。

师：美羊羊害怕拔牙，请拔过牙的孩子来说说你在拔牙时的感觉。

小结：其实换牙时的拔牙并不那么疼。因为牙齿本来就要脱落下来的，只不过是请医生帮它更快地掉下来而已。

2. 姿态对比，疏导怕羞烦恼。

师：美羊羊为什么怕羞？她什么方面发生了变化？当你换牙的时候，你愿意像美羊羊这样表现吗？为什么？

小结：自然的状态最美。

3. 专家讲解，了解换牙规律。

师：牙齿掉了到底会不会长出来呢？我们来听听牙医的讲解。

小结：一个人一生会长出两副牙齿，一副叫乳牙，一副叫恒牙。乳牙长到一定的时候就会换掉，再长出来的牙就叫恒牙。恒牙如果没有保护好，掉了就不会长出来了。

4. 现场调查。

师：换牙不光光美羊羊和我们小朋友会经历，我们也可以问问现场的老师，有没有经历过。

小结：换牙是每个人都会经历的过程。

本环节是本次活动的辅导难点。教师针对不同的心理烦恼期，需进行不同形式的心理疏导。首先，采用同伴互助策略，帮助幼儿缓解怕痛的心理。从心理学角度来说，幼儿在辅导活动中，既是受助者，可以得到他人已有经验的启示和教益，又是助人者，可以用自己已有的经验去帮助别人。根据第一环节的调查，一部分已经换过牙的孩子便可以成为缓解疼痛的分享者。其次，采用声音对比、姿态对比策略，来疏导幼儿的怕羞烦恼。美羊羊拔牙之前和没门牙之后清晰声音和漏风声音的对比，捂住嘴巴、戴上口罩的不自然姿态和自然微笑的姿态的图片对比，给予幼儿直观的视觉刺激，从而比较出不管换牙与否，自然的状态最美。第三，采取专家讲解策略，请牙科医生做最科学的解释，以此回应幼儿怕长不出牙齿的担忧，并借助现场老师调查等形式，帮助幼儿了解换牙规律，适当提及一些保护牙齿的方法，揭示成长的秘密。

◎ 微笑护齿，体会成长喜悦

1. 美羊羊长出新牙，换牙历程圆满结束。

2. 操作：如果有勇气面对换牙，请把笑脸贴纸贴在哭脸贴纸上面。

3. 拍照纪念：让我们和美羊羊一起拍张照片，纪念一下这段特殊的经历。请记住，即使牙掉了，也别忘了微笑！

本次活动的最后一个环节,以美羊羊长出新牙的情境贯穿,预示换牙历程圆满结束。以贴纸形式,表达自己对换牙担忧已经有所缓解,愿意勇敢面对。以照片形式,纪念特别历程。

【辅导活动点评】

关注成长变化,寻找辅导契机,是本次心理辅导的亮点。

第一,把握不同换牙阶段的契机,及时采取相适应的辅导策略。

换牙阶段主要有牙齿松动——牙齿脱落之后——掉牙后期三个阶段,分别对应怕痛、怕羞、怕长不出牙等心理问题。教师借助多媒体课件,让孩子在动态的对话、动漫形象的熏陶下,感同身受,鼓励孩子勇敢面对换牙这一变化。

第二,捕捉情感上沟通的契机,及时做出相应的辅导回应。

心理辅导中,情感上的沟通和及时的辅导回应是至关重要的。比如可以和孩子讨论如何克服怕痛的心理,有什么好办法。辅导者应该仔细聆听孩子们想出的办法:"忍一忍就过去了!""其实也没想象中这么痛!""妈妈的鼓励对我很有用!""医生阿姨会奖励小礼物。""对自己说一定行!"然后将这些好办法用简笔画的形式呈现出来,帮助幼儿积累克服困难、缓解怕痛心理。

第三,发现同伴互助的契机,真正体现助人自助的心理辅导目标。

心理辅导过程中,应该多多采用同伴互助策略,帮助幼儿缓解怕痛的心理。换牙有早有慢,一部分已经换过牙的孩子可以成为缓解疼痛的分享者。从他们口中讲出来的不怎么疼的拔牙的经过,也能鼓励那些即将要拔牙的孩子变得坚强。

第四,寻找专家讲解的契机,了解换牙护牙规律。

在辅导者、同伴之后,请出专家释疑讲解,让孩子的心里更有安全感。通过牙科医生的讲解,让孩子明白乳牙和恒牙的特点,换牙的先后顺序,掉了的牙齿何时会长出来,让孩子感到安心,坦然接受成长的变化。

本次辅导活动由陈萌老师执教,根据正值换牙期的幼儿的年龄和心理特点,选择贴近孩子们生活的内容进行早期干预性的心理教学,让孩子勇敢面对和体会成长的烦恼和喜悦,获得2010年幼儿园心理健康教育优质活动比赛二等奖。

本活动还呈现了以下特点:

1. 生活情境化教学。在生活化情境中学习,在学习中生活,紧紧围绕幼儿的生活体验来展开教学,以幼儿喜爱的美羊羊动画片贯穿始终,以密切联系孩子生活,使孩子更多地通过实际参与,来发现问题,解决问题,将抽象枯燥的知识转化为情境、操作、互动等。

2. 层次化的教学。活动的环节安排以幼儿心理发展主线为轴。

3. 多样化的辅导手段。让孩子在轻松的氛围中减少对换牙的恐惧,欣然接受换牙这个人人都要经历的过程。

【给家长的建议】

每年的9月20日是"世界爱牙日"。在国外,当幼儿的第一颗乳牙正常长出之后,就需要进行常规的护牙了。但是在国内,家长的看牙护牙意识淡薄,有些甚至认为乳牙早晚都要换的,不用太在意。等到长龋齿了才上医院,孩子惧怕牙医,不愿配合牙医,使得牙齿的问题越来越严重。换牙齿的问题也会直接导致心理上的问题。越来越多的孩子在心理上抗拒换牙、拔牙,却从未意识到这其实是一种非常自然的成长变化。

大班年龄段的孩子正值换牙期。对于从未经历过换牙的孩子来说,对自己生理上的某些变化还是会感到新鲜、好奇甚至惧怕的。孩子们对于牙齿的松动和更换会表现出不同的反应。有的感到害怕,怕牙齿掉了不能吃东西;有的感到好奇,会用手去触摸牙齿,用舌头去舔牙齿;有的在乎外貌,怕没了门牙就变丑了。由此看来,换牙期的心理护理是十分重要的,只有对症下药,才可以顺利度过。

《幼儿园教育指导纲要(试行)》中健康领域指导要点第一条就指出:"幼儿园必须把保护幼儿的生命和促进幼儿的健康放在工作的首位。树立正确的健康观念,在重视幼儿身体健康的同时,要高度重视幼儿的心理健康。"可见处在换牙期的幼儿的心理健康问题,也是需要家长和老师特别关注的。

再说说惧医心理:很多小朋友从小就怕上医院,有的孩子即使上了幼儿园,还是害怕穿白大褂的人,往往还没开始打针,就哭闹个不停。当然,换位思考,对小孩来说,打针确实很痛,医院气味确实不好闻,吃药确实很难受。但是,这种惧医心理对医生的顺利诊疗非常不利。

惧医心理的形成原因可能有主客观两方面:

第一,客观因素。惧医的孩子多数是四五岁,这一年龄段的孩子对直观、强烈的刺激,记忆特别深刻,打针的痛使他们对与之相关的医院、穿白大褂的人等都感到非常害怕。而且他们还处于似懂非懂的时期,不像婴儿时期随成人安排,也不像大班小朋友那么懂道理,所以家长和医生往往会感到很棘手。

第二,主观因素。一般由不当的家庭教育造成。当孩子不听话的时候,家长往往会说:"再不听话就带你去看医生,去打针。"久而久之,在孩子的印象中医院就像是地狱,医生就像是魔鬼。

知道了原因所在,那么问题就容易解决了。无非是两条途径,一个就是教师在幼儿园通过集体教育的方法解决这个惧医心理问题。第二个途径,通过家长说理教育,辅以糖果诱惑,一般都管用。

第2节 从前,有个小怪……

【辅导主题】

战胜孤独的心理辅导。

【辅导目标】

1. 知道什么是孤独,尝试回忆自己生活中的孤独情绪,初步了解特殊的场合会诱发人的孤独感。
2. 通过互动的方式深入体验和感受调节孤独情绪的方法。

【辅导对象】

幼儿园大班幼儿。

【辅导预设与教学流程】

◎ 谈话引出,初步感受

设疑:从前,有个小怪物,它住在人们的心里,你的心里有,他的心里有,我的心里也有,提问它是什么,引出"孤独"。鼓励幼儿大胆地表达他们对孤独的理解以及尝试回忆生活中孤独的遭遇。大部分幼儿可能认同孤独就是一个人待着,就是没有人陪,播放录像,自然过渡到第二个环节。

◎ 媒体辅助,体验挖掘

师:小朋友可能不知道,这个孤独小怪喜欢在特殊的场合跑出来骚扰大家,到底是什么场合呢?今天,老师带来了几段录像,孤独小怪就跑到了录像中小朋友们的心里了,让我们找一找它在哪里。

通过录像让幼儿直观地看到,除了一个人无人陪的状态之外也能够感受到孤独,也就是特殊的场合会更容易激发孤独的情绪,如:无人帮助时;被人拒绝时以及来到陌生场合时……录像的呈现加上幼儿的回忆"你有没有碰到过录像当中的情况呢",引起大家的共鸣,并进一步确认孤独的概念,即在孤独的状态下可以引发一系列如难过、沮丧、悲伤等糟糕的情绪,从而让大家有了想去战胜它的欲望。接着进入第三环节,也是高潮体验环节。

◎ 场景互动,暗示优化

首先,鼓励幼儿大胆说出自己觉得能够战胜孤独的方法。此时,教师将虚拟的孤独小怪(浑身插满尖刺)立体化地呈现在孩子们的眼前,很自然地将幼儿想要打败它的情绪推向一个高点。接着,鼓励幼儿用小组讨论的方式将大家认为可以战胜它的办法呈现并记录下来。最后,教师和幼儿一起总结方法,同时在教师示范下鼓励幼儿伸出手将刺一根根拔除,让孩子们仿佛看到孤独怪物慢慢丢盔卸甲,真正被自己打败。

◎ 儿歌辅助,情感提升

教师将孤独小怪的故事编成一首儿歌,将其作为战胜孤独小怪的秘籍传送给幼儿,引发幼儿的好奇心。让幼儿闭上眼睛倾听教师朗诵,在教师朗诵的过程中,随机邀请几名孩子一起朗读,让孩子们体验温馨的氛围,更让他们感受到和朋友在一起能够战胜孤独。

【辅导生成或精彩片段】

第一次了解孤独:(教师出示"孤独")

师:什么是孤独?

幼:没有人陪他玩。

幼:没有人理他。

幼:一个人在家很孤独……

师:你在什么时候感到过孤独?

幼:在家里没有人陪我玩。

幼:有一次,爸爸妈妈去下面做事情,我一个人在家里觉得很孤独。

幼:我一个人在客厅没事干,很孤独……

第一次孩子还没有真正意义上了解孤独,生活经验回忆很少,语言表达也比较贫乏。

第二次理解孤独:(教师播放三个片段)

师:你有没有碰到过录像当中的三种情况呢?请你把故事告诉我们好吗?

幼:我有一天在天一广场散步的时候与爷爷奶奶走散了,很害怕。

幼:我在家没人陪我玩很孤独。

幼:我出去散步的时候跑得太快,妈妈找不到我了,我心里感觉凉冰冰的。

幼:我在看喷泉,外婆躲起来了,我以为找不到她了,差点哭出来了。

幼:我在天宫城堡玩,妈妈去上厕所了,我找不到了,心里很难过。

幼:我在工作室玩,我想和他们一起玩,结果被他们拒绝了,当时心里很沮丧……

有了录像的感受,孩子们对孤独的理解更加丰满了。表达的经验内容和范围广了,语言明显也变得丰富起来。可见,孤独这个心理离孩子们很近,孩子们经常会有孤独的感受。

第三次打败孤独:(出示长着满身刺的孤独小怪)

师:你有什么好办法让自己不孤独?

知道了孤独的原因和存在,孩子们就可以根据自己的需求去改善和调节孤独带来的不良情绪,使自己的心理得到健康的发展。

战胜孤独的法宝

有个小怪叫孤独,住在人们的心房里,
偶尔出来耍威风,叫人难过不高兴。
碰到孤独别害怕,几大办法牢记心,
一是心想开心事,笑一笑来赶走它。
二是常和朋友往,互相交谈建友谊。
孤独小怪你莫狂,战胜你我有信心!

【辅导活动点评】

徐晓青老师执教本次活动,以其深刻的心理辅导理念与精湛的教育教学能力,在一举夺得海曙区比赛第一名的基础上,毫无悬念地再获宁波市比赛第一名。主要亮点有:

1. 挖掘 —— 心理辅导的敲门砖

心理辅导活动有别于其他教育活动,需要执教者尽可能用各种方法挖掘幼儿心中所思所想。这里不得不提"低控高参"的教学理念,在心理辅导活动中,教师要放下自己高高在上的身份,竭力融入幼儿中去。执教者可以运用一些语言、眼神以及肢体动作来帮助自己走入孩子们的内心世界,如蹲下身、平视幼儿的双眼、拥抱幼儿……让幼儿感受到安全、温馨的心理氛围。

2. 共鸣 —— 心理辅导的垫脚石

当幼儿敞开心扉时教师如何给予回应呢？共鸣就是最好的回应！在心理辅导活动中,教师不能大而泛地表扬,单一重复的评价会让幼儿缺失安全感,当幼儿怀揣惴惴不安的心情道出心声时,教师唯有用理解、鼓励的态度方能让幼儿放下一切心理包袱和负担。例如教师拍拍幼儿肩膀说:"老师能理解你当时的心情,肯定很难受。""如果换作我碰到这样的情况可能会哭,你比我勇敢！""谢谢你告诉我这一切。"当然,真正的共鸣是由内而外的,教师只有用心体会和感受才能让幼儿容易接受,这样的互动绝不仅限于语言！

3. 动情 —— 心理辅导的试金石

作为一个心理辅导活动,教师和幼儿的投入程度的多少、对活动动情与否就好像试金石一般决定了活动的成败。教师除了要在情感上全身心投入活动中外,更需要创设良好的氛围带动幼儿。例如,在本次活动的最后环节,幼儿闭上眼睛伴随着轻柔的音乐,被教师随机拉入怀中,在大家共同拥抱的氛围下孩子们很自然地说出很温暖、很幸福、有妈妈的味道等感受,真情自然流露、温情轻松蔓延！

【给家长的建议】

一段时间网上流行这样的话,"哥喝的不是酒,喝的是孤独""姐逛的不是街,逛的是孤独"。问很多人"什么是孤独",大多数回答模棱两可。

孤独是一种在人群中普遍存在的认知和体验,常伴有寂寞、孤立、无助、郁闷等不良情绪反应和难耐的精神空落感。小孩也会有吗？成人一般表示出一种质疑的态度。

有的说:"幼儿园的孩子那么小,哪来的孤独感啊？"也有的说:"孤独就是独生子女的问题,只要找个人陪他玩就可以了。"事实真的如此吗？答案是否定的。

心理专家认为,孤独是一种内心的体验和感受,与年龄大小无关。事实上,越小的孩子由于受到年龄、经历、能力等方面的制约,无法准确表达,不会调整甚至不能准确定位此种不良情绪而更容易感到孤独。

在和孩子们随机谈话中了解到,孩子们对孤独的理解除了一个人、没人陪,也有孩子这样说:"当我在玩滑滑梯摔倒,大家都笑话我时,我很孤独……"

看来,藏在孩子们内心深处的孤独情绪并不是不存在,而是我们成人很少关注。

一般而言,短暂的或偶然的孤独不会造成心理问题,但长期或严重的孤独可引发某些情绪障碍,降低人的心理健康水平,久之还会导致个性疏离。因此,请不要忽视幼儿的孤独感,多关注个别幼儿的孤独和幼儿偶尔的孤独。

第3节 我会独自睡觉

【辅导主题】

独立入睡的心理辅导。

【辅导目标】

1. 了解无法独自入睡的原因,尝试用多种方法舒缓恐惧、依恋等心理。
2. 愿意尝试独自睡觉,提高幼儿的独立性。

【辅导对象】

幼儿园中班下学期、大班幼儿。

【辅导预设与教学流程】

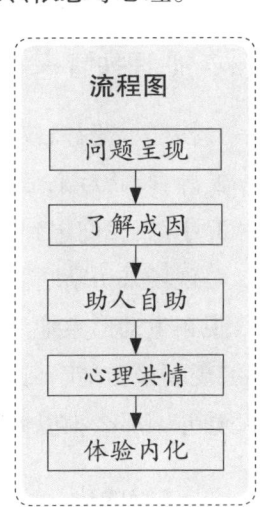

流程图
问题呈现
↓
了解成因
↓
助人自助
↓
心理共情
↓
体验内化

◎ 问题呈现 —— 了解幼儿家中入睡的情况

1. 播放视频一
2. 师:录像里的小朋友一个人睡着了吗?为什么她睡不着?

媒体呈现,运用媒体感知法,让幼儿观看晴晴的入睡情况,产生共鸣,初步感知录像里的晴晴不愿意入睡的原因。

◎ 了解成因 —— 分析不愿意睡觉的原因

1. 师：你晚上是一个人睡觉还是和大人一起睡觉？想问问和大人一起睡的小朋友，你为什么不愿意一个人睡觉呢？

2. 幼儿相互交流不愿一个人睡觉的原因。

3. 教师表格记录：用图谱形式记录幼儿回答。

4. 教师小结：原来你们不愿一个人睡觉，有各种各样的原因。

5. 幼儿贴标记：了解自己睡不着的原因。

创设与同伴积极交流倾诉的机会，让幼儿能互诉睡不着的原因。用图表归类法，将幼儿零散的回答内容进行有序的归纳和梳理。恐惧心理：怕黑、有怪兽、做噩梦、有小偷等；依恋心理：成人陪伴；生理问题等。

◎ 助人自助 —— 针对问题开展讨论解决的方法

1. 师：有那么多的原因，大家想想有什么解决的办法吗？

2. 教师用表格记录幼儿想出的方法。

在小组中进行讨论，同伴互助，使那些不会独立入睡的幼儿能从独立入睡的伙伴那里分享到一些解决方法。

根据幼儿回答，出示图例，帮助幼儿了解解决的方法，减少心理焦虑。

◎ 心理共情 —— 帮助幼儿体验独自睡觉的感受

1. 榜样示范：播放视频二。

2. 师：晴晴后来睡着了吗？她是怎么睡的？

3. 小结：我们想到了那么多方法，绿灯亮了。

4. 现场采访晴晴。

视频生动形象地演示晴晴在妈妈的陪伴下，抱着心爱的小熊温馨入睡的场景。随后，现场采访晴晴，让幼儿能正面与晴晴对话，让幼儿渐渐体验到这种感觉：一个人睡觉并不那么难以做到，打开幼儿心里的结，达到心理共情。

◎ 体验内化 —— 独自睡觉好处多

1. 行为体验：模仿独自睡觉。

2. 教师提升：独自睡觉好处多。

通过前几个环节铺垫，让幼儿模拟夜晚入睡的温馨场景，听一段舒缓的音乐，感觉抱着自己心爱的玩具,体验独自入睡的情绪,遵循自己内心的意愿,并向幼儿娓娓道出独自睡觉的好处,让幼儿愿意去尝试独自入睡。

【辅导生成或精彩片段】

◎ 多媒体制作内容

视频一:晴晴不愿独自入睡

镜头一:月亮当头照(远景到近景)

镜头二:晴晴妈妈给晴晴洗好脚,抱着晴晴去小房间睡觉。

晴晴:妈妈,妈妈,不要啦,我要跟你们一起睡。

妈妈:宝贝乖,你自己睡,妈妈晚上还有事要做。来,亲一下,晚安。

(妈妈帮晴晴盖好被子,关掉电灯,走出小房间。)

镜头三:晴晴一个人在小房间里,越睡越害怕,看看窗户,用被子蒙住脸,左翻翻,右翻翻,最后一个人起来,穿着睡衣,从小房间里探出头来找妈妈……

视频二:晴晴睡着了

镜头一:

妈妈(坐在电脑旁):宝贝,你怎么起来了?

晴晴(嘟着嘴):妈妈,我不想一个人睡,我怕,我怕……

妈妈:你怕什么?

晴晴:我怕黑,妈妈你陪我睡好吗?

妈妈:要不请你最喜欢的小熊陪你睡吧,妈妈把门给你开着。去睡了,宝贝。

(妈妈哄晴晴睡下,给晴晴一个吻,给晴晴房间点一盏小灯,顺便把门开着,晴晴怀里抱着小熊,慢慢睡着了。)

镜头二:

早晨,天亮了,妈妈(走到小房间问晴晴):晴晴,起床了吗?

晴晴(伸了伸懒腰):恩,起床了。

妈妈(微笑着摸晴晴的头):我们晴晴长大了,会独自睡觉了,妈妈真高兴。

【辅导点评】

从小培养幼儿独立入睡的习惯,对幼儿独立意识培养、独立能力提升都有很大的作用。但目前家长对孩子独立入睡的问题采取的教育方法不够恰当,往往用训斥、强制等手段,使孩子产生抵触心理。或者另一个极端,孩子一直由成人陪睡,或者妈妈陪睡、爸爸在另外房间睡,或者祖辈陪睡,一直到小学还不能独立入睡。

在幼儿入睡这件事上,我们通过调查发现:很多家庭的孩子不愿意一个人单独入睡。原因有很多,客观原因如家长不放心幼儿独自入睡;物质条件无法满足,没有独立小房间或小床;也有幼儿主观心理方面的原因。通过和幼儿谈话,我们大致归纳幼儿不愿意独立入睡的原因有以下几点:1.恐惧心理;2.依恋心理;3.生理问题等。不管怎样,五六岁这一年龄段是幼儿自主性、独立性快速发展的时期,随着幼儿不断地成长发育,让适龄孩子与父母分床,有助于其独立意识和自理能力的培养,并可促进其心理成熟。

在这一教学活动中,教师通过生活中的一段睡觉视频引发幼儿对独自睡觉的讨论,这一切入点是比较新颖的,而且这个话题对幼儿来说有丰富的生活经验,能够引发幼儿的讨论与表达。在活动中,教师充分运用了一些心理上的教学策略与方法,通过媒体呈现引发共鸣,运用图表对幼儿不愿独自入睡的问题进行归类,通过同伴间的互助讨论,提炼出一些有助于独立入睡的方法,通过媒体演绎、现场采访、最后的模拟体验等环节设计,逐渐舒缓幼儿在独自入睡上的心理焦虑,让幼儿能渐渐体验到一个人睡觉并不那么难以做到,从而愿意尝试独自入睡。

【给家长的建议】

幼儿园通过这样一个心理活动教学,使幼儿在独立入睡的问题上,愿意大胆说出自己的感受和体验,愿意向同伴、老师积极倾诉不愿意独立入睡的原因,使孩子的不良情绪得到释放。

虽然还是会有部分孩子不愿意尝试独立入睡,这也没有关系。因为这毕竟需要一个过程;其次,每个家庭情况不同,教师能够做的其实很有限,孩子第一监护人是父母,教师是有限责任。

独睡问题不是在一个教学活动中通过教师引导就能解决的,更需要家长的配合,家园共育,才能事半功倍。有时经过教师教学,孩子在主观认知上愿意选择独自入睡了,但是由于家长的配合程度不高(当然也有经济客观条件的限制),孩子还是没有独自入睡。当然,也有可能是因为孩子做的和想的不一样,但最终都需要家长慢慢引导。

如果房间条件允许,也不存在其他特殊原因,循序渐进,运用一些技术和策略,来引导孩子独自入睡,相信会给孩子将来的成长与独立留下历史性的一笔。

这个技术策略,可以是寻找到合适的时机,比如带孩子参观独睡小朋友的房间,赞赏房间的布置与那个小朋友的勇敢后,顺势提出:"我的宝宝也很勇敢,能自己一个人睡觉,宝宝对吗?"然后,回家带着孩子一起布置房间,选择一些他喜欢的床上用品、毛绒玩具等,同时表示家长会在其入睡前继续陪他的。

如果分房条件不允许,建议家长先与孩子分床睡,慢慢来,没有关系,一直采用鼓励的办法,让孩子有自信心,也能达到同样的目的。

最后还是要提醒家长,为了顺利让孩子独自睡觉,要注意:

第一,在独自入睡前的程序与细节上,还是要保持不变,比如按摩、挠痒痒。哈佛大学最受欢迎的网络课——幸福课里面有一课时专门讲"触摸与拥抱",年轻的教授引用心理学研究结论:触摸无论对成人还是对孩子都很有帮助。

第二,每晚入睡前的亲子阅读不可少,至少 30 分钟。这个愉快的亲子阅读,不仅对孩子思维、语言的发育起到重要的作用,而且有研究证明能显著提高孩子的免疫力。

第三,家长可以道晚安后离开,也可以等孩子睡着以后再离开。次日早上别忘记表扬孩子:"你独立了!"每天强化孩子的独立性,孩子不独立才怪呢。

第 4 节 晚上小便,我不怕

【辅导主题】

晚上不敢独自小便的心理辅导。

【辅导目标】

1. 了解孩子晚上不敢独自上厕所的原因,并进行相应分析。
2. 缓解孩子的焦虑,让孩子掌握一些晚上独自上厕所时自我安慰的方法。
3. 相互交流,从勇敢的伙伴处获取力量,迈出勇敢的脚步。

【辅导对象】

幼儿园中班幼儿。

【辅导预设与教学流程】

◎ 呈现问题,视频导入

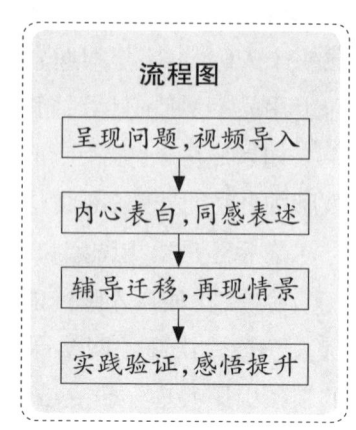

1. 播放视频。
大头儿子晚上睡觉害怕去上厕所,憋尿。
2. 请幼儿做出选择。
师:你们晚上敢自己一个人去小便吗?
统计:

敢	不敢

引出这一视频,结合幼儿自己以往害怕的经验,产生共鸣。教师向幼儿提问:你晚上敢自己一个人去小便吗?在黑板上出示"敢与不敢",让幼儿自行选择。如此,可以让幼儿清楚地了解自己的现状,将问题明确摆出来。

◎ 内心表白,同感表述

1. 教师请幼儿说说晚上不敢独自去小便的原因,并在黑板上进行统计。

怪声	怪物	坏人	怕黑	怕冷		

幼儿结合自己的经历讲述心理状态:怕怪物、怕坏人、怕黑、怕冷……
2. 请幼儿选择"你最怕的原因"。

这里采用心理自述法,让孩子结合以往经验将心里的感受表述出来,真切、深刻地直视问题,然后通过贴纸让幼儿选择自己最怕的原因。

◎ 辅导迁移,再现情景

1. 怪声 —— 请幼儿戴眼罩,听声音。
教师:听了以后有什么感觉?
请幼儿拿掉眼罩看着视频听声音。
教师:现在听了以后有什么感觉?

小结：所有声音都是日常生活中听到过的声音。

采用模拟对比法，选择一段风刮树叶和门在响的声音，请每位孩子戴上眼罩，用语言"孩子们，现在夜晚来临了"提示孩子晚上到了，同时带入声音，让孩子们感受。提问：你听了以后有什么感觉？请幼儿谈谈感受，在部分孩子说出害怕以后，出示视频，揭晓答案。这时孩子通过直观感受，了解到我们听到过的声音都来源于生活。

2. 怪物 —— 出示视频，看起来像怪物的东西，其实是家里的东西。

采用情景再现法，出示黑暗中容易使人产生错觉的影子，提问：你觉得这是什么？怕吗？让孩子说说心里的感受，然后再现实际物体，让孩子知道，自己看到的怪物其实就是家中的某一样东西。

3. 坏人 —— 出示视频，警察叔叔、保安叔叔、爸爸妈妈说的话。

采用心灵对话法，视频中警察叔叔说："我们的职责就是保护大家的安全，遇到坏人要赶紧拨打110报警，警察会以最快的速度赶到，将坏人抓起来。"保安叔叔说："我们每天晚上都会在小区巡逻，保障大家的安全。"爸爸妈妈说："家里很安全，我们会保护你的。"这样现身说法，使幼儿感受到自己被保护的安全感。

4. 怕黑 —— 针对怕黑的幼儿，请其他孩子帮忙想办法。

5. 怕冷 —— 针对怕冷的幼儿，请其他孩子帮忙想办法。

采用自由探索法、同伴互助法，针对个别孩子的问题，让其他孩子共同想办法来帮助他们克服困难，比如怕黑可以亮一盏小灯，怕冷可以披一件衣服。

◎ **实践验证，感悟提升**

1. 请幼儿重新选择。

还是害怕	可以试试看了	不害怕了

采用实践验证法，在黑板上出示"还是害怕""可以试试看了""不害怕了"三种情况，请幼儿重新选择。虽然不一定要全部达到不害怕，但是孩子有试试看的勇气，就是迈向成功的第一步。请孩子对不害怕的小朋友说"你真棒"，为可以试试看的孩子拍拍手说"真勇敢"，为还是害怕的小朋友加加油。

2. 播放大头儿子听了办法后晚上敢一个人去小便的视频。

3. 欣赏夜晚的美丽。

出示课件，欣赏夜晚的萤火虫、夜晚的星空、夜晚的街道等，请幼儿说说自己的感受。

利用感悟升华法，通过欣赏美丽的夜景，让孩子体验到夜晚没有想象中那么可怕，其实夜晚也是美丽的，以此来引导孩子用积极的心理看待事物，消减害怕心理。

小结：其实夜晚并没有那么可怕，它虽然不像白天那么明亮，却很美。只要你心中想着夜的美，那么害怕就不会进入你的心里了。

4. 发放爱心记录卡。

请爸爸妈妈协助鼓励孩子，并将实效进行记录，将爱心卡反馈给老师，以便实现活动的长期性及时效性。

【辅导活动点评】

本辅导活动由张笑老师执教，获得2012年海曙区幼儿园心理健康教育优质活动比赛二等奖。本活动内容的选择贴近幼儿的现实生活，注重内容的适宜性、针对性、即时性和有效性。

辅导活动中教师注重个别差异，肯定勇敢的孩子、理解并激励胆小的孩子。活动设计非常巧妙真实，心理辅导的层次性非常清楚，通过各种情景的再现，帮助幼儿正确认识，并运用迁移、揭秘的方法消除幼儿的负面想法，利用助人自助的理念一起商讨克服的办法，在实践中加强克服困难的能力。尤其是最后情感的升华，不仅仅局限于消除对夜晚的恐惧感，而是将夜晚的美好呈现出来，对孩子的心灵进行洗礼，让孩子对夜晚产生正面积极的心理感受。

本活动辅导的效果有较好的体现与延伸，活动结束后将近一半的幼儿已经有了敢于尝试的心理。一个活动只能给幼儿提供有限的指导，而幼儿心理机能的完善需要通过多种途径、多次实践方可达到，因此活动最后给每个幼儿发放爱心卡，回家后让爸爸妈妈督促、鼓励孩子实践，并做好记录反馈给老师，以达到辅导的长期性及实效性。

【给家长的建议】

本活动主要帮助孩子解决晚上不敢一个人上厕所的心理障碍。经过调查，中班大概80%以上的孩子晚上不敢独自去小便。幼儿对黑暗的恐惧绝大部分源于自己的想象，幼儿时期的孩子想象力丰富，会很容易将黑暗与平时让他们害怕的故事、事物联系起来，容易把恐惧扩大化。这是幼儿期较为突出的一种心理行为表现。

一般来说，幼儿都有"恐惧心理"。随着他们对世界从懵懂到初步认识，他们受到的外界干扰也在增多,对那些黑暗、巨大、血腥的事物会产生非常恐惧的心理。因此,他们会怕黑、怕巨大的声响、怕怪兽,这些都是正常的心理现象。

1. 改变认知,理解孩子的害怕心理

幼儿对黑暗的恐惧大部分源于他们的想象。孩子们想象力丰富,分不清现实与想象的界限,想象黑暗中有怪兽、大灰狼等可怕的东西,所以在黑暗中他容易把恐惧扩大化,这是该年龄段孩子的认知特点。爸爸妈妈不应该责备孩子而应该从正面引导,并在孩子有了一点进步的时候及时加以肯定和鼓励,逐步消除他们对黑暗的恐惧。

父母可以坦率地承认自己也曾害怕过某些东西,但现在已经不再害怕它们了。这样,孩子就会明白,他并不是世界上唯一害怕这些事物的人,恐惧的心理便会得到有效缓解。由于孩子特别爱模仿自己父母的言行,父母的榜样作用对孩子影响极大。

2. 改变影响,强化家长正面引导

在现实生活中,如果父母本身就怕黑,经常大惊小怪或尖叫,孩子会产生"负面的模仿",并加深他对黑暗的畏惧感;另外孩子受一些电视节目或图书的影响,也会将"怪兽"和"黑暗"关联起来,于是"怪兽"和"黑暗"在孩子心里便有了形象,导致孩子在晚上想要一个人去小便时,联想到类似的东西,便产生消极的心理。

要协助孩子克服害怕的心理,应先了解引起他害怕的真正根源。孩子们往往言不由衷地掩盖他们真正所害怕的事情。因此,要细心观察孩子的日常言行,了解他真正害怕的事情,然后对症下药加以解决。

3. 改变环境,家长加以辅助训练

首先,家里尽量减少物品的随意摆放,以免导致孩子的错觉联想。其次,可以在孩子的床脚边摆放可爱的小夜灯,减少孩子醒来时的恐惧感,或在门口、卫生间等便于孩子操作的地方安置开关灯。再次,依照循序渐进原则,头几次由父母陪同孩子上厕所或将父母的房门打开以便给孩子安全感,慢慢放手让孩子自己去。

另外父母甜蜜温馨的搂抱、爱抚,不仅可以增加亲子情谊,而且可以在一定程度上消除孩子的恐惧心理。父母应该付出更多的耐心和时间来陪伴孩子,日常生活中要关心孩子思想感情的变化。

怕黑不可怕,只要家长以最适宜的行动,了解孩子、支持孩子!

第5节 我迷路了

【辅导主题】

走失心理辅导。

【辅导目标】

1. 认识到走失时产生胆怯、慌张、害怕等心理是正常的。
2. 在遇到困难、麻烦时首先要冷静。
3. 学习一些冷静的技术,学习走失时求助的方法。

【辅导对象】

幼儿园中班、大班幼儿。

【辅导预设与教学流程】

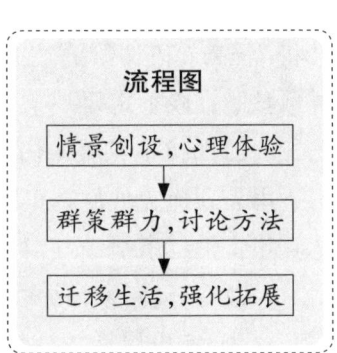

◎ 观看第一张幻灯片

1. 大家一定都去过儿童乐园,在那里都玩得很开心吧?有一个小朋友叫乐乐,上个星期天他就和妈妈一起去那里玩,玩得真开心啊……

教师结合幻灯片讲述第一段故事。

2. 师:你有没有遇到过这样的事呢?你当时的心情是怎样的呢?

通过说说亲身经历,帮助幼儿体验、感受故事人物焦急、慌张的心理。

3. 师:这时我们该用什么办法让自己平静下来呢?

通过提问,层层递进,让幼儿学习一些简单的自我安慰、自我调节的方法。

4. 乐乐想起妈妈说过,遇到困难哭是没有用的,于是他擦干了眼泪,想起了办法。

师:你能替乐乐想个办法吗?(请部分幼儿自由回答)

在帮助故事情节中的人物解决困难的过程中,幼儿也在无形中学习到了克服困难的方法,形成遇到困难先想办法的习惯。

◎ 观看第二张幻灯片

1. 教师继续讲述：乐乐决定通过广播室呼唤走散的妈妈。可是……
2. 师：如果你是乐乐，你敢不敢找陌生人问路呢？你该怎么问？
引导幼儿大胆问路，语言表达清楚并要有礼貌。
3. 幼儿寻找在场的老师进行练习。
现场听课的老师对于孩子而言都是很陌生的，利用这一资源，为幼儿提供一个实践练习的机会，同时也活跃现场气氛，增强互动性。

◎ 观看第三张幻灯片

1. 教师继续讲述：附近有两个穿着漂亮衣服的阿姨……你们说，乐乐到底该找谁问路呢？为什么？
2. 幼儿分组自由讨论，教师以讨论者的身份介入。
3. 请各组幼儿分别说说各自的结论，并陈述理由。
4. 幼儿通过多媒体，了解到找乐园里的工作人员比较安全，比较容易得到帮助。
5. 教师接着讲述故事的发展：乐乐走向工作人员，问道……乐乐终于又和妈妈在一起了。

◎ 小结这个小故事

讨论生活中有没有遇到过这样的情况，比如在大超市、购物商场、游乐场中走失。当时你怎么办？后来呢？我们学会了什么？
使幼儿了解遇到困难要想办法，不要慌张、害怕。可以用深呼吸等方法先让自己冷静下来。请求别人帮助时胆子要大，但是要有礼貌，要把自己想说的说清楚。要学会分辨好人坏人，要学会动脑筋。再次强化学习所得。

【辅导生成或精彩片段】

◎ 观看第一张幻灯片

结合幻灯片，教师讲述第一段故事。
师：大家一定都去过儿童乐园，在那里都玩得很开心吧？有一个小朋友叫乐乐，上个星期天他就和妈妈一起去那里玩，玩得真开心啊！他一会儿滑滑梯、一会儿骑木马……突然，他发现妈妈不见了，妈妈到哪里去了呢？乐乐急得哭了起来。

师：你有没有遇到过这样的事呢？你当时的心情是怎样的呢？

有的幼儿说遇到过，并简单讲述了事情的经过。

幼1：上次我和妈妈去超市买东西，后来我找不到妈妈了，我没有哭，后来我就在妈妈停车的地方等着。

幼2：有一次我和奶奶在公园里玩，我乱跑，就找不到奶奶了，我急死了。

师：这时我们该用什么办法先让自己平静下来呢？

幼：先不要哭／先坐下来想办法／给自己唱首歌／把眼泪擦掉。

幼儿说出许多适宜的和不适宜的办法，教师可以带领幼儿做做深呼吸，帮助幼儿懂得在遇到困难时先平静自己的情绪。

师：乐乐想起妈妈说过，遇到困难哭是没有用的，于是他擦干了眼泪，想起了办法。你能替乐乐想个办法吗？

幼：可以找警察叔叔帮忙／让乐乐找乐园里的保安好了，他一定知道妈妈在哪里／打个电话给妈妈，问妈妈在哪里／找叔叔阿姨，让他们带乐乐去找妈妈／打110好了／去停车场等着，妈妈一定会去拿车的／在乐园的大门口等妈妈。

◎ 观看第二张幻灯片

教师继续结合幻灯片讲述。

师：乐乐决定通过广播室呼唤走散的妈妈。可是乐园里的广播室在哪里呢？如果你是乐乐，你敢不敢找陌生人问路呢？你该怎么问？

幼：阿姨，广播室在哪里啊？／警察叔叔，你知道广播室在哪里吗？／我不敢。

大部分幼儿都表示敢去问路，同时教师在幼儿回答过程中引导幼儿表达清楚要说的话并要有礼貌。

幼儿寻找在场的老师进行练习。

大部分幼儿都找现场的听课老师问路，有老师再次给幼儿设置了困难，告诉幼儿："对不起，小朋友，我不知道路。"这时候，这个幼儿在原地站了一会儿，又找别的老师问路去了。还有极个别幼儿站在一边，不打算上前问路，教师鼓励他找老师问路，他说："我不去。"教师鼓励他："那我们一起去问，好吗？"他就拉着老师的手开始问路。

【辅导活动点评】

方意老师执教的本辅导活动，选自日常生活中很有可能发生的幼儿和大人走散这一事例，非常有意义。通过一个完整的故事情节，利用和创设困难情景，在幼儿的学习活动过程中,模拟日常生活中出现的难题,让幼儿开动脑筋,根据已有的生活经验,经过自己的努力克服困难,使幼儿随着情节的发展一步步获取自我调节的技能,学习到克服胆怯、慌张、害怕等心理问题的方法。

活动中运用颜色艳丽、画面生动活泼的多媒体,配合教师富有感情的讲述,带领幼儿进入故事情节,体会人物心理。在整个活动中,教师与幼儿始终以一种平等的关系互动着。教师为幼儿提供了不同的机会表达内心、展现自我。幼儿在活动中始终被故事情节牵动着,积极热情地参与活动,充分发挥着自己的智慧,想出了各种解决困难和问题的方法。

本次心理辅导活动,如果从更大的范围考虑,可以设计走失情况的几种变式,比如在大超市里与家人走失了怎么办,在商场里、菜场里、挤公共汽车时、郊游时等等,当然这是需要进一步拓展的内容。

【给家长的建议】

人的一生中会遇到各种各样的突发事件,如何面对困境、摆脱困境,是人生的必修课。如今的小孩子,在家是龙是凤,事事由大人包办,遇到不顺心不如意的事,更有爷爷奶奶、外公外婆哄着宠着。由于家长的这些包办代替和娇宠溺爱,许多幼儿的自立能力较差,心理承受能力低下。

当孩子真正遇到离开亲人的走失困境时,往往就变得束手无策了。因此必须加强孩子的意志磨炼,提高孩子的心理承受能力。家长可以做各种情景预设,通过对具体事例的分析和讨论,提高孩子对生活中困难和挫折的认识,增强抗挫能力。家长可以讲述英雄人物历尽艰险、战胜困难的故事,介绍一些生活中可能遇到的各种迷路走失的困境,使孩子明白:人生道路不可能一帆风顺,随时都会遇到困难,人要有战胜困难的信心和勇气。

家长应该有意识地引导孩子正确认识环境,比如让孩子记住一些明显的标志建筑与标志物;也应该提供更多的机会让孩子锻炼记忆环境的能力,掌握一些简单记忆环境的方法。顺利地熟悉周边环境,可以帮助幼儿提高适应环境的能力,增强战胜困难的毅力。

但是,在进行这方面的教育引导时,应注意适度、适量。在孩子遇到困难而退缩时,家长要鼓励孩子,在孩子做出努力并取得成绩时,及时肯定,让孩子体验成功,从而更有信心去面对新的困难。

第6节 三只蚂蚁的奇怪旅行

【辅导主题】

拒绝盲从心理辅导。

【辅导目标】

1. 理解故事内容,能大胆地尝试猜测故事发展的情节,知道盲从带来的后果。
2. 喜欢参加互动游戏,初步学习克服盲从心理。
3. 具有初步的独立判断事物的能力,学会保护自己。

【辅导对象】

幼儿园中班以上幼儿。

【辅导预设与教学流程】

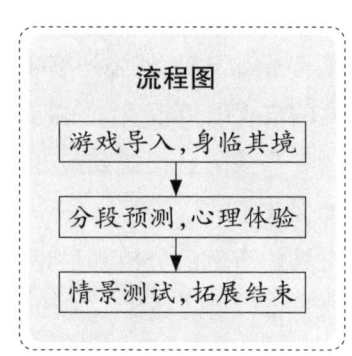

◎ 游戏导入,身临其境

让幼儿扮演小蚂蚁找食物,在轻松、愉悦的氛围中导入课题。

听音乐,幼儿扮演小蚂蚁,跟着蚂蚁妈妈一起找食物,在蚂蚁妈妈的引导下,找到了一条绳子,为以下的情节发展做铺垫。

师:今天,我们来玩一个游戏,扮演小蚂蚁,小蚂蚁会遇到很多选择。这时就需要大家开动脑筋,做出自己正确的判断。如果你是小蚂蚁,会怎么办?

◎ 分段预测,心理体验

这是本节课的重点部分。一方面通过让幼儿看动画《三只蚂蚁》,理解故事内容并尝试大胆地猜测故事的情节,另一方通过让幼儿与"三只蚂蚁"互动游戏,体验三只蚂蚁的心理活动,亲身感受盲目跟从带来的危险后果,从而使幼儿初步学会克服盲从心理。

1. 放映动画《三只蚂蚁》的第一部分,同时让幼儿做第一次互动分析选择。

师:如果你是小蚂蚁,看到了这样一条空中悬挂着的绳子,你心里怎么想的?

幼儿进行各种猜测、分析。

师:你是觉得上面有好吃的应该爬上去,还是觉得有危险不应该往上爬?说说为什么这样选择。

根据选择分组站立。

2. 继续放映动画《三只蚂蚁》的第二部分,发现好吃的 —— 一只死虫子,同时让幼儿做第二次互动分析选择。

师:当你看到其他小蚂蚁往上爬的时候,你有没有改变主意,或者有其他想法?

幼儿进行各种猜测、分析。

师:是跟着其他小蚂蚁继续往上爬,还是不跟上去?并说说为什么。

根据选择重新分组站立。

3. 继续放映动画《三只蚂蚁》的第三部分,同时让幼儿做第三次互动分析选择。

师:小蚂蚁爬到上面看到了一团黑乎乎的东西。你想象一下,这是什么?还应不应该跟着其他小蚂蚁继续往上爬?

4. 展示动画《三只蚂蚁》的结尾,最后大蜘蛛把小蚂蚁吃掉了。

师:看到刚才的结果,你心里想到了什么?

最后教师小结,以蚂蚁妈妈的口吻告诉幼儿盲目跟从会带来危险的后果,同时教育幼儿今后无论遇到什么事情都要学会冷静思考、独立判断,而不要去盲目地跟从。

◎ **情景测试,拓展结束**

通过设置游戏情景,迁移刚才的学习经验,再现盲从带来的后果,从而加深幼儿的心理体验,学会保护自己。

1. 出现一位蚂蚁姐姐(可由配班老师扮演,以增加吸引诱惑力),蚂蚁姐姐对小蚂蚁说,在远处的小森林里有一座小桥,小桥上面有许多糖果、饼干,希望小蚂蚁们能跟着她一起去吃。

2. 幼儿独立判断是否愿意跟着蚂蚁姐姐一起去,想想是否会有危险。

3. 蚂蚁姐姐掉入了陷阱。现实再一次告诉小朋友盲目跟从所带来的后果。

【辅导活动点评】

《三只蚂蚁》的故事中,三只小蚂蚁由于急着找东西吃,不管前面有无危险都盲目地向上爬,最后被大蜘蛛吃掉。由郑瑾老师执教的《蚂蚁的故事》,获得第三届海曙区幼儿园心理健康教育优质活动比赛三等奖。本心理辅导活动的其他亮点:

1. 从幼儿的兴趣出发,充分发挥多媒体动画形象的感染作用,使幼儿身临其境,为下面活动的开展做好铺垫。通过让幼儿与动画人物积极互动,使幼儿犹如亲历故事情节,体验更为深刻。

2. 根据幼儿活泼好动的特点,在活动中让幼儿来扮演小蚂蚁的角色,让幼儿与故事中的小蚂蚁产生角色的互动,使幼儿犹如亲历盲目跟从带来的危险后果,从而在游戏中培养幼儿独立判断事物的能力,同时也使幼儿得到启迪:在生活中也会遇到种种诱惑与陷阱,不能盲目地跟从,而要冷静思考、独立判断、正确面对。

3. 教师的角色定位准确。教师作为本活动的组织者、引导者,只有采用积极倾听、观察、发问、提炼归纳、示范等组织技巧和反馈、模仿、交流、感染等互动技巧,才能有效促进幼儿心理辅导目标的达成。

比如开始阶段放映动画《三只蚂蚁》的第一部分,同时让幼儿做第一次互动选择。提问:"如果你是小蚂蚁,看到了这样一条空中悬挂着的绳子,你心里怎么想的?"幼儿的各种分析猜测,其实无所谓对错,教师重在倾听,引导幼儿讲出对应的理由,只要自圆其说就可以表扬,然后让更多的幼儿发言。第二阶段的猜测也是如此,这样可以培养孩子的扩散性思维。第三个辅导环节是通过设置游戏情景,迁移刚才的学习经验,教师可以说:"好了,刚才扮演小蚂蚁,不管是否做出正确的选择,小朋友都获得很多的体验,取得了很多收获……"这样就可以避免打击一部分幼儿的积极性。当然,孩子的勇敢值得肯定,但也须立即提出"冷静思考、正确分析"才是最正确的选择。

教师在心理辅导过程中,更多的是扮演主持人的角色,不要发表有倾向性的意见或做出诱导性的行为,不然这个辅导活动就失败了。

当然教师最后的总结可以再加以提炼,以便更科学准确,更易被中班幼儿接受。

【给家长的建议】

现在的孩子大都有着优越的生活条件,家长们总是想方设法层层保护,避免孩子受到伤害。但这样会使孩子产生依赖心理,而且使孩子缺乏主见,缺乏明辨是非的能力,导致多数孩子只会盲目地跟从,却不会独立地判断事物的对与错、是与非。

现今的社会处处充满了诱惑与陷阱,孩子们进入中班以后,接触周围世界的机会逐渐增多,在生活中就有可能在盲从心理的影响下做出各种错事,甚至掉入别人精心设计的陷阱之中。

因此,除了培养孩子自我保护意识、教给孩子自我保护的方法之外,更重要的是要培养幼儿遇事冷静的品质、对事物进行独立判断的能力,以避免盲目地跟从他人。

请家长尽可能地放手让孩子独立思考、独立判断,让他自己去体验、认识、判断不熟悉的事物,去适应不断变化的环境,并在实践中积累经验。

第五章
同伴交往心理辅导

> 知识爆炸的时代,"互联网+"的背景下,知识已经不再是耳传口授时期少数人的专利。那么,为什么儿童还要上幼儿园、上学校?答案很简单,实现人的社会化。而同伴交往,就需要练习同伴互动行为,本章提供了6个练习范例。

第1节 霸道的小熊

【辅导主题】

交往霸道的心理辅导。

【辅导目标】

1. 明白什么是同伴交往中的"霸道"做法。
2. 体验到"交往霸道"会导致不开心、被孤立等消极情感。
3. 进一步探索同伴间友好交往的方法。

【辅导对象】

幼儿园中班下学期、大班幼儿。

【辅导预设与教学流程】

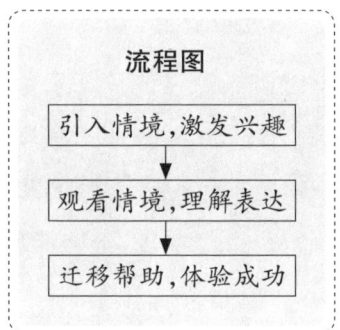

◎ 导入活动

小动物们在音乐声中进入森林,参加森林音乐会。

此环节给活动留了一个悬念,使情境表演更加自然,贴近幼儿的生活。

◎ 理解表达

1. 观看情境表演第一组。

一个小动物正准备上台为大家表演节目,这时小熊大摇大摆地走过来,指着小动物们霸道地说:"走开,小动物们,你们给我听着。下周一是我小熊的生日,你们要把最好的礼物送过来。如果不送,当心我揍你们!"说完,它哼的一声气势汹汹地回去了。

师:听了小熊的话,你们的心里怎么想?

幼:气愤／过分／生气／害怕／讨厌。

师:你们打算怎么办?

幼儿可以小组讨论,然后选择分区入座(送/不送)。统计:送礼物的幼儿6个,不送礼物的幼儿24个。

大班交流:幼儿说说各自的想法。

幼:我送它一个奇怪的礼物,看上去很漂亮的盒子,其实里面什么都没有;我送给它一些巧克力,让它吃后牙齿烂掉;我送它一只老虎,吓唬吓唬它;我送它一个生日蛋糕;我不送它礼物,我逃跑;我去教训教训它,打它一拳,踢它一脚;我去挠它痒痒;我去破坏它的房子,让它没有家。

2. 观看情境表演第二组。

小熊穿着漂亮的新衣服边唱歌边从家里走出来:"哈哈哈!今天是我的生日。诶,怎么没有小动物到我家里来呢?哼,礼物也不送给我。咦?这里有礼物!脏小兔、烂苹果,这么糟糕的礼物送给我。气死我了!"说完,小熊就坐到椅子上,生气极了!

师:小熊的生日为什么过得不开心?

幼:小动物们送给它不好的礼物;它想收到很多礼物,可是收到的太少了;小动物们都不来和它玩;它没有收到自己喜欢的礼物。

师:你想对小熊说什么?

幼:如果你不欺侮小动物,我们会送你好礼物的;你不要害别人,我们会和你好的;别生气,我们不是不想送礼物给你,其实你对我们也是挺好的,希望你能改正;小熊,你不要难过;小熊,祝你生日快乐;我们肯定会跟你一起玩的!

本环节是活动的重点,让幼儿在情境中感知、思考、表达。这也印证了《幼儿园教育指导纲要(试行)》中提出的教师要"创造一个自由、宽松的语言交往环境……鼓励幼儿大胆、清楚地表达自己的想法和感受"的要求。孩子们正是在这种全语言环境中,与同伴大胆交流,表达自己的想法,充分地融入活动情境中的。

◎ **迁移帮助**

1. 小熊的困惑。

小动物们说的话都很有道理,可是妈妈经常告诉我:"孩子,你在幼儿园里可以和在家里一样,想干什么就干什么。不要怕别的小动物,你可以欺负它们。记住:千万别被小动物欺负了,你可是妈妈的心肝宝贝呀!"

请你们告诉我,我到底该怎么做呢?

幼儿可以求助客人老师,听听老师们的意见。

幼:小熊,你听我们的话,妈妈说得不对;在妈妈面前你就假装轻轻地推小朋友一下;你就和妈妈开个玩笑;别听妈妈的,不然就没有朋友了;我们和你一起去告诉你的妈妈,好吗?

本环节是活动的难点。通过帮助小熊寻找问题的根源,以此解决小熊的困惑,同时也帮助幼儿学会自知。了解自己在同伴中的被接纳度,并因时、因事、因地把握自己,有效地协调自己与同伴和环境的关系。

教师能抓住幼儿生活中常见的事情引发讨论、唤醒思考,对那些班级中类似小熊形象的幼儿有暗示教育的作用。

◎ 活动延伸

1. 班级中开展"我最喜欢的同伴"主题活动,进行正面引导教育。

2. 家园协作,请家长和老师共同谈一谈"我的孩子"。让孩子从老师和爸爸妈妈的眼中认识自己,调整自我。

【辅导活动点评】

徐丰丰老师执教的本次心理辅导活动属于"同伴交往心理辅导",获得海曙区第二届幼儿园心理健康教育优质活动三等奖。本次辅导活动紧紧围绕幼儿心理,以情境贯穿始终,两条线索同时展开。明线是小动物们对是否给霸道的小熊送礼物的思考及帮助小熊,暗线是小熊从自以为是到失落再到初步醒悟。

孩子们在预先创设的情境表演中感知、理解、讨论、表达,较好地完成了预设的教育活动目标。该心理辅导的其他特色还有:

1. 重感受、轻知识

在活动课中,通过角色扮演的形式将幼儿引入情境,教师注重幼儿感受、情感体验、行为调整。这是心理教育活动中所倡导的让幼儿调整、重组、统合的过程,也是一个主动的学习过程。

2. 重引导、轻教导

在整个活动中,没有教师单一地对幼儿进行强制性的说理和武断性的要求,而是抓住契机、适时引导,及时提出一些由浅入深的问题,引发幼儿思考,在与表演人物的对话中调节自我的心理,从而达到助人自助的活动目的。

3. 重目标、轻手段

教师在活动中并没有借助多媒体教具,而是抓住人物的特性采用排演表演剧的形式,使活动更加自然,小熊与幼儿之间的距离更为贴近,使幼儿在活动中有身临其境的感觉。

【给家长的建议】

孩子从出生之日起,就被包围在各种社会关系之中,与人发生着多方面的联系。在与他人的交往过程中,孩子们逐渐形成社会性和自我个性。和谐的人际关系是心理健康不可缺少的条件,也是获得心理健康的重要途径。同伴关系是孩子早期生活中除亲子关系之外的又一种重要的社会关系。

《幼儿园教育指导纲要(试行)》中指出要"帮助他们正确认识自己和他人,养成对他人、社会亲近、合作的态度,学习初步的人际交往技能"。良好的同伴间的交往会使孩子在更大的范围内体验到一种全新的健康心理情感,这是他们发展社会能力、提高适应性、形成友爱态度的基础,也会对孩子情感、认知和自我意识的发展产生独特的影响。

此外,幼儿交往的重要性还在于:任何人的存在都是独一无二的,每个孩子都有无限发展的可能性。认知与情感的经验绝不是客观世界的搬移、复制,而是由每个人领会、体验、质疑、猜想、顿悟等生成的,越是亲身经历的、主动体验的人际交流活动,幼儿掌握的东西越能够被随时调用和灵活应对,也越能够被新的经验整合。交往能力已成为现代社会每个人最重要的素养之一。

随着经济条件的改善,不可避免地,家庭教育中会有一些溺爱型的家长,他们对孩子百般溺爱,对其行为不加约束,使个别孩子逐渐养成了任性、霸道、唯我独尊的不良性格。

当这些孩子进入幼儿园后,就接二连三地出现与同伴争吵、欺负弱小等行为,以至于其他孩子们不太愿意与这样的孩子接近,同伴关系极为不良。

很多时候这些孩子也很无辜,"我是被教育成这样的",孩子不是不懂道理,家长也不是没有教育孩子,但是为什么我们的孩子有时候说是说、做是做,或者幼儿园一套、家里又一套?孩子明明知道自己表现是不一样的,但就是控制不了自己……

对孩子的引导需要慢慢来,循序渐进。当然,因为环境不一样,孩子的表现也会不一样。而且,个体自我控制的发生与发展,与儿童的年龄密切相连,大班幼儿随着感知觉和动作的相互协调与迅速发展,尤其是大脑皮质感觉区和运动区分析综合技能的发展与成熟,更需要成人,特别是教师、家长,创设条件,帮助他们形成友好交往的自我控制心理。

同伴交往,是人实现社会化的必要途径;人际交往能力,是人的社会性技能的重要组成部分;学习社会人际交往,是每个人一生的必修课,而幼儿期又是学习交往的重要时期。幼儿的社会交往是幼儿与周围人互相交流信息、交流情感的过程,对幼儿个性、情绪情感、心理健康、认知等方面的发展具有十分重要的作用,与他们成年后的事业、生活有着密切的关系。

第2节 小兔不嫉妒

【辅导主题】

关于嫉妒的心理辅导。

【辅导目标】

1. 初步了解一味地嫉妒给自己及他人造成的危害。
2. 学习以正确的心态对待比自己能力强的人,激发幼儿乐观向上的进取心。
3. 锻炼幼儿积极地与同伴交往的能力。

【辅导对象】

幼儿园中、大班嫉妒心较强的幼儿。

【辅导预设与教学流程】

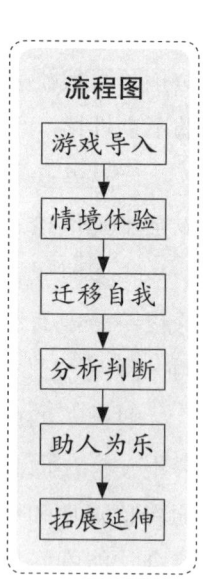

◎ 游戏导入

师:小朋友,我们一起到动物幼儿园去参观吧!(伴随音乐,幼儿开火车进入活动室)

教师以游戏的情境、轻松的乐曲,带领幼儿一起去关注、去发现,引发幼儿的探究兴趣和好奇心,为幼儿制造和谐、安全的心理氛围,使幼儿具有活动的动机和心理准备。

◎ 情境体验

师:动物幼儿园里有小兔、小猴、青蛙和大象老师,你看他们来了……

1. 观看情景表演一。

小兔蹦蹦跳跳地找小猴玩,小兔说:"小猴小猴,你会数数吗?我们来比一比。"

小猴高兴地答应了。小兔说:"我先数,1、2、3、4、5、6、7、8、9、10……"

小兔挠挠头,一时想不起来了。小猴急忙说:"我会我会,1、2、3、4、5、6、7、8、9、10、11、12……"

"行了行了,有什么了不起的,我不和你玩了。"小兔说着走开了。

这时,大象老师发话了:"小朋友,现在我们进行拍球比赛,请你们拿好球,准备好。"

小兔、小猴和青蛙手拿皮球站成了一排。大象老师一声令下,小动物们认真地开始拍,小兔拍得慢,而且总是丢球,最后大象老师宣布,青蛙获胜。小兔非常生气,将球猛地一扔,说:"真讨厌,我再也不和你们玩了。"

师:小兔怎么了?小兔为什么不愿意和朋友们玩?

教师在进行辅导时并非直接向幼儿传授"答案",而是通过多种方式、多种手段启发幼儿感知、领悟,从而实现幼儿自我教育的目的。贴近幼儿生活的动物幼儿园情境小品中,小兔所遇到的问题也是幼儿在日常与人相处时所要面临的,因而是他们理解和感兴趣的,也即《幼儿园教育指导纲要(试行)》中指出的"既符合幼儿的现实需要,又有利于其长远发展。既贴近幼儿的生活来选择幼儿感兴趣的事物和问题,又有助于拓展幼儿的经验和视野"。

2. 迁移自我。

师:在生活中,你遇到过比你强的小朋友吗?你是怎么想的?

此时老师始终能抛给幼儿开放式的问题:"在生活中,你遇到过比你强的小朋友吗?你是怎么想的?"尽量让幼儿放下顾虑,坦诚地说出自己的想法。幼儿的想法各种各样,有积极的,也有消极的。

3. 分享判断。

师:小兔和有些小朋友的想法好吗,为什么?

教师提出积极和消极的典型想法让幼儿思考,分析各种不同想法的后果是什么。针对学习的难点、重点,让幼儿提出问题,主动参与讨论、辩论,认真听取别人的意见,敢于发表独立见解,并能学习集体的智慧。教师此时应少表态,多引导,指导讨论、评价的方法。经过分析、讨论后,让幼儿领悟到:当看到有的小朋友比自己强时,我们应该做的不是嫉妒和生气,而是更加努力学习别人的长处,使自己更加优秀。

4. 助人自助。

师:我们来帮助小兔,改变她的想法,让她有更多的朋友。

通过讨论,幼儿已经亲身体会了受到别人的称赞不仅使自己心情愉悦,而且可以增强自信心,还发现称赞别人的长处时,别人愿意与自己友好交往。从而幼儿得出结论:每个人都有自己的优点,虚心学习别人的长处,同时接纳别人的短处,宽容地对待别人。尊重、接纳、理解别人才能使自己心情愉悦、与人友好相处。

◎ 深入拓展

师:在小朋友的帮助下,小兔现在知道该怎么做了。

1. 观看情景表演二。

小兔走到小猴和青蛙的面前,说:"对不起,青蛙、小猴,我以后向你们学习拍球和数数。"青蛙和小猴说:"我们向你学习跑步。我们还是好朋友!"(三个好朋友手拉手做游戏。)

通过角色人物的正面行为示范引导,幼儿自然地融入角色,心理和行为的转变顺着角色内化为自我,让幼儿有了自己明确的行动方向。

2. 音乐游戏"好朋友"。

最后的游戏把整个辅导推向高潮,通过辅导活动,幼儿间的关系更为融洽,更为团结,而这正是幼儿愉快、健康成长的基础。

◎ 延伸部分

1. 在日常生活中,老师要随时注意有失落心情的幼儿,及时开导、帮助他们化解。
2. 鼓励幼儿观察、寻找自己和别人的优点,创设大家互相学习、共同协作的活动,提高他们的心理素质。

由于幼儿的内心世界是隐秘的、复杂的,要培养幼儿良好的心理素质,必须注重在活动中逐步训练。因此在日常的活动中,教师要有意识地让幼儿参与和尝试,既动手又动脑,既分享又合作,从而获得内心深处的体验和深切的感悟,促使其心理状态的健康发展。

【辅导活动点评】

心理学家认为,嫉妒是在自己不如别人优越,有了失落感时才会产生的一种心理状态,嫉妒心理是对某方面超越自己的人的一种嫉恨,是对无意或有意竞争者的一种仇恨心理。本次辅导活动(执教者是毛益敏老师),获得海曙区第二届幼儿园心理健康教育优质活动二等奖。整个辅导活动体现了"幼儿才是学习的主人,学习是幼儿自己建构的过程"这一辅导理念。

第一，民主对话，有利于幼儿敞开心扉。

在辅导的起始预热环节，教师运用了幼儿日常玩耍的游戏来拉近师生的距离，待幼儿慢慢接受之后，教师再试着与他们交谈，话题始终围绕幼儿感兴趣的内容。因为师生只有在平等和谐关系的基础上才能有彼此的尊重与信任，幼儿才会真正感受到教师的可亲、可敬、可信，才会在心理上接受、容纳教师，才会向教师敞开心灵的窗户。也只有这样，教师的教育才能奏效。

紧接着在集体辅导过程中，教师始终能够做到"蹲下来""平视孩子"，耐心地等待，给幼儿充足的思考时间，肯定幼儿所表达的真实想法、观点和困惑，鼓励幼儿发表与众不同的见解，特别是当幼儿说出"看到别人比自己优秀所以非常讨厌这个人"的想法时，教师一开始给予支持和同感，而非立即以教师的权威加以反驳与指责，然后慢慢让幼儿自己反思、自己分析，始终营造一种安全、平等的心理氛围。

第二，随机教育，有利于幼儿产生情感共鸣。

在问到"在生活中，你遇到过比你强的小朋友吗，你是怎么想的"时，有一名幼儿大胆吐露了自己的想法。此时，教师立即捕捉和利用有价值的教育资源，将这名幼儿请到台上，与小兔一起成为幼儿帮助的对象，从而增强辅导的针对性和实效性。由于班上典型幼儿的直接介入，使得幼儿们的积极性大增，开始不愿与同伴交流的幼儿也能开心主动地与同伴商谈、辩论、出谋划策，使幼儿的情感交融、共鸣和升华，让幼儿获得真实而深切的体验。

虽然教师能及时抓住偶发事件，但在对这一资源的有效利用上还显不足，出现了该幼儿独自站在台上，无所事事的情况，这是因为教师没能立即改变、优化辅导活动流程，还是按照预定的思路开展辅导活动，忽视了有效的教育资源。因此，教师除了需具备专业知识外，还应具备较强的驾驭活动的技能。也就是说，教师对幼儿的心理要有敏锐的感知力和正确的判断力，能灵活、恰当地根据幼儿的反应和参与情况，及时调整活动的节奏和环节。

第三，多向互动，有利于幼儿自我教育。

教学的本质是交往，是师生间共同对话、共同合作、共同参与、共同构建的过程。在辅导过程中，提问的恰当与否直接影响着师生和生生间的互动。本活动所设计的几组提问明确开放，有益于发展幼儿思维的变通性、逻辑性、创造性，又能使幼儿乐于与同伴交流分析，如"小兔怎么了"，"小兔为什么不愿意和朋友们玩"，"我们来帮助小兔，改变她的想法，让她有更多的朋友"。幼儿思维活跃，课堂气氛热烈，在这种互助活动中，幼儿可找到自己与他人的差距，达到进一步认识自我的目的，找到如何提高、完善自我的方向，即从别人那里获得心理启发和支持，内化并提高自我心理健康水平。

如果开展本辅导活动,需要注意的事项有:

1. 鉴于幼儿的认知状态,本辅导活动过程中形容幼儿一般不宜出现"嫉妒"一词。

2. 在辅导活动组织中,教师细心观察,抓住教育契机,努力使自己成为幼儿学习的引导者、聆听者、推动者。充分放手让幼儿利用已有的知识经验,通过合作、交流、辨别、评价,在互动中明白:当别人优秀时,我不要总是生气嫉妒,应该把嫉妒心变为进取心,通过自己的努力使自己更优秀。

3. 由于时间和被辅导人数的限制,只能让一部分幼儿相互碰撞,产生火花,建议集体辅导时,将幼儿分成几组围绕在教师四周,以便于教师敏锐地捕捉幼儿发出的各种互动信号,与幼儿积极交流。

因此,教师只有真正意义上观察和切入,才能产生生生之间、师生之间的互助、互动,让幼儿获得情感心理体验,最终通过自我投入达到自我教育的目的。

【给家长的建议】

引起孩子嫉妒的内容是多种多样的,如别的小朋友被老师表扬了,而他没有得到表扬;六一儿童节,别的小朋友表演节目了,而他没有参加;有的小朋友的好朋友多,而他没有好朋友;别的小朋友某一方面比他突出,他这一方面不如别人;有的小朋友拥有很好的玩具,他却没有等等。以上这些都可能引起幼儿的轻微嫉妒心理。

特别是5~6岁的孩子,心理较4岁左右的孩子有明显的发展变化,原来不太注重的一些东西也开始注意起来,更容易产生嫉妒心理。

在孩子心中,嫉妒心理的突出表现往往为失落感。在这个阶段,成人要特别注意对孩子进行正确引导,可以让嫉妒变成要求进步的动力。

嫉妒心理看上去是自尊心的一种不满足与安慰,但实际上,它满足的只是自己并不正确的欲望。如果一个人不能在与他人的相互比较中努力进取,合理竞争,仅以嫉妒别人的进步与优势来安慰、满足自己的自尊心,那么,这种不正当的心理防卫,可能变为成长路上的障碍。

作为家长,应及时调整和纠正孩子的嫉妒心态,让孩子学会欣赏别人,懂得欣赏接纳别人,正确看待别人的成绩与成功,变差异为动力,通过更加勤奋努力,使自己更为优秀,用自信来消除嫉妒,鼓励孩子寻找新的"增长点",达到新的心理平衡,促进孩子的心理健康和完美人格的形成。

家长带着孩子到公园、体育场所等公共地点活动时,必须把握好自己的角色定位。一是安全的维护者,二是信息的传递者,三是策略的点拨者。家长虽然不直接参与活动,但不能放任,要实时关注情况,及时观察孩子与其他孩子的交往,点拨也要适时适量。遇到问题,不要急于插手。在几经尝试都无法成功的情况下,家长可以适当地用语言提示,或用实物、身体语言进行暗示,尽量让孩子自己去领悟与解决。

第3节 对不起,我错了

【辅导主题】

承担责任的心理辅导。

【辅导目标】

1. 了解生活中出现问题需要面对,回避和推卸不能解决问题。
2. 了解回避及推卸责任背后的原因,并大胆表述自己的真实想法,并能通过交流、操作等方法,知道自己应敢于承担相应的责任。
3. 通过勇于面对,获得正能量,感受到作为一个"小勇士"的勇敢坚强。

【辅导对象】

幼儿园大班幼儿。

【辅导预设与教学流程】

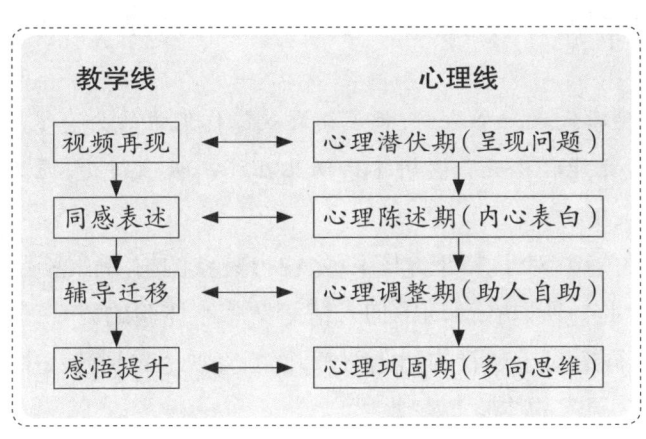

◎ 视频导入,呈现问题

1. 视频第一段。

师:发生了什么事?结果怎么样了?是谁把棋子打翻了?你觉得他这样做对吗?

2. 视频第二段。

师:小男孩怎么说的?听了这话你们心里是怎么想的?你觉得小男孩的心里会是什么感受?

这个环节为幼儿再现了平时游戏中常见的情景,因为大班幼儿已初步具备了辨别事物对错的能力。而选择视频的方式是让幼儿站在客观的角度去看待问题,分析问题,认识自我,也为下一个环节做铺垫。在活动中,教师利用幼儿玩飞行棋的场景,一来是因为大班幼儿喜爱棋类游戏,二来是想营造一种熟悉感,让幼儿一看视频便懂得视频中幼儿间发生了什么矛盾。

◎ 同感表述,内心表白

1. 探讨原因。

师:为什么大家都觉得这是件错的事,小男孩还是说"不是我的错,我不是故意的"?(1名幼儿回答,教师示范作画)

师:还有哪些原因呢?现在老师给你们每位小朋友准备了一张空白纸,请你们画一画小男孩不愿意认错的原因。

绘画、记录这一形式,能够让幼儿专注思考推卸责任背后的原因。这也是教师了解班级幼儿内心真实想法的时刻,教师利用绘画中的图标帮助幼儿提炼原因。(怕难为情、不愿认错、害怕批评、害怕惩罚等原因)

2. 体验游戏。

教师出示乒乓球,幼儿陈述绘画中包含的一个原因,教师在黑板容器前放一个乒乓球。

师:一个乒乓球代表一个原因,犯了错误就像你们说的会有很多原因。这么多原因藏在心里你还能轻松吗?(请1名幼儿在泥工板上行走,泥工板上放有乒乓球,然后让他说说感受)

这个环节很关键,对于大班幼儿来说,说出具象的情绪情感还是很困难的,甚至很多成人也如此。所以在活动中加入情绪情感小体验的游戏,就是为了让幼儿有直观的感受。同时对于观看的幼儿而言,也能直观地看到游戏中幼儿的状态、情绪情感,获得更深层次的体验与感受。

◎ 助人自助,辅导迁移

1. 感受再现。

师:刚才游戏时,带着那么多想法,心里什么感觉?那怎样才能容易走过来?

2. 相互探讨。

师:那现在我们如何拿掉这些原因?我们可以怎么做,怎么说?(选择分组:觉得怕难为情、不愿认错的坐到 A 组;觉得害怕惩罚、被批评的坐到 B 组)

经过梳理分析后,这个环节,教师将解决权又交到幼儿手中,让孩子自己做行为的掌控者。同时也可以帮助孩子证明可以在众多的选择中做出自己的决定,可以拥有主宰自身行为的能力,更关键的是要敢于承担责任。

◎ 感悟提升,多向思维

1. 视频第三段。

师:小男孩是怎么对老师说的?怎么对小朋友说的?老师和小朋友又是怎么做的?

师:你生活中有犯错误的时候吗?是什么原因?现在会怎么说呢?

【辅导活动点评】

大班幼儿的肌肉发育基本完善,具象思维逐步向抽象思维发展,具备了完成简单任务的能力,有了一定的责任感,逐步形成了集体荣誉感。为幼儿创设一个可以感受到接纳、关爱和支持的良好环境尤其重要。

我国著名发展心理学家陈会昌研究发现,随着年龄增长,幼儿承担责任的意识逐渐从被强制性向半理解性水平、原则性水平过渡。王健敏认为,儿童责任心的形成与发展,是一个从依从阶段到认同阶段,最后达到信奉阶段的过程。比如小班时期幼儿在接到一些任务责任时,会说"老师是这样做的","我不带去,老师会批评的"等,他们的责任心表现为服从教师、家长的要求。中班幼儿在一定程度上会进行独立的思考,但这种理解尚不全面、深刻。而大班部分幼儿的责任心已具备预估不负责的后果的能力,甚至还会考虑到它的间接、长远的影响。此时基本达到信奉水平,即他们开始在内心中认同责任行为,此时责任心已内化为自己的行为标准。因此在大班这一敏感期,教师适时地介入能帮助幼儿树立正确的自我责任意识。

对于责任,许多人认为现在的孩子没有或缺乏责任心。心理学中的责任感包括自我责任、同伴责任、集体责任等六种责任,大班幼儿由于年龄认知的特点,他们能关注到的只能是与自身有直接联系的事物。因此,本次辅导活动选择从自我责任这一点切入,让孩子通过视频讨论、助人自助的方式预估自己不敢承担相应责任的结果,勇于说出自己曾经的错误,说出错误背后的心声并大胆承认"我错了",从而减少害怕承担错误的不良情绪。引导幼儿不仅要在众多选择中做出自己的决定,以证明自己拥有主宰自身行为的能力,更关键的是要敢于承担责任。这种敢于承担相应责任的态度与行为会对周围产生积极的影响并且有助于自我完善。

最后通过谜底揭晓的形式(也就是视频播放事件结果),一方面让幼儿直观地看到经过自己心理斗争后做出的行为得到了归属认同感,另一方面让幼儿联系实际将自己心里的想法勇敢地表达出来,并敢于承担自己相应的过失,让孩子的内心感受得到释放。

总结该活动的特点:其一就是找常见、熟悉的视频作为活动的导入,用直观具象的视频开门见山、直奔主题。其二,情绪情感类心理教育活动除了提供充足的表述空间外,更应借助游戏,加深真实体验,让幼儿产生积极向上的心理。

该课由童春波老师执教,获2009年度海曙区幼儿园心理健康教育活动二等奖。

【给家长的建议】

生活中随处可见这样的例子:两名幼儿争抢一本书,结果书破了,两个孩子都说"我不是故意的";户外活动时,一个孩子把沙包扔到了另一个孩子的身上,扔沙包的孩子就会说"不是我的错,我不是故意的"。

有很多人会认为这是孩子缺乏责任感,在推卸责任。那么孩子为什么会推卸责任呢?

主要原因有:1.怕承担后果;2.出于认识上的偏差,没有认识到自己的过错;3.屈于自尊心,不愿承认错误。这是最主要的三个原因。

学龄前幼儿正处于吸收性心智时期,随着孩子年龄的增长、自我意识的发展,孩子逐步有了"我自己来"的独立倾向,他们喜欢自己尝试、动手操作,他们毫不费力地从周围的环境中吸收大量的信息,并从中感受到潜移默化的影响,这就为培养孩子对自己、对他人、对家庭的责任感提供了良好的契机。

除了幼儿园集体教育外,家长应努力同步做到以下三点:

1. 家长身体力行的示范

借用法国思想家卢梭的话,"最好的教育就是无所作为的教育:孩子看不到教育的发生,但教育却实实在在地影响着他们的心灵,帮助他们发挥了潜能"。父母就是孩子社会行为的楷模。父母在家庭中表现的责任感的强弱,是孩子最先获得责任感的体验。想要孩子有责任感,父母首先要以身作则,这种身体力行的教育比任何一种说教都要有用得多。孩子虽小但家长仍应把孩子当作一个真正意义上独立的个体。当大人在孩子面前做错事情的时候,是否会敢于担当地蹲下身子对孩子说:"宝贝,对不起,妈妈错了,我为我刚才的行为向你道歉。"道歉后再跟孩子分析你的理由,孩子是不是更容易接纳?

2. 给孩子申辩的机会

孩子做错事情,也许有他自己独特的理由,请给孩子申辩的机会。可以搂着肩或拉着手对他们说,这样会让孩子产生安全感,更容易让孩子产生表达的欲望。记住我们批评孩子的目的,不是为了证明孩子错了,而是为了给孩子启示怎么做是对的。在孩子自己没有意识到错误前不要强迫孩子道歉,这种形式上的道歉是在变相逼迫孩子说谎,等同于在纵容孩子推卸责任,同时也在削弱孩子的自信和力量。

3. 家园温柔统一的模式

家园统一是培育孩子事半功倍的捷径,家长除了在家做好表率工作,同时更要辅助幼儿园开展各项活动。中国现代儿童教育之父陈鹤琴先生曾说:"凡是儿童自己能做的,应当让他自己做。"也就是说责任感是可以训练出来的,例如幼儿园中班下学期开始就有做值日生这一任务,为的就是培养幼儿初步的责任感。但幼儿园阶段的孩子由于身体发育等各方面原因,责任意识不强,作为家长更应该在这时温柔地告诉孩子今天在幼儿园的值日生任务,并鼓励、督促幼儿完成。让这种角色意识获得的责任感,潜移默化地影响幼儿,从而让他们把这种对待事情的责任感迁移到社会生活中,使得责任感不断丰富和深化。

第4节 主动的奇妙魔力

【辅导主题】

自主性的心理辅导。

【辅导目标】

1. 感知、理解主动的含义与意义,并萌发初步的主动意识。

2. 带着主动的意识积极参加情境演练，并能够带入生活中。

3. 积极参与游戏活动，发现并体验主动所带来的乐趣。

【辅导对象】

幼儿园大班幼儿。

【辅导预设与教学流程】

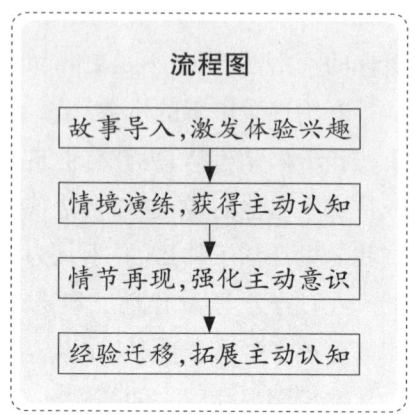

◎ 故事导入，激发体验兴趣

以生动形象的故事情节导入活动，用"魔法水"喻"主动"，将具体的物体形象与抽象的概念主体进行有机连线，让孩子初步感知与认识"主动"。

教师结合课件，讲述故事（从开头讲至小天使送了一杯神奇魔法水给小猪），提问：小猪为什么会挨骂？它要怎样才会快乐？小溪里的天使教给小猪一个什么好办法？

◎ 情境演练，获得主动认知

引用故事中的"魔法水"（透明的水杯底有相应的图示标记），用间接方式使幼儿明确活动内容，请幼儿自由结伴完成相应活动内容，通过同伴间的体验分享，初步梳理主动做事的快乐。

1. 情境演练一

（1）认识"魔法水"标记，明确活动内容。

师：你们知道魔法水要告诉你做什么事情吗？

（2）根据魔法水提示，分组完成相应任务。

（3）讨论交流，初步体验主动的快乐。

师：魔法水告诉小猪要做些什么事情？你们在做好这些事情的时候，心情怎么样？为什么会感到快乐呢？

2. 情境演练二

（1）脱离"魔法水"标记，自主完成任务。

师：魔法水失效了，没有了魔法水的提示，你们还会知道接下去该怎么做吗？

（2）第二次交流讨论，发现主动的魔力。

◎ 情节再现,强化主动意识

通过前一环节的主动行为操作,将行动化为认知,用语言进行表述,帮助幼儿由外部行动转化为内部认知。

1. 故事情节再现,引导幼儿倾听、讲述。

教师结合课件继续讲述故事《两只大眼睛》。

2. 提问:主动到底是什么? 幼儿讨论、交流,教师帮助总结、提炼。

3. 教师小结:主动就是在没有提示的情况下,你也知道该做什么,怎么去做。

◎ 经验迁移,拓展主动认知

以幼儿现实生活中的例子折射在现实生活中两种不同态度所获得的两种不同情绪体验,并借用"魔法棒"喻"主动性",将抽象的东西形象化。

1. 放大镜——以"小猪"为缩影看幼儿的表现。

教师出示对比 DV,引导幼儿观察发现主动前后的变化。

2. 魔法棒——让"主动性"施展魔力,升华情感。

提问:你拥有了主动的奇妙魔力后想做些什么? 想给谁带去快乐? 除了做好自己应该做的事情外,我们还可以做些什么让更多的人获得快乐?

【辅导活动点评】

主动,是一种自主的心灵能力,学会主动是孩子脱离幼稚、迈向成熟的关键。其主要表现在个体对外界事物或活动有积极的反应,主动地、不待他人驱使地去探索和发现。主动性来源于个体自身,并取决于驱动自己去行动的动力强度。活动中教师能借由小猪的角色代指幼儿,让幼儿以第三者的身份去初步感知、认识"主动",并让幼儿在不自知的状态下进行有关主动的初步体验。本次团体心理辅导活动由祝燕老师设计。

"主动"这个看似十分平凡的话题,在一部分幼儿身上,却是个难题。因为生活中,他们备受宠爱,即便没有到"衣来伸手、饭来张口"这般程度,也总有人随时待命。很多时候,不需要幼儿自己表达想法,长辈们早已提前好几步就帮孩子们准备好了所有的生活内容。孩子们习惯了"得到",所以"如何得到"就成了他们的小困难。这样的一堂课,首先给了孩子们一个独立性方面的启示。

活动中,教师有目的地选择创设幼儿熟悉的生活场景,引导幼儿与环境进行有效互动,成功激发幼儿主动行为的发生。在活动环节的设计上,教师采用倒置手法,根据幼儿发展需要,先进行相关操作练习,在练习中获得主动的快乐体验,再让幼儿交流、讲述,教师帮助小结、提炼,使幼儿获得主动含义的理解。

"魔法水"以新奇的角度赢得了孩子们的高度注意,让孩子们觉得十分神奇,后面的活动设计,从观察小猪,再迁移自身,让小朋友很自然地看到了自己有所不足,但同时也看到了自己的力量。"我需要,我争取!"孩子们在祝老师的课上收获了简单却又十分重要的独立能力,更重要的是树立了"我行,让我来"的主动意识。

【给家长的建议】

现在的孩子做什么事情都不太主动,需要家长、老师等成人在旁督促引导,只有在成人驱使下才能完成相应的活动内容。分析其原因,主要还在于现代家庭教育的缺失。家长对孩子过度保护、包办代替剥夺了孩子主动参与活动的练习机会,使他们失去了主动去行动而获得的快乐体验,因此没能形成对外部环境的目的意识。

鉴于家庭教育上的配合是帮助幼儿建立主观能动性的必备条件之一,家长可以尝试从以下几方面入手:

1. 给孩子空间,让他自己往前走

家长过度泛滥的爱会束缚孩子的自主发展,家长应根据孩子自身的特点和能力,扩大孩子自由活动的空间,如鼓励他自己找朋友玩,让他在这个空间里自己当主人,学习自己的事情自己做。

2. 给孩子时间,让他自己去安排

不少家长以为,孩子还小,不懂得安排自己的活动。但如果家长完全包办了孩子的时间安排,孩子只是去执行,那么孩子的自主性就永远培养不出来。家长可以尝试每天给孩子一段他可以自由支配的时间,让他自己安排做愿意做的事:玩、看电视、画画、拼图,或者什么也不干……他若主动来找父母,父母就给孩子一些指导性的建议。长此以往,孩子便会逐渐懂得珍惜时间,学会安排时间。

3. 给孩子条件,让他自己去锻炼

用拔苗助长这种违反客观规律的做法培养孩子,肯定是要失败的,但采取完全顺其自然的消极态度,也不利于孩子的成长。遵照客观规律,积极创造条件,让孩子去锻炼,这才是我们应该采取的正确做法。家长应学会抓住机遇,创造条件,帮助幼儿去做其感兴趣的事情,让孩子在实践过程中体验主动的乐趣。

4. 给孩子问题,让他自己找答案

孩子提出问题,家长们的做法常常是立刻告诉他答案。这样看起来简单又省事,但这样的孩子长大以后,就不会思考问题,总希望别人能提供现成答案,这会直接影响孩子在智力劳动上的自主性。当孩子提出问题时,我们不妨向孩子示个弱,让其主动寻找解决问题的办法,久而久之孩子就会习惯自己解决问题而不是事事寻求大人帮助。

5. 给孩子困难,让他自己去解决

现在的生活水平普遍提高了,家长应多想办法给孩子设置一些困难,让孩子去解决。孩子在生活中碰到困难,也要求他自己去解决,从而培养孩子应对未来生活的能力和意志。

6. 给孩子冲突,让他自己去解决

和成年人一样,孩子与小伙伴之间也难免有冲突。解决冲突的过程,正是孩子健康成长、走向成熟的过程。当孩子向家长诉说自己遇到的诸如人际交往方面的矛盾时,家长应鼓励孩子去面对它,指导孩子自己去解决,而不是回避它,更不宜动辄由家长代替孩子解决问题。

7. 给孩子权利,让他自己去选择

孩子的自主性在他的自主选择上表现得最为明显。但不少家长怕孩子选择错误,从来不给孩子选择的权利。这样的孩子长大后就不可能适应竞争激烈的社会生活。家长应主动给孩子选择的权利,并告诉孩子要对自己的选择负责。

8. 给孩子题目,让他自己去创造

创造是自主性最高层次的表现。孩子的创造性不是自然而然产生的,同样需要家长的积极引导和巧妙激发。

第5节 宽容,给世界一片晴天

【辅导主题】

宽容心理辅导。

【辅导目标】

1. 认识到人与人之间发生矛盾、产生分歧是在所难免的,要正确对待和解决矛盾。

2.体会到宽容他人之后的愉悦心情,领悟到宽容对于建立良好人际关系的重要作用。

3.在同伴交往中逐渐学会以一颗宽容的心对待他人。人无完人,学会用放大镜将他人的优点放大,用缩小镜将他人的缺点缩小。

【辅导对象】

小学三四年级学生。

【辅导预设与教学流程一】

◎ **课前导入:编绳结**

师:上课前先请同学们一起来做个游戏。每个人手边有个绳结,给大家一分钟的时间,请你们把它解开来。(配乐)

师:时间到了。有些同学把它解开了,有些同学没有。再花些时间这些结都是能解开的。刚才解的不过是绳结,那么心结呢?

◎ **生活经验引题**

流程图

游戏导入,由小及大
↓
回忆生活,引出主题
↓
凝聚焦点,情境讨论
↓
体验焦点,感受宽容
↓
情境升华,自我沉淀
↓
实践体验,续编情境
↓
阅读小诗,升华主题

师:你们有没有跟同学、家人或朋友发生过摩擦呢?老师在学校里经常收到很多同学的告状,倾听了他们的情况之后,发现矛盾的起因往往是鸡毛蒜皮的小事,斤斤计较让他们的友情、亲情失去了色彩。那么,我们该如何化解这些问题呢?——那就是学会宽容。

多媒体出示主题。

◎ **凝聚焦点,情境讨论**

师:有个跟你们一样大的孩子和他的同桌发生了一点状况。我们一起来看看现场的录像吧。(播放视频)

师:你们看了以后想说些什么?(学生反馈)

师:同学们的考虑都有自己的想法。但是当时小A没有原谅他的同桌。他们冷战了好长时间,上课交流时两人不说话,下课玩的时候也是如此,这对他俩的校园生活产生了很大的影响。其实不光是现在的学生,连古人也有类似的情况,让我们来看看古人是怎么解决的。

◎ **体验焦点,感受宽容**

播放《负荆请罪》动画。

师:让廉颇态度转变的最主要原因是什么?小组讨论,等会儿请小组派代表来说一说。(课件显示两人姓名和拼音)

师:哪个小组先自告奋勇地说一说?没人自告奋勇,那就由老师来选一选啦,看我能不能挑中一个心有千千语的隐藏人才来。

小结:刚才同学们的分析都很好,蔺相如宽容的态度换来了廉颇的惭愧与负荆请罪的举动。有句话说得好,"退一步海阔天空",宽容地对待别人能化敌为友,能成就大事业。(板书"宽容")

◎ **情境升华,自我沉淀**

师:老师课前调查了四年级一部分学生曾经因为小心眼做过的事情。他们仍为此困扰,你们能帮他们想想办法吗?我把他们写下的事情放在这个叫心语的盒子里,每个小组派代表来抽一张,一起讨论讨论,帮他们想想办法吧。(学生讨论)

师:时间差不多了。哪个组先来说?有勇气的孩子总能让人觉得欣喜,谁来当当这个有勇气的人?

师:学会宽容才能够与别人更和谐地相处。(板书"学会")

师:老师也给大家找了一些好办法。

出示课件,师稍加解释。(倾听法、理解法、换位法、沟通法)

◎ **实践体验,续编情境**

师:我们刚才已经掌握了宽容别人的一些方法,让我们来实践实践。小组分工合作,续演这节课开头与同桌发生矛盾的场景。现在你们会让这件事情如何发展呢?小组讨论剧情安排,派代表表演场景。(学生上台表演)

◎ **阅读小诗,升华主题**

出示宽容小诗。(配乐)

师:最后老师送大家一首宽容小诗,我们一起来读一读。

师:最后愿大家在以后的生活中让灿烂的阳光把影响自己的阴暗驱走,成为宽容、令人喜爱的阳光少年。

【辅导预设与教学流程二】

◎ 创设情境,走近宽容

1. 播放歌曲《唯有宽容》。

往事像一场停不下的风/穿梭在心头使你我太匆匆/也曾回首想起最初的梦/不经意的选择却是今天的宽容/所有的一切都变成曾经/又何必再去追问到底究竟/活着总是要不停去追寻/收获就是你我间彼此的宽容/唯有宽容才会融化寒夜的冰冷/唯有宽容才能抚平沙漠的心痛/原谅这里的一切让往事如风/原谅你我的过去让青山更加从容

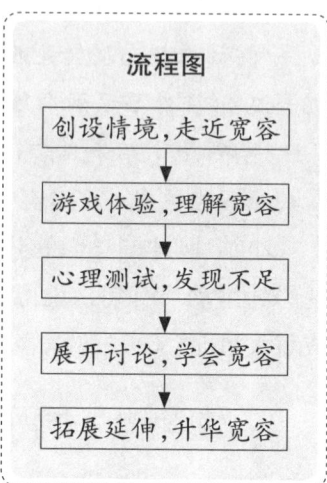

2. 让学生谈谈初听此歌的感受。

3. 师:就如歌中所唱的那样,人生活在社会中,总要与人相处,在与他人的相处中,应该学会宽容。多一些宽容,就少一些心灵的隔阂;多一分宽容,就多一分理解,多一分信任,多一分友爱。那么,怎样才能做到宽容他人呢?今天,就让我们一起走近宽容,感受宽容。

◎ 游戏体验,理解宽容

1. 带路游戏。

公示规则:四人分两组比赛。每组两人,一人蒙眼,一人明眼带路穿越路障。在蒙眼人不知情的状态下,其中一组带路人也被蒙上眼睛。

穿越路障后,主持人采访"盲人"的感想。

(蒙眼中)问题:你觉得这个带路人带得好不好?

(揭开)问题:现在你有什么感想?

(对观众)问题:误会产生了,为什么?误会解开了,又为什么?

师:参与者不知道带路者也被蒙上了眼睛,因而产生了误会,心里有所不满,但知道了原因后,他谅解对方。误会的事,往往是人在不了解、无理智、无耐心、缺少思考、未能多体谅对方,未能多反省自己,感情极为冲动的情况下发生的。不理解,不会考虑对方的难处,只想到对方的千错万错。因此,误会只会越来越深,弄到不可收拾的地步。学会宽容,就要先学会理解。

◎ 心理测试，发现不足

师：孩子们，老师先给大家做个心理小测验，让大家了解自己目前属于哪种心态。老师这儿共有14道题，每道题有"是""否"两个答案，请大家仔细听题，如实答题。单序号题（1、3、5……），答"是"的得0分，答"否"的得1分；双序号题（2、4、6……），答"是"的得1分，答"否"的得0分。最后统计自己的得分。

1. 测试题。

（1）你是否不计较别人对你讲话的态度？
（2）你是否对于别人的批评尤其是在大庭广众之下的批评耿耿于怀？
（3）你是否乐于看到同你关系不好的人取得成绩？
（4）你是否喜欢嘲笑或贬低与你意见不一致的人？
（5）你是否欢迎原先不如你的人如今超过了你？
（6）你和别人争吵以后，是否常常越想越气？
（7）你听到有人讲你的坏话，是否能做到一笑了之？
（8）别人讲话刺伤了你，你是否一定要回敬对方几句？
（9）你是否容易原谅别人不自觉的过失？
（10）你与同学相处是否信奉"人不犯我，我不犯人，人若犯我，我必犯人"？
（11）你是否经常在老师面前讲同学的优点？
（12）你是否经常感到在学习上的努力没有得到赏识？
（13）你是否认为互让互谅是朋友相处的重要准则？
（14）你和同学是否经常为一点小事争吵不休？

2. 出示分析结果。请大家对照看看自己属于哪个分数段。参考分析结果，老师分别给学生建议。

0—4分：心态很好，遇到任何人和事都能用自己的宽容心去面对。

师：这说明你是一个心胸宽广、海纳百川的人，所谓"宰相肚里能撑船"说的就是你了，老师希望你能继续发扬优点，做一个永远受他人欢迎的人。

5—7分：心态较好。虽然你偶尔也会因为他人的态度生气，但大多数情况下你还是能宽容别人。

师：宽容是我们最高贵的精神，最完美的行为，宽容别人就是解放自己。只有宽容别人的人才能得到他人的宽容，希望你能像第一种心态的人学习，做一个受他人欢迎的人。

8—14分：说明你在平时的生活中还要加强自己的灵活性，多培养自己的宽容精神。

师:得分较高的孩子要注意了,你在平时的生活中不够宽容,容易计较自己的得失,老师建议你要尽量宽容别人,该放手时就放手,得饶人处且饶人,忍一时风平浪静,退一步海阔天空。学会宽容,世界会变得更加广阔,你的心灵会得到解放,自己也会真正快乐起来。

◎ 展开讨论,学会宽容

1. 播放小品视频《多一点宽容》,要求同学小组展开讨论、汇报交流。

师:看完这个短片后同学们有什么想法呢?剧中人这样做对不对?如果你是剧中人,你会怎么做呢?说出你的想法。

2. 师:你有没有做过因为自己不宽容而影响同学间友情的事呢?说一说。趁今天这个机会让我们重拾友情吧!请与同学亲切握手或拥抱,找回友情。

3. 小组讨论,集体交流:下面的一些情况是我们在日常交往中难免会遇到的,在这些情况下你会如何去做呢?要求同学有选择地回答,并阐述自己的理由。

(1)在公共汽车上,别人无意踩了我的脚,我会＿＿＿＿＿＿＿＿＿＿

(2)喜欢的新文具盒被同桌不小心碰到地上摔坏了,我会＿＿＿＿＿＿

(3)在饭桌前,同学不小心把菜汤溅到我喜爱的裙子上,我会＿＿＿＿＿
＿＿＿＿＿＿＿＿＿＿＿＿＿＿＿＿＿＿＿＿＿＿＿＿＿＿＿＿＿＿＿

(4)邻居家忙着装修,堆在门口的施工材料影响了人们的出入,我会＿＿＿
＿＿＿＿＿＿＿＿＿＿＿＿＿＿＿＿＿＿＿＿＿＿＿＿＿＿＿＿＿＿＿

(5)当我辛辛苦苦地做完一件事却得不到认可和赏识时,我会＿＿＿＿＿
＿＿＿＿＿＿＿＿＿＿＿＿＿＿＿＿＿＿＿＿＿＿＿＿＿＿＿＿＿＿＿

(6)当别人与我约好却没有赴约时,我会＿＿＿＿＿＿＿＿＿＿＿＿＿

(7)如果我遇到总喜欢对别人百般挑剔而不顾他人情绪的搭档时,我会＿＿
＿＿＿＿＿＿＿＿＿＿＿＿＿＿＿＿＿＿＿＿＿＿＿＿＿＿＿＿＿＿＿

(8)当别人错怪了我,来向我道歉时,我会＿＿＿＿＿＿＿＿＿＿＿＿

◎ 拓展延伸,升华宽容

师:同学们,今天这节课让你有什么收获?

生1:我知道以后对待同学要宽容。

生2:我明白了以后不要跟同学斤斤计较,要友好相处。

生3:我知道了最高贵的复仇是宽容。

……

小结:听到你们发自内心的话语,老师非常感动,老师相信大家一定会成为宽容的孩子。老师将你们的这些收获编成了一首易诵易记的拍手歌,咱们一起来看看。(出示课件)

你拍一,我拍一,文明做人放第一。
你拍二,我拍二,宽容待人最可爱。
你拍三,我拍三,责己严来对人宽。
你拍四,我拍四,宽以待人严律己。
你拍五,我拍五,宽容令人最佩服。
你拍六,我拍六,该放手时就放手。
你拍七,我拍七,计较失友最可惜。
你拍八,我拍八,诚挚宽恕最伟大。
你拍九,我拍九,真诚待人友情久。
你拍十,我拍十,生活快乐最充实。

生齐唱拍手歌。

◎ **总结**

师:同学们,有时宽容引起的道德震撼比惩罚更强烈。我们对他人过失的宽容,绝不是姑息放纵,而是对他的理解、尊重,给予反思的支持和改过的机会。昨天,我们认识了宽容;今天,我们感受着宽容;明天,我们会享受宽容,正所谓"忍一时,风平浪静;退一步,海阔天空","海纳百川,有容乃大"。大家想真正拥有宽容的美德吗?希望这次心理健康辅导课能让大家开始懂得宽容是一种修养,是一种品质,更是一种美德。让我们学会宽容,拥有和谐的人际关系和真挚的友情,快乐地生活。(配乐:《我们永远是朋友》)

【辅导活动点评】

设计这一主题的心理课是为了让学生们正确认识自我,认识与他人的关系,用合理的方法开解自己,拥有更宽阔的心胸,建立更和谐的人际关系,成就更健全的人格。这两堂心理辅导课(设计者分别是严一慰老师、金锦老师),都获得了海曙区心理健康教育优质课比赛三等奖。

这两堂心理辅导课都围绕"学会宽容"这个主题展开,在内容的设计中力求生活化、情境化,同时选择的内容又兼具哲理性与启迪性,让学生能在一个轻松、理性的环境中审视他人、审视自我，为较好地融会贯通心理活动课的重点奠定了基础。

同样，两堂课的教学辅导过程形式多样，通过游戏、观看视频、心理自测等多种方式引导学生理解宽容的意义。各种形式不重复，而且也符合学生的特点。

另外，两位老师在执教过程中用亲切的教态，去引导学生体会活动主题，关注学生的细微表现；通过游戏、心理测试、讨论等形式引导学生反思自己不宽容的行为，了解宽容待人的意义。这些都是值得肯定的表现。

第一堂课的程序设计层层推进，环节事例有古有今，古例提点领悟哲理，今事重在体验实践。经调查，严一慰老师试教过的几个班级，学生们处理同学间关系更和谐了，班主任在处理学生间突发的矛盾事件时，也更快更有效了。

第二堂课的优点还在于取材本班的实际情况，教师应注意的细节都在一次一次的反复推敲中成型，所以本节课五个环节，歌曲导入、游戏体验、心理自测、讨论导行、拓展升华，结构严谨、逐层递进，各环节间联系密切、过渡自然。经调查，在金锦老师活动课后，很少有人来班主任处告状了，孩子们基本上能用宽容心对待同学，原谅同学的不小心，同学关系更加和睦了。

【给家长的建议】

古人云："为善之端无尽，只讲一让字，便人人可行。"《论语》里也说："宽则得众。"这是说宽容能得到别人的拥护。确实如此，宽容的人生态度，能让人拥有更和谐的社会关系。严于律己，宽以待人，一直是中华民族的优良传统。而莎士比亚在《威尼斯商人》中说："宽容就像天上的细雨滋润着大地。它赐福于宽容的人，也赐福于被宽容的人。"

本心理辅导课的主题"宽容"反衬了现今社会中的"爱计较"现象。让与不让之间，很多人都选择了不让，这样的情况在儿童时期已经初见端倪。

在一个班集体里，同学之间缺乏相互宽容的合作精神，往往为了一点小事就斤斤计较，告状现象时有发生。针对上述现象，为了教育孩子，也为了让学生之间有和谐的人际关系，做到宽容变得尤为关键。

宽容，是一种对人的态度，也是一种处事的心态。宽容就是在心理上接纳别人，理解别人的处事方法，尊重别人的处事原则。宽容就是在别人和自己意见不一致的时候也不勉强。

从心理学角度来看，任何想法都有其来由，任何动机都有一定的诱因。了解对方想法的根源，找到对方提出的意见基础，就能够设身处地地理解对方，提出的方案也更能契合对方的心理并得到对方的接受。消除阻碍和对抗,才是提高人际交往效率的最佳方法。

现在的孩子备受父母娇宠,较为优裕的生活条件也滋长着他们骄纵任性的行事风格。因此,家长要重视并且有意识地对孩子进行宽容教育,培养与训练宽容意识与宽容行为。

第6节 我为你高兴

【辅导主题】

嫉妒的心理辅导。

【辅导目标】

1. 了解嫉妒心理对于他人的伤害,引导学生关注他人。
2. 学会自我心理调节,解决内心冲突,并学会鼓励他人的方法。

【辅导对象】

小学五六年级学生、初中学生。

【辅导预设与教学流程】

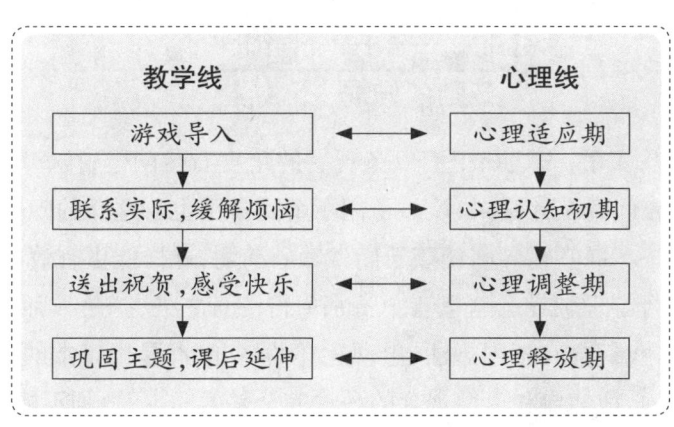

◎ 游戏导入,赞美他人,引入本课主题

1. 小游戏"我来夸夸你":在教师的示范引导下夸一夸身边的同学,可赞美同学的任意一方面,如衣着、外貌、学习、动手能力等。

2. 教师随机采访:你被别人赞美后的心情如何?你赞美别人后的心情又是怎样的?

轻松的小游戏能在一开始就奠定一个轻松的氛围,把孩子们带入轻松的辅导之中,而且游戏能吸引孩子们的兴趣,勾起他们参与的欲望。但要注意的是,让孩子们去赞美他人时不要强求,如果这时候举手参与的孩子少,是正常现象。

◎ 看小品,联系学生实际,缓解心理烦恼

1. 一看小品片段,引导学生进行观后讨论。

小品前半部分内容简介:王凯平时的学习成绩比较差,但这次语文单元练习竟然取得了 92 分的好成绩。下课后,同学们在教室内议论纷纷。

讨论:小品中的这三位同学对王凯的进步分别持什么态度?如果你是王凯的同学,他平时学习成绩很差,这次突然取得了好成绩,你会怎么想?

教师小结:当他人取得成功时,我们会有不同想法,出现这样的情况,都是很正常的。

2. 联系实际,教师反馈此班学生课前所做的调查问卷统计结果。

对于他人进步的不同态度

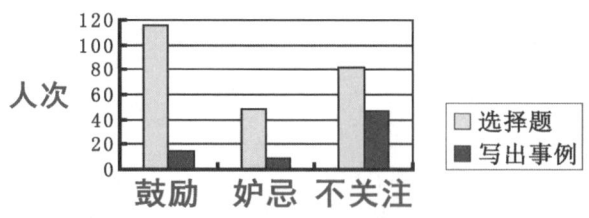

辅导从小品入手,先让孩子们以旁观者的角度看待问题;接着联系学生自身,出示课前的调查问卷统计结果,让孩子们了解到自己也有这样的问题,从旁观者进入亲历者的状态。课堂辅导前让孩子们做辅导前测,这样能更有效、更有针对性地对本班同学进行心理辅导。这里有个特别值得注意之处,就是教师应强调:"当他人取得成功时,我们会有不同想法,出现这样的情况,都是很正常的。"这是奠定辅导氛围的基础,心理辅导和道德观念的灌输完全是两回事,教师不能一开场就把孩子们的嫉妒心理定位为"这是错误的",这样做会让孩子们处于紧张的情绪中,他们就不敢展现真实的内心世界了。

3. 二看小品片段,体验王凯内心感受。

继续看小品的后半部分,听王凯的内心独白,让学生体验王凯的内心感受:王凯通过努力才取得了好成绩,可听到同学们的议论后心里很难过,他的内心独白诉说了委屈、伤心之情。

4. 联系学生实际,说出心理烦恼,讨论解决方案。

(1)请学生说说自己有没有像王凯一样被别人误解或由于内心不服气而产生的心理烦恼,教师当场概括要点并在黑板上贴上"心理烦恼卡"。

(2)小组合作解决:五个小组分别认领黑板上的"心理烦恼卡",通过小组讨论,尝试帮助解决卡片上的心理烦恼,同时以文字等形式把解决方案写在长条形"解决方案卡"上,最后由小组代表上台发言讲述本组的解决方案并贴上"解决方案卡"。

教师没有以教导者的状态出现,始终创设平和氛围,让孩子们放下心理包袱,更放松地进入辅导过程,辅导过程在平和、轻松的氛围下循序渐进。这个环节的辅导更进一步深入学生的实际情况,让他们说出了自己的心理烦恼。在解决这些心理烦恼时,教师没有过度参与,而是充分发挥孩子们的主体性,通过小组合作的方式尝试着来解决这些同学的心理烦恼。在此过程中,孩子们又一次走进他人的心理世界,并在自己的内心自觉完成了欣赏他人这一心理过程,在解决他人心理烦恼的同时也缓和了自己曾经嫉妒他人的心理。

◎ **课堂实践,学习祝贺方法,感受赞美的快乐**

1. 书写并交流"我的成功卡":先请每位同学在"我的成功卡"上简单写写自己取得进步或成功的事例,接着自由交流并欣赏他人的"成功卡",了解他人的成功之处。

2. 学习祝贺方法,用学到的方法表达祝贺,感受快乐。

(1)教师引导学生说说如何祝贺他人,同时根据学生的回答随机贴上写有祝贺方式的词卡。

(2)让学生用自己喜欢的祝贺方式向他人表达祝贺,同时教师随机拍摄祝贺情景的照片。

(3)感受鼓励他人的快乐,教师当场配乐播放刚才拍摄的祝贺情景的照片,并选择两三张照片采访当事学生:你为什么祝贺他?你祝贺他时心情如何?当你听到同学的祝贺时你有什么想说的?

要孩子们用实际行动表达出对他人的祝贺还是有困难的,因为之前的嫉妒、漠视等原因,大多数同学并不知道应祝贺他人什么。教师设计每个学生书写并交流"成功卡",给孩子们关注他人的机会,这样孩子们就看到了他人的成功,在祝贺时就有话可说。教师还通过交流让孩子们知道了很多表达祝贺的方法,这样就可以让孩子们更有效地付诸行动。在相互祝贺的过程中,祝贺的快乐将孩子们的情绪推向高潮,笑声弥漫在整个课堂,孩子们都在为他人的成功感到高兴,并且用行动真正地表现出来。孩子们心中那显性或隐性的嫉妒心理慢慢地消融,人际交往的障碍慢慢地消除。

◎ 活动小结,巩固主题,引导课后延伸

教师再次强调祝贺他人的快乐,鼓励学生下课后将没有说完的祝贺继续说完,引导学生在以后的生活中也要延续这一颗欣赏他人的心,继续快乐地祝贺他人。

心理辅导课绝不是仅仅停留在一堂课中,而是通过课堂内的辅导,影响孩子们在生活中的人生态度。所以辅导的结尾之处,引导的话语必不可少,从课内到课外的延伸也必不可少。在以后的生活中,孩子们能慢慢消除嫉妒心理,欣赏他人,这便是这堂心理辅导课最大的意义。

【辅导活动点评】

这次活动设计的对象是小学五六年级以上的孩子,在接触中发现,这个阶段的孩子,与低年级学生相比有了更强的自我意识,但比较局限于个体认知,是非观念又不那么明确。在人际交往过程中,往往对他人存有嫉妒心理,并缺少对他人的关注。所以本主题十分重要。此外该辅导活动还有如下优点:

1.这是一次轻松平和的辅导。教师营造了一个轻松而平和的氛围,这对于心理辅导来说非常重要。我来夸夸你、交流"成功卡"、祝贺他人、观看照片、感受祝贺他人的快乐等,都在这种氛围下进行。特别是观看小品后和反馈课前调查问卷后的两次小结评价:当他人取得成功时,我们产生不同的态度是非常正常而又非常普遍的。这样的评价有效地减轻了学生的心理压力,让他们卸下了心理包袱,在辅导中愿意把自己真实的心态展现出来。

2.这是一次以生为本的辅导。无论是辅导之前的心理调查问卷,还是辅导过程中的"自我成功卡""心理烦恼卡"及解决方案等,都来源于学生,从学生原初的心理状况出发,重视学生的反馈与体验。在课堂的心理情境中,学生体验到了自我潜意识中的对于他人的嫉妒和不关注等。学生之间有多次互动交流:小组交流"心理烦恼卡"的解决方案、自由交流"成功卡"、自由祝贺他人。这些互动交流发挥了学生的主观能动性,让孩子们自主解决问题,以自己的亲身感悟和直接体验获取了解决内心冲突的办法。

(1)从嫉妒到赞美,尝试欣赏他人的成功。通过循序渐进的辅导活动,观看小品和写"心理烦恼卡"等,孩子们换位思考,真正发自内心地认识到每个人都需要被人欣赏。在人和人的交往中,适当地赞美对方,总是能够创造出一种友好、积极的交往气氛。在成功卡的交流过程中,我们看到的是一张张笑脸,他人的成功不再与自己无关,他人的成功不再令我嫉妒。

(2)从漠视到关注,懂得关注他人的成功。在课前调查中我们发现,大多数孩子在生活中知道应该欣赏他人,但落实到行动上,问题就出现了,特别体现在两道简答题上。很多孩子平常生活中不关注他人,所以在写调查表时抓耳挠腮写不出他人成功的具体事例,只好在这两题写上"无"。那大片的空白不正体现了孩子们对于他人关注的空白吗?"事不关己,高高挂起"的漠然态度在孩子们身上显然是存在的。这样,人际交往也必然会存在障碍。

(3)从自我到他人,实践赞美他人的方法。在辅导中,孩子们关注了他人,但还不太懂得怎么去表达对他人的赞美。通过辅导,孩子们在轻松愉悦的氛围中,了解到原来赞美他人有那么多方法。孩子们学会了赞美别人的方法、技巧,同时也在赞美他人和别人的赞美中获得了快乐的情感体验。当孩子们在课堂中快乐地相互祝贺相互赞美的时候,那一张张美丽的笑脸,将原先问卷调查表中的一片片刺眼的空白填补得那么充实。他们用自己的行动完成了这次辅导的后测:"我学会赞美他人了,而且我正在用实际行动赞美他人。"他们走出了自我的圈子,走进了他人的心灵,把道理内化为自己的能力并用行动表现出来。

朱慧老师执教的本次辅导活动,获得2011年海曙区小学心理健康教育优质活动课评比一等奖,宁波市第八届小学心理健康教育优质活动课评比二等奖。通过本次辅导,孩子们心理上的认知与行动上的矛盾、自我与他人的矛盾得到了一定程度的缓解。孩子们不仅学会了用真诚的目光关注他人,而且学会了用真诚的行动表示对他人的赞美,真正做到了"我为你高兴"。

【给家长的建议】

现在多数孩子都是独生子女,家庭宠爱着他们,很容易形成以自我为中心的个性。孩子们在与伙伴的交往中也很容易产生矛盾,不能和谐相处。

现实的人际交往困扰着孩子们，他们的心理矛盾至少有两种。一是认知与行动的矛盾：孩子们在认知上一直被灌输正确的观念，但在实际生活中，孩子们的表现却又常常没有与被灌输的正确观念保持一致；在人际交往上，由于漠视、嫉妒心理的存在，孩子们之间不断发生着人际交往方面的问题。二是展现自我与肯定他人的矛盾：一方面，孩子们愿意展现自我，渴望得到别人的肯定；但另一方面，在面对他人时又常常呈不关注状态，嫉妒他人的成功，或只看到他人的不足，很少肯定他人。这些矛盾的存在，导致了孩子之间呈现出漠然的态度，从而产生了人际交往的障碍。

在教师多次试教中，辅导开始时的"我来夸夸你"环节大多处于冷场状态。从课前调查表的统计中可以看出，有些孩子平时压根就不愿意夸别人；有些孩子平时不关注他人，不知道该夸别人什么；有些孩子知道要鼓励他人，但很少表现在实际行动上。所以大部分孩子当时的表情比较茫然。这是辅导前的真实情况，开场的冷清更体现了本次辅导的必要性。

经过家校合力的精心辅导，孩子们的心中埋下了关注他人、鼓励他人的种子。通过交流"成功卡"，孩子们看到了他人的成功，把目光从自我移到了他人；运用学到的方法，孩子们走到同学面前，用自己喜欢的方式鼓励、赞美他人。整个辅导课堂成了赞美的海洋，到处可听到夸奖的话语，可看到相互鼓励的场面，孩子们有的高兴地说着，有的激动地鼓掌，还有的快乐地拥抱……那场面真的很令人感动。孩子们把原先的认知观念融进了自己的心中，表现在了行动中，那份祝贺他人的快乐压倒了内心的嫉妒和冷漠，人际交往的障碍慢慢消除。祝贺时的热闹、快乐与辅导开始的冷清形成了鲜明的对比。

第六章
人际关系心理辅导

> 面对父母与老师的要求，小到表示爱的亲亲、大到以爱之名的各种任务，儿童应该如何面对？本章精选出8个练习范例，让儿童学习拒绝、道歉、体谅和换位思考等技巧，找到人际沟通的金钥匙。

第1节 大肚子的熊爸爸

【辅导主题】

父子(女)关系的心理辅导。

【辅导目标】

1. 感受故事中来自"不完美父亲"无私的爱。
2. 学习体谅父亲,并产生对父亲崇敬、感激的情感。
3. 乐于用各种方式表达自己对父亲的爱。

【辅导对象】

幼儿园大班幼儿。

【辅导预设与教学流程】

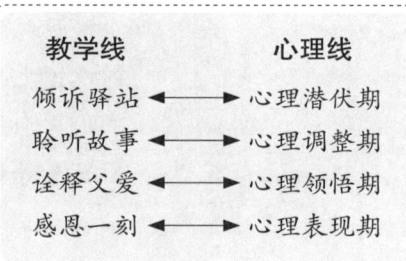

◎ 辅导预设流程

1. 反馈调查结果,发现问题;倾诉对父亲的不满,教师归纳。

在活动开始前,有个前期准备,就是事先对班级的孩子有个调查:你最喜欢的一个人。这样有目的、有准备的心理情感调查前奏,是开展本次心理辅导活动有利的依据。然后,将调查结果向孩子们公布,让孩子们发现原来爸爸的排名在最后。接着跟进式提问:为什么爸爸的排名那么低?你觉得爸爸哪里做得不够好?让孩子们把那些原本潜伏在心里对爸爸不满的情绪大胆地倾吐出来。这个时候教师更多的是作为聆听者,了解他们内心的忧虑和困扰,并把他们的想法及时记录在灰色爱心题板上。

2. 共赏故事前半段(1-3页),迁移自身,大胆表述;共赏故事后半段(4-6页),感悟"父爱"。

共赏故事前半段,主要有3个问题:为什么小熊不喜欢熊爸爸?当没有吃到蜂蜜,没有得到第一名时,小熊的心情是怎样的?你们有没有遇到过这样的事情?孩子们会迁移到自身来讲述。那些所谓"不好"的行为,例如不买糖,不买玩具,其实都是爸爸爱自己的表现。

小结:小熊有一个很爱很爱自己的熊爸爸,虽然熊爸爸有个麻烦的肚子,他不是完美的爸爸,但是他是世界上最爱小熊的人。

3. 展示心形照片墙,感受父亲无微不至的爱;真情告白,情感升华,体验特别的父爱。

拉出贴满体现父爱照片的红心墙,让孩子找自己的爸爸并谈谈感受,及时引导孩子发现爸爸对自己无微不至的爱。等孩子们情感体验到一定程度的时候,介入爸爸的告白:

孩子,今天听了你的话,爸爸感到十分内疚。

在竞争的社会,我努力工作,就是想给你提供更好的生活条件,每当爸爸拖着疲惫的身体到了家,第一件事就想到你的房间来看看可爱的你,每当这个时候,你已经沉睡在梦乡里,我会帮你整整被子,把你伸出来的小手和小脚放进被子里,我还要亲亲你,因为我永远爱着你。

这段爸爸的表白,把活动推向了高潮,孩子们打心底里领悟到了爸爸对自己的爱,并调动了孩子们对爸爸的崇敬、感激之情!

4. 大声地说出感谢父亲的话,大胆地做出感激父亲的事情!

听了爸爸的这段话,你的心情是怎样的?你有什么想对爸爸说的吗?他们有可能会说"爸爸我爱你"之类感恩的话。这个时候,让孩子们的爸爸都走进来,教师趁热打铁:"既然大家有那么多想说的话,那就到爸爸身边去,大声地说出感谢爸爸的话,也可以用行动来表达对爸爸的爱。"让孩子们自主选择,教师可提供一些材料:海绵鞋擦、小锤子、茶水、爱心书信等,让孩子们尽情地去表达爱。

5. 让爸爸们参与课后拓展型的亲子心理辅导活动,比如:

我老爸最棒 ⟶ 展现父亲优势

爸爸服务日 ⟶ 走进教学

父子对对碰 ⟶ 亲情互动

父子运动会 ⟶ 体验刚强力量

……

◎ **原创亲子故事:大肚子的熊爸爸**

第一页:熊爸爸有个又大又胖的肚子。

第二页:一次,在幼儿园亲子运动会上,因为大肚子的熊爸爸跑得慢,小熊和熊爸爸在比赛中得了最后一名。小熊伤心地哭了,也有好多小动物都在笑他们。

第三页:过了几天,他们去森林游玩,小熊非常非常想吃树上的蜂蜜,可是熊爸爸的肚子太大,踮起脚尖也够不到树上的蜂蜜,小熊没有吃到蜂蜜。因此,小熊又生气又失望,他想:爸爸是不是不爱我了呢?

转折点:

第四页:诶?正在生气的时候,熊爸爸灵机一动,用他强壮的手臂高高地举起小熊,小熊终于吃到梦寐以求的蜂蜜啦!

第五页:这件事情以后,细心的小熊慢慢地发现,其实爸爸无时无刻不在爱着自己,熊爸爸经常会讲许多好听的故事给小熊听,教他懂礼貌,教他学本领。还会帮助小熊修理玩具,陪小熊一起玩耍……

第六页:小熊终于知道了爸爸虽然并不是完美的,有些小缺点,但是,却是世界上最爱自己的人。

【辅导活动点评】

父亲在孩子心目中有着显赫的地位:父亲是孩子接触到的第一个男性形象,他们的言谈举止、思维观念以及做人处世的原则,会对孩子的成长产生一系列的影响。其次,父亲从男性的角度,给予孩子坚强、自立、自强、自信、宽容等特质,使孩子能感受到与母爱不同的爱。

胡佶老师执教的本次心理辅导活动以其精彩的设计过程、和气可亲的教态、精湛干练的语言风格,在海曙区获得特等奖。该方案为亲子心理辅导活动提供了一个很好的范例,让孩子们懂得父爱同母爱一样伟大,只是父亲表达爱的方式不同而已。

本次辅导活动尝试让孩子心中产生对父亲不同于以往的理解,这是重点也是难点,其原因可能是:孩子对父亲的了解只局限于表面的一些事情,对于父亲的内心想法以及他的一片苦心,很难理解和体会到。根据以上特点,胡老师采用以下策略来突破难点,取得很好的效果,这也是本课的亮点所在。

1. 故事折射策略:大班孩子的心理调节过程可以借鉴文学作品更深入地去感受,所以教师自编自画了一本故事书《大肚子的熊爸爸》,使孩子们体会到父亲的爱;也可以通过一个不经意的小动作,如一个眼神来表达。

2. 照片直观策略:事先跟孩子们的妈妈联系,让她们提供一张体现父子情深的照片(如父亲帮孩子换尿片、洗澡,教孩子学爬、学走路的照片),布置成心形墙面,在孩子不知情的情况下,展现在他们面前,其实每张照片的背后都是一个感人的故事,化解孩子对父亲的不解,让孩子发现父亲对自己深深的爱。

3. 真情再现策略:邀请三位父亲代表说出一段肺腑之言,增加父子间的交流,加深孩子对父亲的了解,让孩子感受到父亲一直是爱着自己的。

【给家长的建议】

曾经有人对中国和外国的孩子做了一项"关于你最崇拜的10个人"的排名调查,结果发现外国的孩子崇拜父亲的比例很高,而中国孩子崇拜父亲的比例却低得可怜。这个统计结果,不得不引发笔者的思考与研究。

笔者郑重建议,无论正在阅读的您是父亲还是母亲,请务必让孩子们去感受和领悟父爱,让孩子们懂得父爱同母爱一样伟大。

如果想让孩子健康成长,尤其是男孩,要尊重与维护父亲在家庭中的权威地位,这是一个从事青少年心理咨询工作二十多年的心理专家的忠告。

另外,据调查发现,孩子们虽然和父母异常熟悉,对父母也是百般依恋,但当和他们聊到父母的工作时,绝大部分幼儿只知道父母在上班,而不知道父母做的是什么工作,更不了解父母每天是怎么工作的,下班回家后的身心状态如何。孩子与父母之间真的需要多一些交流与沟通。父母适时适度与孩子交流自己的工作情况,是非常有必要的。

再精美的玩具、再精致的食品、再漂亮的衣服,都比不上父母的陪伴。国内外的许多研究证明,父亲的陪伴对男孩的健康成长尤为重要,尤其是父亲的思维方式、性格品性会极大地影响孩子。请父母们抽出更多的时间陪伴孩子,不要再借口工作忙了。

第2节 亲亲的烦恼

【辅导主题】

身体接触的心理辅导。

【辅导目标】

1. 表述亲亲的烦恼,明白亲亲是亲人之间表达爱意的一种方式。

2. 通过现场调查、同伴讨论、情境运用等方式寻找适当的方法表达自己的想法与感受,并让幼儿萌生初步的自我保护意识。

【辅导对象】

幼儿园大班幼儿。

【辅导预设与教学流程】

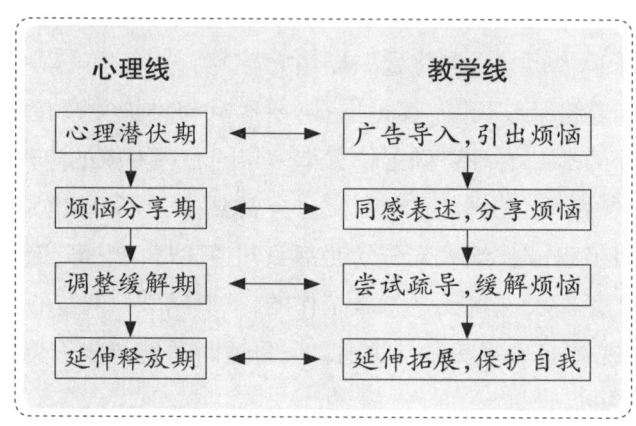

◎ 广告导入,引出烦恼

师:有一位小宝宝因为爸爸亲她而烦恼,这到底是怎么回事儿呢?一起来听小宝宝的心里话。

1. 播放广告视频《奔腾剃须刀》。

师:小宝宝有什么烦恼?

本环节是心理辅导的导入环节。运用广告导入法,以《奔腾剃须刀》广告吸引幼儿倾听小宝宝的心里话,引起心理共鸣,引出烦恼话题。

◎ 同感表述,分享烦恼

1. 我的烦恼——了解孩子的烦恼原因。

师:谁也有和小宝宝一样的烦恼,请举手。

师:生活中,你还遇到过哪些亲亲的烦恼?

本环节是辅导的重点环节,运用图示呈现法,将孩子的烦恼源用简单的图示进行呈现。除了预设的答案,还可以多准备一些空白纸以便现场生成使用。这种将孩子心里的想法与感受进行即时呈现的方式不仅便于教师下一步的梳理与小结,更重要的是能让孩子意识到老师对自己的尊重与肯定,有助于孩子积极性的调动和自信心的培养。

2. 我的表现——了解孩子的处理方式。

师:当家人亲你,而你感觉不舒服时,你是怎么做的?

师:你把不舒服的感受说出来了还是藏在了心里?如果你当时对家人说出了不舒服的感受,请把你的学号贴在一张嘴巴的格子里;如果你当时把不舒服的感受藏在了心里,请把学号贴在一颗心的格子里。

运用现场调查法,请孩子将自己曾经的处理方式和黑板上呈现的图示进行匹配,是帮助教师了解现场幼儿面对烦恼时的反应最常用的方法,以便下一步的辅导更有针对性。

◎ 尝试疏导,缓解烦恼

1. 寻找合适的解决方法。

师:你们想不想和烦恼说再见,从此拥有舒服的亲吻?

师:用什么方法能让家人知道你不舒服的感受?怎么说?尝试对"胡子爸爸"说出你心里真实的感受。

小结:亲吻是家人之间表达爱意的一种方式,你的家人用亲你的方式表达了他们对你的爱,只是他们并不知道有时候会带给你不舒服的感受,这时候你可以有礼貌地说出来,让他们明白你的感受,以后给你舒服的亲吻。

2. 尝试在情境中运用方法。

师:有一位名叫安安的外国小女孩,她也和你们一样遇到了亲吻的烦恼,一起来听故事《安安的烦恼》。

(1)教师边出示图片边讲述故事。

师:有时候,妈妈的朋友丽丽阿姨会到安安家做客。阿姨喜欢化妆涂口红,她总是一进门就要亲安安,每次安安的脸上都会留下黏糊糊的口红印,让人觉得特别好笑。"哎,这可真让我烦恼。"安安心想。有时候,爸爸的朋友布朗叔叔会到安安家做客。叔叔爱抽烟,身上都是香烟味,他总是一边抽烟一边抱起安安亲,那烟味呛得安安忍不住咳嗽,烟灰飞到安安身上,而安安最害怕的是那燃烧的烟丝会烫到自己,太危险了。"哎,这可真让我烦恼。"安安心想。有时候,隔壁的邻居露丝奶奶会到安安家做客。奶奶总是抱着安安亲了又亲,而她的嘴里总是散发着一股难闻的大蒜味。"哎,这可真让我烦恼。"安安心想。

(2)教师根据故事内容提问。

师：安安遇到了哪些烦恼？

（3）幼儿帮助安安缓解烦恼。

师：遇到这样的情况，安安该怎么办？谁愿意帮助安安说出她心里真实的感受？

师：除了说出感受，你还有什么好办法？（出示辅助小图卡：口香糖、餐巾纸、剃须刀，可提出建议或动作转换）

本环节是辅导的重难点环节。首先，运用同伴互助法，通过同伴的交流分享，使幼儿明白大家是因为爱你、喜欢你才会亲你，只是他们不知道有时候会让你感觉到难受。然后，运用策略分享法，为幼儿提供一个"办法超市"，供幼儿自主选择，如教师示范礼貌表达法、巧借物品（剃须刀、口香糖）法、动作转换（拉手、拥抱）法。最后，运用情境模拟法，从绘本中选取图片，对其进行后期制作，为幼儿设置三个情境。这三个情境取材于孩子真实的生活片段，对幼儿来说是一种情境再现。让幼儿用前面学到的方法来解决生活中有可能遇到的问题，较好地贯彻"教育融入生活"的理念。

◎ 延伸拓展，保护自我

1. 设置情境。

师：可是有一天，当安安独自一个人走在路上的时候，突然出现了一个黑影，黑影慢慢地向安安靠近，越靠越近，伸出双手想要抱住安安，还要摸她、亲她，怎么办？

2. 提供策略。

播放酷酷警长的自我保护四妙招：No（不要碰我）；Go（马上离开）；Help（寻求帮助）；Tell（告诉成人）。

3. 猜测黑影。

4. 教师结语。

本环节是辅导的延伸环节。首先，运用情境设置法，设置一个新的情境将活动主题延伸拓展到幼儿的自我保护，这是非常有意义的一块内容。当然，本次辅导活动从熟悉的人过渡到陌生人的亲密接触，是性健康教育的一个启蒙，等孩子们到了小学相应的年级段，可以再深入了解相关内容。接着，运用录音呈现法，用孩子们喜欢且熟悉的"酷酷警长"的动画形象和电台男播音较为浑厚的声线录音帮助孩子们概括、补充自我保护的方法，具有说服力，且能给孩子留下深刻的印象。最后，运用猜测警醒法，让孩子们对身边的人提高警惕，不管是陌生人还是熟人，只要遇到有不良企图和不当行为的，都应立即采取自我保护措施。

【辅导生成或精彩片段】

◎ 广告导入，引出烦恼

师：有一位小宝宝因为爸爸亲她而烦恼，这到底是怎么回事儿呢？一起来听小宝宝的心里话。

（观看中）幼：我爸爸也是这样的……（七嘴八舌）

（观看后）师：小宝宝为什么烦恼啊？

幼：因为爸爸的胡子扎得我很难受。

师：哦，原来是爸爸亲她的时候，胡子总是扎到她，让她觉得很难受。

◎ 同感表述，分享烦恼

师：除了爸爸的胡子，平时家里人亲你的时候，你还会因为什么而感到烦恼呢？

幼1：我爷爷每天抽很多烟，他亲我的时候身上有很臭的香烟味，我闻着很难受。

幼2（激动）：我爸爸和我外公也是这样的。

师：哦，你们都有过香烟的烦恼（贴图示），谁也遇到过这样的烦恼？（全体幼儿举手）

幼3：我妈妈总是化妆，她嘴巴上涂着唇膏或者口红来亲我，我觉得黏黏的。

师：唇膏或口红的烦恼（贴图示），谁也有过？（12个孩子举手）

幼4：我爸爸回家的时候，喝了很多酒来亲我，我觉得臭臭的，恶心死了。

师：酒味的烦恼（贴图示），谁也有？（18个孩子举手）

幼5：我外公外婆要吃大蒜的，他们来亲我的时候大蒜的味道可臭了。（幼儿哄堂大笑）

师：还有大蒜带来的烦恼（贴图示），谁也有和他一样的烦恼？（9个孩子举手）

幼6：我奶奶有时候亲我，有一点点口水会留在我脸上，我觉得好脏啊。（用手用力抹脸）

师：一点点口水留在脸上也是个烦恼（贴图示），谁也遇到过？（20个孩子举手）

师：其实，生活中像这样的烦恼还有很多很多……那当家里人亲你，而你感觉到不舒服的时候，你是怎么做的呢？

幼7：我就让他们亲了。

师：哦，你什么都没说，什么都没做？

幼8：我用手把外公推开，然后逃走了。（边说边大笑）

师：你用推开的方式，你觉得这时候外公心里的感觉怎么样？

幼：外公会难过的！

师：那你们觉得这种方式好不好？

幼：不好！（幼8若有所思）

师：这样吧，我们来做个小调查，如果你当时对家人说出了自己不舒服的感受，请把你的学号贴在一张嘴巴的格子里；如果你当时把不舒服的感受藏在了心里，请把学号贴在一颗心的格子里。（调查结果显示，只有1个孩子当时说出了心里真实的感受）

◎ 尝试疏导，缓解烦恼

师：我想问问把感受藏在心里的小朋友，你们已经感觉到不舒服了，为什么还要藏在心里呢？

幼9：因为爸爸妈妈很爱我。

师：嗯，我能明白你的心思，你知道家人都很爱你，所以你不忍心说出来，你觉得说出来他们会伤心，是吗？（幼9使劲点头）你真是个懂爱的孩子，真让我们感动，为你鼓掌！（幼儿鼓掌）

师：说出感受的小朋友，请问你当时是怎么说的？试试对"胡子爸爸"说一说。

幼10：爸爸，你每次亲我的时候胡子都会扎到我，我觉得很痒很痛。

师：小朋友，你们想不想和这些烦恼说再见？想不想拥有舒服的亲吻？

幼：想！

师：那就要让家人知道你不舒服的感受啊，哪一种方法才能让他们明白你呢？

幼：说出来！

师：对，一定要勇敢地说出你的感受（出示嘴巴图示）。你的家人用亲你的方式表达了他们对你的爱，只是他们并不知道有时候会带给你不舒服的感受，这时候你可以有礼貌地说出来，让他们能够明白你的感受，以后给你舒服的亲吻。

师：有一位名叫安安的外国小女孩，她也和你们一样遇到了亲吻的烦恼，一起来听故事《安安的烦恼》……

师：遇到这样的情况，安安该怎么办？谁愿意帮助安安说出她的感受呢？

幼11：阿姨，你涂了口红亲我，口红留在我脸上黏糊糊的很难受，人家还会笑我的。

幼12：叔叔，你亲我的时候抽着烟，我闻到烟味很难受，烟灰也会飞到我身上，很危险的。

幼13：奶奶，你吃过大蒜亲我，我闻到大蒜的味道觉得很难受。

师：除了说出感受，你还能给他们一些好的建议吗？

幼14：阿姨，你下次用餐巾纸把口红擦掉再亲我吧。

幼15：叔叔，抽烟对身体不好，你少抽一点。

幼16：奶奶，你吃过大蒜吃个口香糖再亲我吧。

师：通过小朋友的帮忙，安安勇敢地对大人们说出了自己的感受与想法。所有的大人都表示赞同安安的想法，保证以后再也不会随便亲安安了。安安的烦恼变成小鸟，扑扇着翅膀飞走了。

◎ **延伸拓展，保护自我**

师：可是有一天，当安安独自一个人走在路上的时候，突然出现了一个黑影，黑影慢慢地向安安靠近，越靠越近，伸出双手想要抱住安安，还要摸她、亲她，怎么办？

幼17：快点逃走。

幼18：打电话报警。

幼19：把伞打开，不要让黑影过来。（图片上的安安用伞抵挡）

师：小朋友，你们都懂得保护自己了，真好。今天有一位酷酷警长也想给小朋友们一些温馨提示，你们想知道吗？（播放录音）

师：酷酷警长的自我保护四妙招是什么？

幼：No（不要碰我），Go（马上离开）。

师：嗯，紧急情况下你可以跑，记得往人多的方向跑。

幼：Help（寻求帮助）。

师：你甚至可以大喊"救救我"（现场模拟）。

幼：Tell（告诉成人）。

师：一定要记得把发生的事情详细地告诉爸爸妈妈，让他们来帮助你处理。

师：那你们觉得这个黑影会是谁呢？

幼：坏人。

师：这个黑影有可能是安安不认识的人，但也有可能是安安身边熟悉的人。可能是爸爸妈妈的一个朋友，可能是隔壁的一位邻居，总之是趁没有人在安安身边、没有经过安安的同意就随便碰安安的身体、让安安觉得很难受的人。

师：大班的小朋友们，你们马上就要上小学了，也许以后会有很多独自一个人走在路上的时候，没有爸爸妈妈陪在身边，你们一定要保护自己的身体，千万不能随便让别人碰，要做好身体的主人。老师希望每一位小朋友都能学会爱自己、保护自己,健康快乐每一天!

【辅导活动点评】

首先,教师能从生活中的一则小广告引发思考与调查,关注、解读幼儿关于身体接触的内心一角,并执教这样一个优秀的心理健康活动,这种专业的精神非常值得肯定。其次,此活动不仅解决当前幼儿羞于表达、不敢表达或不当表达的亲亲烦恼,更重要的是使幼儿萌发初步的自我保护意识,这种对活动价值的把握更加值得肯定。

当然,考虑到亲亲背后的情感因素,教师在引导孩子表达的同时,既考虑到自己,又考虑到他人,即在说出自己的想法与感受的同时,不让因爱而亲他们的人伤心,这点也处理得非常到位。

活动后半部分,教师花了较多笔墨延伸拓展到"自我保护",这对孩子今后的发展具有深远的意义。大班孩子即将步入小学,每天会有一段一个人的路程,因此让孩子对陌生人的亲密接触提高警惕,萌发初步的自我保护意识显得尤为重要。当然,本活动从熟悉的人过渡到陌生人的亲密接触,只是健康教育的一个引子,等孩子们进入了小学以后再深入了解相关内容,相信会更有必要。

此活动由林昔娜老师执教,获海曙区幼儿园心理健康优质课一等奖,此教案获宁波市中小学心理健康教案评比三等奖。执教者做到了团体心理辅导应关注的两个问题:

1. 尊重与理解。教师在平时的生活中及时捕捉与幼儿有关的信息,关注幼儿的行为,解读幼儿的内心。本次活动的主题极少被大家关注,教师从一则广告引发思考,经调查走进幼儿内心,以疏导帮助幼儿排除烦恼,这正体现了对孩子的尊重与理解。活动中教师运用现场调查法,呈现矛盾冲突,耐心解读孩子,依据经验和孩子现有的表现确定下一步的辅导方向,也体现了对孩子的尊重与理解。

2. 激励与赏识。教师在活动中鼓励、支持幼儿积极参与交流讨论,让每个幼儿都敢于表达自己的想法与感受。本次活动通过交流讨论、情境运用等多种方式让孩子充分表达与展示自己的内心,而教师的语言,如"谁愿意和我们分享一下想法""那你当时是怎么做的""我能明白你的心思""原来大家都遇到过像这样的烦恼""你真是个懂爱的孩子""你真让我们感动""为你鼓掌"……具有激励与赏识色彩的语言是打开幼儿心扉的钥匙,能帮助教师走进幼儿的内心世界。

【给家长的建议】

作为成人的我们对孩子总是想亲就亲,总以为这一切都是那么理所当然,却从来没有考虑过孩子内心的感受。

其实,随着孩子年龄的增长,他们已经不再像婴儿时期那般渴望"肌肤之亲"了。大班年龄段的孩子自我意识增强,有了自己的想法,有些孩子喜欢亲吻,有些孩子只喜欢特定的人(比如妈妈)的亲吻,有些孩子却已经不喜欢亲吻的方式了(觉得恶心、不卫生等)。孩子们其实很敏感,只是不知道该怎样合理表达自己的想法与感受,有些孩子不知道该怎么表达,有些孩子不好意思或不敢表达,还有些孩子只会用撅嘴、推开、躲避等不恰当的方式表达,而这些都不是解决问题的有效办法。若无法使成人意识到自己的问题所在,久而久之,亲亲就成了孩子心中的小烦恼。

其实,任何人都有对自己不喜欢的亲亲勇敢说"不"的权利。

第3节 公主爱美丽

【辅导主题】

审美意识的心理辅导。

【辅导目标】

1. 明白孩子爱美、爱干净是一件正常而美好的事情,但过度注重外在美会给成长带来一些小麻烦。

2. 进一步感受美的内涵,知道美除了打扮出来的外在美,还有很多由内而外散发的内在美。

【辅导对象】

幼儿园中班下学期、大班女孩。

【辅导预设与教学流程】

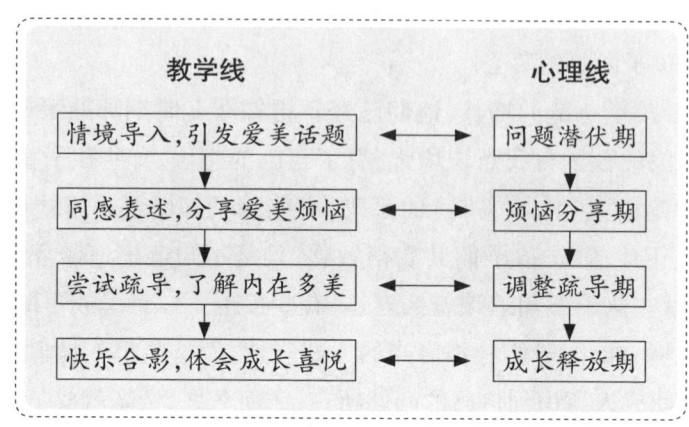

◎ 情境导入,引发爱美话题（找一找）

1. 角色导入,引发共鸣。请出美丽的"火帽子"（《幼儿画报》中喜闻乐见的一个形象）,给予视觉冲击。

师：火帽子漂亮吗？哪里很美？（把幼儿找到的各种外在美以形象的图标直观呈现在黑板上）

2. 现场统计,了解现状。现场统计喜欢像火帽子一样打扮、穿裙子的幼儿有几个,用绿圆点表示,使老师了解辅导前孩子原有的审美认知情况。

这个环节以"火帽子爱美"情境导入,引发爱美话题,与孩子目前正处于爱美的心理潜伏期的现状相契合。

◎ 同感表述,分享爱美烦恼（说一说）

还想让自己变得更美一些的火帽子又在干什么呢？

1. 观看火帽子用妈妈化妆品化妆的视频,回忆爱美体验。

师：火帽子在干什么？是怎么化妆的？化妆以后又遇到了什么麻烦？（皮肤过敏）

2. 观看火帽子表演,感受美的装束所带来的小小麻烦,并将麻烦一一陈列。（贴出对应图）

师：火帽子怎么了？遇到了哪些小麻烦？（脚扭了、皇冠掉了、感冒了、皮肤过敏等等）感冒是怎样的感觉？脚扭了又是怎样的感觉呢？

3. 现在的火帽子还美吗？她此刻的心情又会是怎样的呢？（伤心、难过）

师：原来打扮出来的美有时候也会出一点点小麻烦，有时会伤害身体，有时活动起来也不方便。

4.那么火帽子的麻烦，你们遇到过吗？如果现在要到外面去玩，你会选择怎么样的衣服？

师：穿上舒服、干净又轻便的衣服也是一种美，是一种自然轻松的美！所以啊，我们在不同的场合要穿不同的合适的衣服才行。

这个环节是烦恼分享期，也是本次心理辅导的重点环节之一。视频短片和真人表演成为本环节非常关键的媒介。首先，借用火帽子爱美，偷妈妈化妆品化妆的视频短片，引发爱美孩子的切身体验，愿意分享和表达爱美所引来的小烦恼。其次，借用图标，梳理烦恼。把视频短片和表演中火帽子过度爱美、只关注外在美引来的烦恼用图标一一进行呈现，将零散的烦恼予以有条理的梳理。第三，同感表述——体验难受心情。结合自身感冒、脚扭后的感受和亲身体验，理解并同情火帽子的心情，强化过度爱美引来的烦恼。

◎ 尝试疏导，发现寻找内在美（议一议）

1.每组一张生活照片，分组讨论火帽子的生活表现，发现火帽子的内心美。

师：火帽子在干什么？

2.播放课件，提炼火帽子的好品德，贴在内在美的表格中。

师：火帽子身上有那么多美的东西，你现在觉得她美不美？为什么？

3.寻找伙伴和自己身上的美。

师：我们小朋友身上也有很多美的地方，你愿意帮身边的朋友或者自己来找一找吗？

这点和优点轰炸很类似，孩子们找伙伴身上的优点，老师需要把优点、特长等进行归纳，概括出优点特长背后的恒心、勤奋、努力、用心、认真、谦让等美的品质和习惯。

4.疏导后幼儿对自身进行第二次调查，与疏导前进行对比。

师：觉得不穿裙子的自己也很棒很美的请举手。（用红圆点表示）

这个环节是疏导调整期，是本次活动的辅导难点。内在美看不见、摸不着，比较抽象，为此，要对发现并寻找内心美进行不同形式的心理疏导。首先，关键提问，承上启下。你现在觉得火帽子是美丽的孩子吗？为什么？从关注外在美转向内在美。其次，视听结合，直观展示。采用视听结合策略，一边放课件，一边讲述火帽子美的行为，将火帽子的内心美以比较形象、直观的方式呈现出来，使孩子明白好的品质也是一种美。再次,同伴互助,寻找内在美。从心理学角度来说,幼儿在辅导活动中,既是受助者,又是助人者。让孩子在互动中寻找内在美。最后,再次调查,呈现效果。借助疏导后孩子心理的变化调查,帮助幼儿了解美的各种存在形式。不仅仅要注重外在美,更要发现内心的美,从而发现自己其实是一个快乐、美丽、自信的人,体验成长的快乐!

◎ 快乐合影,体会成长喜悦(贴一贴)

师:在老师眼中,你们都是快乐、美丽的,请把快乐美丽的笑脸贴在胸口吧。(在轻松、快乐的音乐声中合影,留下美的瞬间,体验成长的喜悦)

师:其实,我们的老师早就发现了你们身上许许多多的美,让我们来听听她是怎么说的?

(配上轻音乐,播放班主任的一段语音:亲爱的小朋友,在老师的眼中你们一个个都是最美的孩子,你们健康活泼,会自己吃饭、穿衣和叠被子……你们都很能干,这就是你们勤劳的美;在操场上,你们矫健的身躯,协调灵活的动作,这就是你们健康的美;手工课上,你们会自觉捡起同伴丢在地上的剪刀、纸片,这就是互相帮助、乐于助人的美,你们带来新的玩具,都会与大家一起分享着玩、互相谦让,这是分享和谦让的美……啊,老师觉得你们每个孩子都是那么的美丽,老师真的很爱你们!相信你们会变得越来越自信、快乐、美丽!)

师:自信、快乐的我们都是最最美丽的,就让我们把这最最美、最最开心的一刻留下吧!孩子们我们一起上来拍张照片留念一下吧!(背景音乐:柔和的轻音乐)

这个环节是成长释放期。以班主任老师的一段发自内心的话贯穿升华,暗示每一个孩子都是最美的。接着幼儿表达自我,展现快乐,以贴纸的形式,说明自己刻意追求外在美的心理有所缓解,愿意发现、寻找内心的美,再以拍照的形式,纪念美丽又快乐的自己,将活动推向高潮。

【辅导活动点评】

首先,辅导契机源于现实问题。许多家长反映孩子每天上幼儿园都要挑衣服穿,特别是女孩子,一定要挑漂亮的衣服,还非得穿裙子,最好是那种转起来会蓬开的。这种现状让家长们感到很无奈,不知该怎么样去引导、教育孩子。于是反映给教师,教师就想办法解决。这是一个非常好的选题!

其次,辅导价值基于孩子独立意识的萌芽。本辅导引导幼儿从关注外在美转向关注内在美,对孩子以后的健全心理发展会有所帮助。

再次,此次活动是一次生活情境化教学,即在生活化情境中学习,在学习中生活,紧紧围绕幼儿生活中的爱美体验来展开教学。以幼儿喜爱的"火帽子"形象贯穿始终,密切联系孩子的生活,使孩子更多地通过实际参与,来发现问题、解决问题,将抽象枯燥的审美知识转化为情境、操作、互动等。

最后,这个活动采用了多样化的辅导手段,体现了教学的针对性,让孩子们在轻松快乐的氛围中增强自信,发现一个美丽自信的自我!

水伟燕老师执教的本次辅导活动,通过孩子们对美的认识和追求的畅谈,肯定孩子在穿着上爱美、爱干净是一件正常美好的事情,但通过分析火帽子过度爱美所带来的烦恼后,让孩子认识到过度注重外在美会给成长带来一些小麻烦和不适,从而进一步感受美的内涵,知道美除了打扮出来的外在美,还有由内而外散发出来的内在美。让幼儿不仅发现伙伴身上的美,也找到了自身内在的美,共同体验一种被他人认可的快乐,其实自己真的"挺美"的,这也是本次活动的出彩之处。所以,此辅导活动获得2011年海曙区幼儿园心育活动特等奖、宁波市二等奖。

本活动应注意的问题:1.借助形象的情境表演和视频播放,帮助幼儿认识对外在美的追求,需形成客观的审美观。2.爱美之心人皆有之,但是相对而言,女孩子比男孩子要明显强烈得多,因此建议活动时可以重点选择女孩子进行爱美心理的辅导,辅导效果会更好一些。3.避免消极等待现象,尽量让全体孩子都参与进来,注重积极情感、积极心理的体验。因为团体心理辅导有别于个别辅导,应引导全体或绝大多数孩子参与,使孩子在参与的过程中不断获得心理的共鸣、情感的体验,以促进其良好个性的发展。

【给家长的建议】

幼儿的思维是具体形象的,对事物的理解、评价也是直观形象的,其发展是从先评价别人,再发展到能较客观地评价自己。

孩子想穿自己爱穿的衣服,有自己的主见,开始爱美丽,这是一件好事。因为中大班的孩子到了审美敏感期,这是他们独立性的一种体现,所以首先肯定孩子。

中大班孩子对外在美已经有了明显的审美态度,会接纳优美的事物,并产生美感体验,但是内在美是看不到又比较抽象的,不能较直观地表现出来,需要成人借助形象、讲故事、比喻等方式,进一步引导孩子们转换思维才能感受到。应鼓励孩子寻找内在美,全方位地感受美。

不需要强迫孩子穿不想穿的衣服,也不需要用"哄骗"的方法,而要顺应其天性,比如女孩子在裙子里加穿裤袜,甚至持一种"感冒一次又何妨,也许会增强孩子的抵抗力"的心态。成人的循循善诱,可以让孩子顺利地度过这个爱美敏感期!

第4节 该为谁多想

【辅导主题】

换位思考的心理辅导。

【辅导目标】

1. 正确认识自我,初步建立"在人际交往中,我不是唯一"的意识。

2. 学习换位思考,尝试碰到问题想想自己、想想他人,学习合理解决发生在身边的、自己与他人之间的日常小事。

3. 体验到"换位思考"后解决问题的快乐。

【辅导对象】

小学二年级学生。

【辅导预设与教学流程】

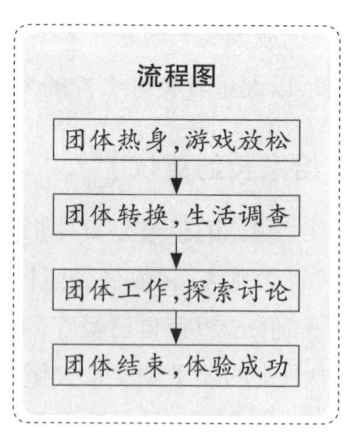

◎ 团体热身,游戏放松

游戏名称:猜猜我是谁?

游戏过程:设置三个游戏场景,放松身心,感受团体氛围。

第一个场景:

1234567,大家小手拍起来,身体跟着一起动,你们小手继续拍,小手不要停下来。

我的年纪有点大,退休在家乐哈哈,天天看着小孙孙,你们猜猜我是谁?(学生猜:老奶奶/老爷爷)

猜得好,猜得对,谁能模仿老奶奶/老爷爷?

哈哈,我就是你家的老奶奶/老爷爷,那你就是……?（小孙孙/小孙女）

我们的家里还有谁?（有爸爸,有妈妈……）

第二个场景:

1234567,小手继续拍起来,我们进入第二关。

我的工作在车上,天天紧握方向盘,每到一站停一停,你们猜猜我是谁?（学生猜:司机）

猜得好,猜得对,谁会模仿司机?

我就是公交车司机,那你就是……?（小乘客）

我们的车上还有谁?（其他乘客……）

第三个场景:

1234567,大家小手继续拍,我们进入第三关。

我的工作你见过,经常和你在一起,讲台前面我上课,你们猜猜我是谁?（学生猜:老师）

猜得好,猜得对,我就是你们的陈老师,那你就是……?（小学生）

我们的班级还有谁?（其他老师、其他同学……）

跟着音乐的节奏律动、快问快答的游戏情境,儿童认识到:其实我们的周围还有许多认识和不认识的人,我们只是这个社会大家庭许许多多人中的一员。同时,营造出一种轻松温暖的氛围,让学生有足够的情绪和精神进入团体转换阶段。

◎ **团体转换,生活调查**

1. 出示调查表:收集一些本班或者本年级以自己为中心的行为典型,罗列5条即可。

2. 调查表的数字统计。

3. 随机采访。

师:这些生活中的事我们很多小朋友都经历过,不管你有没有打上对勾,都很正常,都有你们的原因。我们来讨论一下,好吗?

4. 交心辅导。

（1）针对打勾的同学。谈话了解其当时的想法,并且对于其主动承认、主动直面自己以往有过错的行为表示鼓励,激励其今后遇到同样情况能再多思考,选择更加合理的做法。

（2）针对未打勾同学。谈话了解这样做的原因,并且统计有其他正确做法的同学,给予表扬。

5. 自我鼓励。自己为自己打气,通过这节课,让自己学到更多处事的好办法。

通过小调查以及结果的数据统计,进一步让学生意识到我们每个人都或多或少有以自我为中心的行为,从而让他们彻底放下心理的防卫,可以直面自己、正确认识自己,同时激发他们探索的欲求,逐步催化团体动力。

◎ 团体工作,探索讨论

小品1:课外阅读课,小红没带课外书,上课之前小明把自己唯一的一本书借给了小红,上课铃响了,老师走进教室批评了课桌上没有准备好课外书的小明。

小品2:放学的时候,外面下起了大雨,丁丁没有带伞,冬冬好心把伞借给了丁丁,自己淋着雨跑回了家,结果由于淋雨着凉晚上发烧了。

1. 小组讨论;全班交流:做法合适不合适、有什么好的办法?
2. 加以鼓励。

过渡:既要"想想他人",也要"想想自己",真是有点难。还有两个小朋友想让我们帮帮忙,你们愿意吗?

3. 我来帮帮他(她)。

录音1:亲爱的小朋友们,今天是星期天,我和往常一样背着重重的画架,乘公交车去青少年宫学画画。因为我是从始发站上车的,所以有个舒服的座位。半路上来一位白发苍苍的老奶奶,腿脚好像还不太好,我想站起来给老奶奶让座,可是重重的画架怎么办呢?我到底该不该让座呢?

录音2:大家好,我叫小明,今天,我跟我的好朋友一起去月湖公园玩。我们俩趴在湖边的石头上看小鱼,谁知道他不小心掉到湖里去了!我想下去救他,可是我才学了一点点游泳,不敢跳下去,但是他在水里待的时间长了,会淹死的,小朋友们,我要不要跳下去啊?

4. 大家来讨论。

师:小朋友们,我们的生活中,像这样的事情还有很多。老师在别的二年级班上,收集了好多问题苹果,如果你们给问题苹果找到好的解决方法,就能把它送回到苹果树上去。想参加吗?

(1)自己思考。
(2)随机抽一组,面向集体,指导交流活动。
(3)小组活动,教师随机参加一个小组的活动。
(4)交流反馈。

这个环节引导儿童发现问题——直面问题——探索思考——解决问题,扩散儿童的思维,让儿童多面看待问题、全面思考问题。首先通过身边事例,激发儿童的认知冲突,引发思考:"既要'想想他人',也要'想想自己',真是有点难,该怎么办呢?"之后,再出示两个典型事例,让儿童讨论思辨,引导儿童明白:我们可以在保证自己安全健康的前提之下,多为他人考虑,学习合理解决发生在身边的、自己与他人之间的日常小事。最后,让儿童自己抽取问题,小组讨论合理解决问题的好办法,通过全班交流,打开思路,习得经验,为能合理解决生活中的事打下基础。

◎ 团体结束,体验成功

音乐声中贴苹果树。

师:小朋友们,瞧,空荡荡的果园正等着你们来种苹果树呢,哇,那么多的树啊,人人都想先来贴,可是一拥而上,果园就遭殃了,这时,你会怎么想?学以致用,真厉害,那就用上你们的好办法,我们排队来贴一贴。

师:小朋友们,苹果树种好了,老师叫它"智慧园"。生活中处处都有智慧,今天我们就得到了一个智慧锦囊,它叫作"想想自己""想想他人"。

这个环节,主要是为了让儿童体验合理解决事例后那份成功的喜悦。对于这样的体验,儿童的成功感、好奇心和兴奋感会主导儿童的行为,因此可能出现争相展示苹果、贴苹果的拥堵状况,而此时也正是一个很好的实践教育的机会,老师抛出如何解决拥堵的难题。儿童通过这节课的所学,能多想想自己、多想想他人,"自助"思考解决这个拥堵的难题。同时,老师加强鼓励的力度,让儿童再次体会到成功的喜悦,加深课堂习得的印象。

【辅导活动点评】

心理辅导活动课主要是通过活动的形式让儿童充分认识自己,直面自己的心理困惑,从而达到提高心理素质、促进心理健康的目的。不同年龄段的儿童,心理状态和遇到的心理困惑都是不同的。

本辅导活动研究了现在小学二年级学生在心理上普遍存在的自我中心意识过强的问题,结合二年级学生的心理特点,拟定本课的教学目标。

围绕教学目标,教学过程紧扣生活性、活动性、开放性特点,尽可能地在课堂上呈现真实、真情、真趣的情境氛围,通过巧妙的活动设计,捕捉孩子实际生活中真实鲜活的事例,引导孩子产生要努力克服自我中心意识过强的愿望,引导学生在互动、交流的体验中将"既要想自己又要想他人"的思维矛盾冲突显性化,从而学着用想想自己、想想别人的方法来合理解决问题,克服过度的自我中心意识。其他亮

点还有:

1. 真实真情。在团体转换阶段,反馈调查表时,容易出现儿童不愿直面自己错误的现象,这是正常的,儿童有自我保护意识和受表扬的欲望。为了能让孩子放下心防,直面自己,老师出示不记名调查的统计数据,并用语言暗示学生:"我们每个人或多或少都有类似的行为。"最为重要的是,老师不给这些行为直接作判断,先通过谈话,听听学生内心真实的想法,再通过交流,寻得更好的解决办法。

2. 凸显"合理"。二年级的儿童模仿欲很强,是非观念还在形成中,是非对于他们来说就好像黑白两色,是两个极端,而现实生活中,往往存在很多灰色地带。老师举了"落水救人"的事例,通过引导,让学生讨论体会:"替他人想",前提是先保证自己的安全,不然不仅帮不了别人,还会好心办坏事,应该通过思考采取最佳方式。面对"替自己想、替他人想"这样的难题冲突,老师利利用案例,让学生多实践多思考多探索,寻求解决方法,积累经验,并能举一反三用于生活。

3. 把握资源。心理健康辅导课,学于课后用于生活。该课程设计中,很好地利用最后一个环节,让学生用于实践,这是一次"互助"后的"自助"体验,让课堂和生活相结合,给学生带来启迪。

本辅导课由陈佳颖老师执教,获2011年海曙区心理优质课二等奖、宁波市心理优质课三等奖。

【给家长的建议】

二年级的儿童经历了一年级的过渡,对于周围的同学和老师刚刚有了一定的了解,对于小学的学习生活也已经基本适应,心理状态渐趋稳定,开始彰显个性,并且产生竞争心理。由于模仿能力的加强和是非判断能力的限制,儿童在处理问题上会逐步显示出以自我为中心的心理特点,"犯了错误往别人身上推"的情况越来越频繁地出现。

虽然老师和家长一直教育孩子不要太以自我为中心,但教育效果不一定明显,首先低龄的孩子并不真正了解什么是自私;其次,因为一点小事就给孩子贴上"自私"的标签是不可取的。让孩子通过调查、事例、实践,自己去发现:原来自己在一些小事上没有替别人着想,原来在处理事情的时候还能做得更好!这是一种正面的引导,既给孩子反思的空间,也为孩子提供解决的方法。

相信,只要家长的心中有"换位思考"的理念,通过家校合作,也一定会帮助孩子认识到"换位思考"的好处。不要着急,慢慢来。

第5节 如何来说"不"

【辅导主题】

学习拒绝的心理辅导。

【辅导目标】

1. 懂得在人际交往中该说"不"时,要敢于说"不"。但不同的拒绝方法,会带来不同的交际效果。

2. 学会委婉拒绝,初步掌握说"不"的技巧,珍惜、维护人际关系,提高交往能力。

3. 体会到自信地处理与他人的关系所带来的愉悦感,既尊重了对方,又保护了自己。

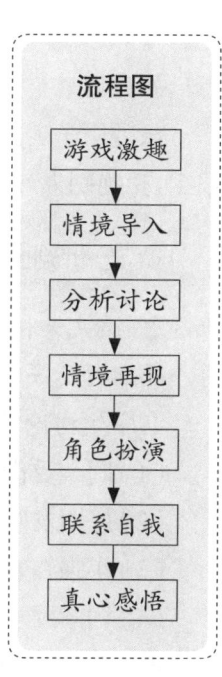

【辅导对象】

小学高段至高一学生。

【辅导预设与教学流程】

◎ 破冰游戏,激发兴趣

师:我们来做一个抓手小游戏。规则是这样的:全班同学按小组围圈站好,左手放身体左侧,食指向上伸出,右手张开,放在右边同学的食指上;听到说"对不起"的词语,马上用右手去抓右边同学的食指,同时收回自己的左手食指。(游戏开始)

师:刚才哪些同学的食指一次也没有被抓住?

教师用这个游戏使学生放松心情,引起兴趣,从而集中注意力,投入到后面的活动中。

◎ 情境导入,引入课题

师:同学们,刚才的游戏,老师奖励你们一个礼物,是什么呢?请看表演。

一天,小兔子的妈妈要小兔子在家看着锅里煲着的汤。于是,小兔子就拿起一本书坐在锅旁边看着。不久,小兔子的好朋友小猴子来了。小猴子说:"我想去看马戏表演,你陪我一块去,好吗?"小兔子看看锅,又看看小猴子,无可奈何地说:"好吧!"一个小时过去了,精彩的马戏表演结束了,小兔子回到家中。"咦?怎么有一股焦味!啊!锅底都烧煳了!"小兔子伤心地哭了起来。

师:看了表演,同学们有什么想说的吗?(学生回答)

师:小兔子由于不好意思拒绝小猴子的邀请而使锅底烧煳了,她当时可真后悔啊!她真该说个"不"啊!今天,我们就来学习《如何来说"不"》。

教师用学生容易接受的卡通故事引出课题,同时让学生初步意识到:在人际交往中,拒绝别人或被人拒绝是件很普通的事,说"不"没关系。

◎ 分析判断,是否说"不"

师:这几天,一些同学遇到了点烦心事,我们来帮他们选择应该接受还是拒绝。每个小组讨论一下,要说出理由哦。

1. 学生讨论各个情境,教师和学生一起逐个分析情境。

(1)同学受伤了,要小新扶去医务室。

(2)好朋友叫小刚帮他打人。

(3)小强在复习语文,朋友叫他去打球。

(4)同学要求小英把正在看的新故事书借给他。

师:请看快乐小精灵送给你们的温馨提示。

2. 什么时候该说"不"。

(1)手头的事比别人约你去做的事更重要。

(2)别人所要求的事确实是自己不愿做的。

(3)明显判断是不好的事。

师:同学们都知道了倾听别人的要求后,要做出判断,对于应该拒绝的事情要敢于说"不"。如果时光可以倒流,小兔子也真想说"不"啊!

教师通过出示贴近学生生活的例子,让学生在分组讨论、集体讨论中分析判断,明确在何种情况下应该说"不",同时鼓励学生面对不良诱惑时要立场坚定地说"不"。

◎ **情境再现,巧妙说"不"**

一天,小兔子的妈妈要小兔子在家看着锅里煲着的汤。于是,小兔子就拿起一本书坐在锅旁边看着。不久,小兔子的好朋友小猴子来了。小猴子说:"我想去看马戏表演,你陪我一块去,好吗?"小兔子说:"我才不去呢!我还有事。要去你自己去!"小猴子生气地说:"不去就不去。有什么了不起的!我再也不理你了!"

师:小兔子这样拒绝好不好?为什么?(学生回答)

师:小兔子应该怎样拒绝呢?好,谁再来演小兔子?其余同学来当小猴子。(请表演的学生戴上头饰)小猴子们,你们要认真听啊,老师等会要来采访你们哦!(学生演)

师:好,老师来采访几只小猴子。小猴子,你这次听了有什么感受啊?(学生回答)

师:看了刚才小兔子的表演,听了小猴子们的感受,接下来小组讨论一下,应该怎样恰当地拒绝,请派一个代表写在卡纸上。

小组代表发言,教师适时地把贴纸粘上。(礼貌拒绝、委婉说理、真诚建议)

师:快乐小精灵看见我们同学这么能干,又送来了温馨提示。(边拍手边说)说"不"要做到:第一要倾听,第二要判断,最后才拒绝。拒绝应该怎么说,首先说声"谢谢你"!然后说声"对不起"!礼貌拒绝人心暖,婉转说理人信服,真诚建议朋友多,朋友多!

教师先通过小兔子尝试说"不"却失去了朋友,引发学生思考在人际交往中如何说"不",然后通过体验、讨论得出拒绝的方法,并通过简练活泼的小快板加深印象。

◎ **角色扮演,练习说"不"**

师:这个筒里有6张写着不同情境的纸条,抽到哪一种情况就讨论遇到那种情况时,该如何拒绝;然后请其中一人扮演邀请者,一人扮演拒绝者,其余几人做观众,进行评议;最后进行小组竞赛。请小组派代表来抽。给每个小组4分钟时间,计时开始。

1.学生讨论并分角色扮演。

(1)有个大哥哥要教小文抽烟。

(2)放学以后,小王叫你到学校花圃里摘花。

(3)上课时,小兰叫你把你的课外书借她看一下。

（4）小玲的数学作业没有做,她叫小丁把作业给她抄,应付老师的检查。

（5）小强在复习语文,朋友叫他去打球。

（6）好朋友叫小刚帮他打人。

师：时间到,哪个组先来表演啊?

2.学生扮演,逐个评议。

通过角色扮演,学生对如何拒绝他人有了更深的体验,同时较好地掌握了拒绝的方法。

◎ **联系自我,巩固说"不"**

师：在生活中,同学们有过因为没有恰当地拒绝或不好意思拒绝别人而使别人不高兴或自己不开心的经历吗?现在你知道应该怎样拒绝了吗?请写下来吧。（学生写自己的经历）

拒绝别人时发生的不愉快经历	学了本课后的新想法

学生说自己的经历。

通过学生抒写内心的感受,结合体会,改变以往欠妥当的拒绝方式,正确处理自己在现实生活中遇到的拒绝他人的难题。

◎ **真心感悟,快乐交往**

师：今天大家的表现实在太棒了。同学们,在生活中,说"不"没关系。学会了拒绝,我们会拥有更多的朋友,会生活得更快乐!祝愿你们人人成为懂礼貌、会交往的快乐小精灵!让我们一起跟着《如果感到幸福你就拍拍手》边唱边跳,祝同学们天天快乐,幸福永伴!

教师和学生一起边唱边跳,并进行学生间的互动。

通过唱歌、互动,学生更深刻体会到学会说"不"、礼貌待人的意义,对快乐交际充满自信。

【辅导活动点评】

目前学生在人际交往中普遍存在这样的问题：对于朋友提出的一些要求，有时本想拒绝，但怕伤害了朋友间的友谊，只好委屈自己；有时由于拒绝的方法不当而使朋友离自己而去。基于这种人际交往现状，引导学生提升自信、学会拒绝就显得尤为重要。本次活动由张红娜老师执教，获得了宁波市心理优质课三等奖。

第一，本辅导选题独特，张老师能够关注到学生在人际交往中普遍存在的问题，设计了以学会拒绝为主题的辅导课《说"不"没关系》。

第二，张老师设计的各个活动环节与辅导目标非常一致，并考虑到要符合学生的年龄特点和心理需求，比如情景剧由学生扮演，兔子、猴子头饰的使用，让学生写写自己的生活经历等。

第三，板书设计十分有新意。

第四，为了更好地让学生把正确拒绝的方法牢记于心，张老师还出示了一首顺口溜，让学生边读边用手打拍子。

在整个辅导过程中，张老师最大限度地激发了学生积极参与和体验的兴趣，每一个活动基本上都是由全体学生共同参与的。在最后的互动环节，全班学生边唱边跳，展现了良好、积极的团体气氛。

【给家长的建议】

现在的孩子似乎容易游走在两个极端，或者特别自我，做什么都是我最重要，我做的都是对的；或者是别人做的事，我不能说"不"，我还是顺从到底吧。对于前者我们担心他太强势，太过于以自我为中心；对于后者我们又担心他太没主见，委屈了自己，事情也不见得能处理妥当。

如何让我们的孩子能在两端之间找到一个平衡点？尤其对于后者，这样的现象大部分出现在孩子读到中高段的时候，他们不似一、二年级时只关注自我，他们有了集体意识，明确了好朋友的概念，他们在乎自己的小集体，更在乎自己的朋友。他们会开始考虑别人的感受，学会了退让，然而，任何事情都要讲究一个度，如果事情过了一定的度，就需要学会拒绝别人。

拒绝别人，也实在不是一件容易的事。有的孩子会因感到不好意思而不敢直说，也有的孩子怕拒绝了之后失去朋友。孩子不想拒绝的理由有很多，我们要了解他们心里的真实想法，告诉他们合理拒绝的必要性，更要让他们了解如何用恰当的方式来拒绝。

1. 帮助孩子正确把握自己的情绪。我们所要教孩子学会的拒绝,是一种经分析思考后有意识的行为,它与孩子感情用事、耍脾气,或无端拒绝父母合理的要求是两码事。

2. 鼓励孩子独立做好一些事情。我们的孩子已具备独立处理生活中一些小事情的能力,家长没有必要再包办代替。孩子需要从日积月累的亲身体验中积累经验,才能有能力对他人的行为做出接受或拒绝的判断。

3. 帮助孩子学会做些心理指令。家长应该帮助、促使孩子下决心开口,如"我认为应该拒绝她的要求","没有关系,解释一下,她一定会理解的"等。

4. 不妨让孩子直接说出理由。告诉我们的孩子,自己不愿意答应别人时,可以直接向对方说明理由,包括自己的状况不允许、社会条件限制等,通常这些状况对方也能理解。

5. 学会用商量的语气和别人说话。告诉孩子,拒绝别人有时要和对方反复商量、交流。如果能得到对方认可,那么对双方的关系就不会有任何影响。比如小伙伴想借玩具,可孩子自己还在玩,不想借出去时,可以让他用商量的语气和小伙伴说:"我还没有玩好,过半小时之后再借你玩儿,好吗?"如此,就巧妙地拒绝了对方,也避免了冲突。

6. 让孩子学会间接地拒绝别人。很多孩子怕拒绝,就是怕伤害到别人,让人难堪,所以婉拒也是一门技巧。如果孩子不想答应别人的请求,告诉孩子,他们可以暂时推迟别人的请求,比如说"我想好了再跟你说","我再考虑考虑"等,这都是一种委婉拒绝别人的方法,别人也会从孩子的推迟中明白他的意图,也不会使双方过于尴尬。

7. 让孩子体验别人的真实感觉。孩子是最单纯、善良的,当他了解到自己的一句话、一个举动给同伴带来了不愉快,心里也会感到不是滋味。父母所要做的,就是给孩子解释清楚,他的言行在对方内心会产生什么样的感受。有的时候,孩子心理负担过重,一个无关痛痒的拒绝,在他们看来难以承受,这时家长需要引导孩子站在对方的角度,让孩子明白这样合情合理的拒绝是可以被接受的。

我们家长所要做的,就是引导孩子如何平和地、友好地、委婉地拒绝别人的要求;同时泰然自若地接受他人的拒绝。教孩子学会拒绝,是父母对孩子独立性和自主精神培养的一个重要方面。

第6节 真的没关系

【辅导主题】

交往同理心的心理辅导。

【辅导目标】

1. 初步认识原谅是健康心智的基本要素。
2. 体会原谅带来的欢乐,学会如何与他人交往。
3. 学会移情思考的技巧。当在矛盾中受到侵害时,学会冷静分析造成问题的原因,联想后果,进而学会接受别人的道歉,并真诚地说声"真的没关系"。

【辅导对象】

小学四年级以上学生。

【辅导预设与教学流程】

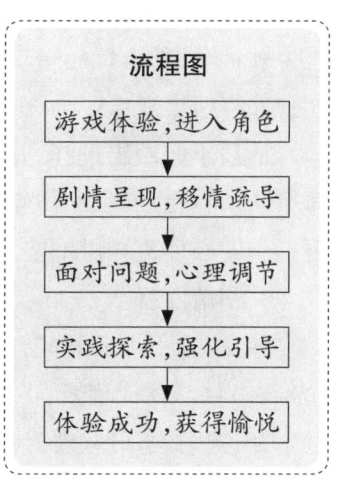

◎ 游戏导入,创设和谐宽松课堂

1. 师生做课前热身操。

宽松、和谐的课堂氛围有利于学生对知识的接受,因此在导入环节,设计一个小游戏——兔子舞。活动过程中常常会发生踩脚现象,学生会自然地说"没关系",使得游戏可以愉快地进行下去,从而在轻松愉悦的氛围中引出课题"真的没关系"。

师:在刚才的活动中,老师发现有的同学的脚被别人踩到了,一定很痛吧,可是一句轻轻的"没关系",让我们的游戏继续愉快地进行着,看来这三个字真有魅力啊。我们今天将要进行的心理辅导活动就是"真的没关系"。

2. 板书课题。

3. 找个孩子说说这几个字。

师:你们读得很好听,可是在生活中要真心地说出这几个字也是很不容易的。

师：大家请看，(出示)这是课前老师对你们做的一个题为"在校园生活中你曾经因为什么事情而与同学发生过矛盾"的开放式调查。你们在调查中提到各种问题，经过整理，我把问题归为六类：A. 损坏了同学的物品；B. 在游戏中不遵守规则；C. 强迫他人；D. 在活动中伤害他人；E. 恶作剧；F. 借东西不还。其中最集中的一个问题就是损坏了同学的物品。

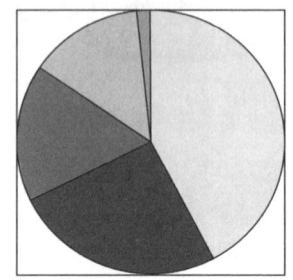

◎ AB 剧呈现矛盾，教给学生移情技巧进行疏导

师：这不，我今天就带来了一个发生在你们身边的小故事。他们是故事的主人公小黄和小蓝。

这个剧情是根据刚才提到过的开放式调查中的一个最为集中的矛盾设计出来的。因为剧情来源于学生的校园生活，所以孩子们更能达到共情的效果，同时考虑到预先排演的 AB 剧比当场的小品表演在组织上更有效率这个因素。

1. 演示情景。

师：让我们来猜想一下剧情吧！

2. 移情思考：A. 小黄会对小蓝说没关系；B. 小黄不能原谅小蓝。

请孩子们做出选择，并说说理由。在这次选择中老师不做任何引导，让孩子们简单谈谈自己的理由。这样的设计目的是让学生能够坦诚地说出内心的想法，为下一步的心理疏导做铺垫。

3. 剧情发展。

师：一支小小的钢笔使事情演变到了这样严重的后果，从中你体会到了什么？（原谅与被原谅很要紧，小黄不应该这样）

师：是啊，有时候要对别人说出"真的没关系"的确很难，但关键还是在小黄身上啊。我们还是先来看看小蓝向小黄道歉的时候，小黄是怎么想的。

4. 观看内心独白。

（1）从小黄的心里话中，我听出来了，她很不开心，你知道她为什么不开心吗？（怕受委屈，好面子，不能吃亏）

（2）老师是这样理解的，你认为对吗？

（3）小黄的想法，你能理解吗？你有过这样的体会吗？

师：听了你们的发言，我想起我小时候也有这么一件事情，那时候我的一个薪新的铅笔盒被同桌的小刀划到了。新的啊,我一定会被我爸打的,我当时也是怕受委屈(板书),一肚子火,心里难受极了。

(1)猜猜我是用什么办法让自己不那么难受的。

(他不是故意的;不能为了铅笔盒伤害了友谊)

(2)老师理解为你是在替对方考虑是吗?(板书"想想对方")/你很会安慰自己。(板书"安慰自己")

(3)当矛盾发生的时候,我们可以通过想想对方、安慰自己等方法让自己好受一点。我当时也是这样做的,我想:他也不是故意的,他也很难受吧。(板书)然后对自己说:事情也没这么糟。(板书)这样一想一说,心里就好受多了。其实我当时还可以对自己说什么呢?你们想想看,还能怎么安慰自己?他也有帮助我的时候啊。事情真的有这么严重吗?(板书)

引导学生讨论并发现造成矛盾的原因,大致有以下三方面:A.怕受委屈;B.不肯吃亏;C.发泄情绪。最后,根据学生在实际矛盾中存在的心理障碍进行谈话式疏导,教给学生三种移情技巧——想想他人这样做的原因,想想他人事后的心情,想想他人所想,并适当安慰自己。

师:那现在让我们用这样的方法来帮帮小黄,让她不要这么难受好吗?假如你是小黄,你有那么多的不开心,能用什么办法让自己不那么难受呢?可以说给你的同桌听听。

5.指名说。

师:经过你的帮助,小黄心里舒服多了,请看故事的另一个结局。

◎ 面对问题,心理调节

师:故事中的小黄和小蓝在一句"真的没关系"中和好了,那么我们呢?让我们回想之前提到的几类问题。(再次出示矛盾图)

1.还记得曾经因为什么事情与同学发生过矛盾吗?
2.假如时间可以倒退,你心里会怎么想?
3.能用刚才找到的方法,让自己不那么难受吗?

引导学生发现自己的心结,并帮助他们运用找到的方法打开心结,从而达到原谅的目的。

◎ 通过"面对面"表达原谅

师:心里好受点了吗?今天老师在这里开设了一个面对面的栏目,如果你已经原谅了曾真诚跟你道歉的同学,那么就请你借助这个机会跟他说一句"真的没关系",也可以与他亲切地握一下手。

◎ 活动结束,升华主题

师:同学们,今天的活动对你有什么帮助吗?

小结:原谅有时候不是那么容易的,有时需要一些时间,有时需要一种智慧,但是老师相信只要学会了原谅,我们的生活就会变得更美好,所以请我们尽量想想别人,安慰自己,然后真诚地说一声"真的没关系"。

【辅导活动点评】

本课的三大亮点:

首先,找出问题——一个普遍存在的现象。

我们这里说的问题,是共性而不是个性,是一个在少年儿童中普遍存在的问题,而不是个别孩子的现象。

执教者顾微萍老师先对本校四年级 171 个学生做了一个题为"在校园生活中你曾经因为什么事情而与同学发生过矛盾"的开放式调查,这是本课的一大亮点。经整理后,顾微萍老师把比较集中的问题归为六类:A. 损坏了同学的物品;B. 在游戏中不遵守规则;C. 强迫他人;D. 在活动中伤害他人;E. 恶作剧;F. 借东西不还。本次心理辅导课就是为了让学生学会因这些问题而发生矛盾时,解决内心冲突,学会包容。

其次,找准原因——符合年龄段的心理特征。

这次活动设计的对象是四年级及以上的孩子,选择四年级是由这个年龄段的孩子普遍存在的心理特征决定的。四年级孩子的一般年龄是 9~11 岁,处在儿童期的后期阶段。大脑发育正好处在内部结构和功能完善的关键期,在小学教育中正好处在从低年级向高年级的过渡期,生理和心理特点变化明显。在接触中发现,这个阶段的孩子,思维的深刻度不够,对事物的认识往往停留在事件的结果本身,而不在乎事件的效果,特别是情感效果。

所以说在日常的言行中往往会忽略细节,不在乎他人的感受,从而导致问题的加深、矛盾冲突的加剧。"没关系"三个字孩子们在幼儿园时期就会说了,但事实上即使到了四年级,孩子们还是没有从心理上认识到这句话的重要性,所以该活动方案从细处入手,引导学生向更高层次的心理共情迈进。

再次,找对方法——符合心理辅导课的基本原则。

一般来说孩子遇到矛盾冲突的时候,出于惯性,老师往往会用德育的方法告诉孩子你"应该"怎么做,"不应该"怎么做。而心理辅导不是德育,不是说教,它侧重于从个体角度出发,站在对方的立场来思考:"他为什么这样对我?"经过教师的引导,让孩子们学会自我调节,从而化解内心冲突。教师的作用在于"助人自助",为此顾老师在执教过程中采用了贴近孩子们校园生活的 AB 剧,让他们能够以移情的方式进入角色中。

【给家长的建议】

人的一生中,总会遇到不顺心的事,如果你不学会原谅,就会活得不快乐,活得很累。无论对于孩子还是对于成人而言,学会原谅,对人具备同理心,对自己、对别人,说一声"真的没有关系"都同样重要。

有首诗这样写道:"原谅自己,不意味着对自己放纵;原谅别人,并不代表着丢弃原则;原谅生活,并不是不热爱生活。原谅像一把伞,会帮助你在雨季里行路。"

有位哲人说过:"原谅是一种风度,是一种情怀,原谅是一种溶剂,一种相互理解的润滑油。"

人和人之间难免有碰撞有摩擦有矛盾,或许对方是无意的,或许对方有难言之隐,退一步海阔天空,不妨试着付诸一笑,给别人也给自己一次机会,也许会有意想不到的收获。

告诉孩子原谅别人需要有自我牺牲的精神,具有宽阔的胸怀。吃亏并不代表软弱可欺,因为原谅远远比报复好!

其实,道理大家都懂,人人明白,但是真正做到放下与原谅很难,那么也不要着急,慢慢来……

第 7 节　对不起!So easy

【辅导主题】

学习道歉的心理辅导。

【辅导目标】

1. 认识到人无完人，人都会犯错，能够直面自己的错误和过失。
2. 具有主动道歉的勇气，并能诚恳、有效地向对方表达自己的歉意。
3. 了解道歉能够获得对方的谅解，重拾友谊从而收获愉悦心情。

【辅导对象】

小学四年级以上学生。

【辅导预设与教学流程】

◎ 生活情境，真实再现

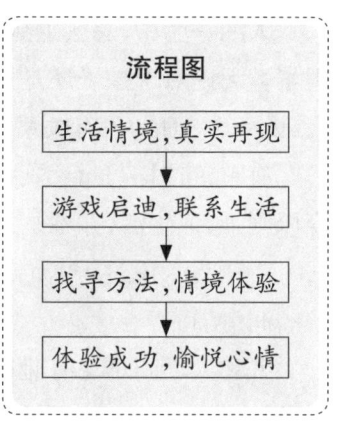

1. 播放两个学生发生摩擦的视频或者现场小品表演。

A同学正在认真地写作业，A的同桌B兴高采烈地从教室外面跑进来，一屁股坐到自己的位子上，不小心撞到了A，把A正在写的一个字撞坏了。

A冲着B吼了一句，B觉得自己不是故意的，A却态度这么差，也怒气冲冲地回了一句。本来是很小的摩擦，结果两个人互不相让，最后互不理睬，变成了冷战。

让学生猜一猜，接下来他们两个会发生什么事。

通过真实情境再现，引发学生共鸣，很自然地引导孩子们表达出平时自己遇到类似问题时的真实想法。

2. 播放刚才两个学生想要道歉却矛盾犹豫的心理独白。

A：哎，××都几天没理我了，其实这也没什么大不了的，一个字写坏用橡皮擦掉不就行了吗？我们平时那么好的哥们儿，我却那么大火气！现在，他都不理睬我，真难受啊！

B：哎，××都几天没理我了，想想这件事我也有不对，是我撞到了他，被他吼两声就吼两声呗，我却比他还生气。想想真是挺后悔的，可是，要我去说"对不起"，这要怎么开口啊？

师：为什么主动开口道歉这么难呢？

孩子们交流自身真实感受，充分倾诉当自己碰到这样问题时的矛盾心情。

总结：说出"对不起"容易吗？今天，老师想和同学们一起找寻答案。

◎ 游戏启迪，联系生活

1. 出示一根竿子，宣布游戏规则。

我们做一个"跨竹竿"的游戏。游戏的规则是要蒙上眼睛来挑战。高度未定。这根竿子可能在你的脚踝，你轻轻抬脚就能走过去；也可能在你的膝盖边，你要迈过去；它还可能在你的大腿边上，你要抬高腿，跨过去。有谁愿意来尝试一下这个游戏？

随机采访那些不愿意上去的同学为什么不愿意试，听他们表达自己的想法：怕失败！

2. 做游戏：在游戏时，老师把竹竿的高度调整到学生的脚踝处。

3. 请勇于参加游戏的同学摘下蒙眼睛的布看一看竹竿在什么高度，谈谈自己的感受，并给予他们奖励。

现场再次采访那些不敢来参加游戏却羡慕获得奖励的孩子的感受。

4. 总结：道歉就像刚才做的这个游戏，它并不像你想象的这么难，关键在于谁愿意跨出这一步。等你跨出去了，大部分情况下，你不但能马上收获谅解，甚至有时候你还会惊喜地发现，对方其实也和你一样，正想走出这一步，就像我们刚才看到的情景剧一样。

将游戏中的道理迁移到生活中，让学生理解感悟。

◎ 找寻方法，表演体验

师：如果是你，你会怎样跨出主动道歉的这一步呢？请大家小组合作，想出巧妙的方法来解决 A 和 B 的问题，并用演一演的方式来向大家展示一下。

1. 同学们表演，老师总结方法。

（1）直接表达：面对面说。

（2）文字表达：写信，贺卡，QQ 留言。

（3）主动亲近：找他玩，讲个笑话给他听，在他旁边唱歌。

（4）找帮手：找要好的同学帮忙。

2. 总结：刚才同学们一下子找到了那么多合适的方法，有时候只要其中一个人愿意伸出手，不用太多的语言，大家自然而然就和好了。

3. 歌曲演唱《拉拉勾》。（同学们边唱边拉起身边同学的手）

你也生气了，我也生气了，不理不睬，不理不睬，小嘴巴往上翘呀，小嘴巴往上翘呀。你伸小指头，我伸小指头，拉拉勾，拉拉勾，拉拉勾，我们又做好朋友呀，我们又做好朋友呀。

◎ 解决问题，放飞心情

1. 你在生活中有没有类似的跟别人闹矛盾却没有解决的事呢？请学生用文字表达的方式在心愿卡上写下自己的歉意。（老师课前准备好漂亮的心形便笺纸）

2. 如果你表达的对象是你的同学，现在就可以把你心愿卡上的内容念出来。（老师请交流的学生谈谈写出歉意后的心情）如果你不想念，可以把它贴在心愿树上，他（她）就会看到了。（老师事先准备好一棵大的心愿树贴在黑板上）

总结：大家觉得小矛盾解决了很开心，心里很舒服。是啊，我们一天天地长大，要跟同学、老师、家人相处，以后到了社会上会与更多的人交往。如果我们学会说声"对不起"，一定会受到更多人的欢迎。

【辅导活动点评】

我们的孩子在"班级"这个小家庭里共同学习、生活、成长，离开班级，他们还会回归各自的家庭，并且有自己生活的小天地。每个环境中，都有他们不同相处的人群：学校里有老师同学，家里有父母长辈兄弟姐妹，邻里间还有小伙伴。相处之中，难免会有些小摩擦、误会。

四年级以上的孩子能温和有效地处理冲突吗？能够在看到他人的缺点时也不忽视他人的优点吗？在遇到争执或冲突时，能做到"退一步海阔天空"吗？能看到好事情有坏的一面，坏事情有好的一面吗？会走极端吗？出现过因思想上走极端而引起行为上暴躁的情况吗？

本辅导活动就是针对以上情况，在一开始就展示了学生平时生活中常见的矛盾冲突，通过两个主人公的独白引起了孩子们的共鸣，让孩子对妥善处理好矛盾非常向往。之后的游戏让孩子明白，很多事只要你肯向前迈一步，就会有意想不到的收获，并在游戏中收获了主动化解矛盾的勇气。活动最后，孩子们一起找到了很多合适的道歉方式，并及时地运用到以前没有化解的矛盾中去，孩子在解决了矛盾的同时，也放飞了心情。

本辅导活动捕捉了学校里的一些场景视频，很好地展现了校园生活中容易出现的一些小矛盾、小摩擦。摩擦与矛盾中，相对过错的那方，不一定会主动说出"对不起"，他们总有这样那样的想法与担心。了解原因，各个突破，通过角色体验、相互交流等多种方式，让孩子放下心理包袱，愿意跨出"道歉"的脚步。此外，更进一步，通过引导、现身说法和一部分孩子的展示，让孩子们懂得道歉也是一门艺术，分场合和方式,学会多用"我不小心""不是故意的""请原谅"等道歉用语。

本次辅导活动由余芳老师设计,获2012年海曙区心理辅导优质课一等奖、宁波市优质课三等奖。余教师在辅导过程中的语言以引导、肯定为主,亲切自然,关注学生情况,让学生在活动中愉快放松,积极主动地参加到辅导活动中,最后自愿地迈出"道歉"的脚步。

【给家长的建议】

小学中段的孩子还是容易掉进"自我中心"的圈子,有了矛盾冲突,更加希望由别人来主动解决,而不愿意迈出自己的脚步。当然我们要试着理解孩子的行为,关注孩子当时的情绪,保护孩子的自尊心。

孩子不会道歉,很大程度上是因为缺乏是非观念,不知道什么是对什么是错。我们首先要耐心地告诉孩子为什么错了,错在哪里,如何做才正确。当孩子意识到自己的行为是错误的,道歉就显得顺理成章了。

有的孩子可能因为害怕承担后果而不敢承认错误;有的觉得自己主动道歉,很难为情;有的想要道歉,又担心对方不谅解等等。这时,我们应该进一步鼓励孩子,走出道歉的第一步。

1. 换位思考缓解孩子的焦虑

孩子们有时犯了错,会有心理负担,或觉得自己没面子,或担心对方不接受,只得采用拖延战术,但在拖延的过程中,孩子们的心理负担反而更加重了,因为会不断猜测对方的心态,担心对方是否还愿意和自己做朋友。所以,引导孩子进行换位思考,让孩子知道,事情并没有他想象的那么严重,只需要往前跨出一小步,所有的问题就能迎刃而解。

2. 鼓励孩子承担责任

勇于承担责任的孩子是受欢迎的,这是我们在教育过程中要传达给孩子的思想。当孩子做错事后,家长要让孩子明白是由于他自己的过失才造成这样的后果。错误是有轻重之分的,可以让孩子提出一些可行的补救办法,以增强孩子的责任感,一味地指责只会加重孩子的逆反心理。我们不仅要让孩子学会言语上的道歉,更要让孩子摆脱以自我为中心的想法,让孩子有愿意承担责任的勇气。

3. 父母也要适时向孩子认错

父母是孩子最好的老师,孩子的很多行为都是模仿父母的结果。当父母做错了事或是错怪了孩子,也应该真诚地向孩子道歉。父母给孩子道歉,不仅可以使亲子关系更加融洽,也让孩子明白每个人都会有犯错的时候,道歉并不是一件丢脸的事情。事实上,父母不会因为向孩子道歉就失去威信,反而更容易得到孩子的尊敬。那么,当我们的孩子遇到类似情况时,他就不会踌躇不前,而会大大方方地迈出道歉的脚步。

第8节 寻找人际沟通的金钥匙

【辅导主题】

人际矛盾的心理辅导。

【辅导目标】

1. 认识到同学、朋友之间的人际交往需要技巧;知道自己具备一些特征才能受到大家的欢迎。

2. 体验到拥有朋友是件幸福的事,会从中获益良多。

3. 能灵活运用心理辅导过程中总结出来的方法,去解决朋友间可能产生的矛盾。

【辅导对象】

小学高段学生、初中学生、高中学生。

【辅导预设与教学流程】

◎ 引子:心理活动课规则

师:同学们知道我是教什么的吗?我还有一个身份,我是一位心理辅导老师。今天就来给大家上一堂心理辅导课。我的心理课有三个约定,第一个约定是"畅所欲言",希望大家在守秩序的前提下,大胆表达自己内心的真实想法。第二个约定是"尊重倾听",尽管心理课堂氛围很宽松,有游戏,有讨论,可以自由发言,但希望大家学会"尊重",在别人发言时,请认真倾听。第三,咱们的课会涉及同学们的一些小秘密。王老师能向同学们保证,绝对守口如瓶。我希望同学们之间也能互相保守秘密。所以,今天的第三个约定就是"保密"。下面大家一起默读三个约定,能做到的请拿出饱满的精神,坐端正了。咱们的心理辅导活动现在开始。

◎ 起:呈现学生心理现状 —— 前测

1. 情景视频揭示题目(心理问题的点)。

播放好丽友的一段广告视频:一个女生在课桌中间画了一条"三八线",男生拿出一包好丽友"讨好"女生。女生不要好丽友,并推给男生,就在两人的推让过程中"三八线"被衣服袖子擦掉了,两人相视而笑,又成了好同桌。

师:同学们,看了视频,你们有什么想说的吗?(找两个同学问问)

生:我觉得同桌之间不应该画"三八线"。(嗯,老师也觉得一条线会让人与人产生隔阂)

生:我觉得朋友间发生矛盾应该主动去解决。(嗯,积极沟通的确是个好办法)

师:广告中的好丽友就像一把金钥匙,解开了这对同桌的矛盾,这节课,老师就带领大家一起寻找人际沟通的金钥匙。

展示课件并板书:寻找人际沟通的金钥匙。

2. 调查表柱状图展示结果(心理问题的面)。

师:昨天,老师给你们做了问卷调查,现在咱们一起来关注一下调查结果。请看大屏幕。(课件展示柱状统计图)

师:不管你是哪一类,都不要太在意,它只是帮你更好地了解自己,看完了枯燥的统计图,接下来轻松一下。

◎ 承:组织游戏"心手相连"

师:你们喜欢做游戏吗?咱们就来做个游戏,名字叫"心手相连"。请看大屏幕,先了解下游戏规则。(课件展示游戏规则)

1. 游戏前准备,从屏幕上选择最能准确表述你好朋友特征的词语,写在苹果上。
2. 音乐响起时向后握手,音乐停止时立刻保持安静。
3. 被握到手的同学起立,大声读出苹果上所选的词语。
4. 把苹果贴到友谊之树上。

师:现在进入准备环节,利用20秒的音乐时间把词语写在苹果上,音乐停止时请坐好,保持安静。

游戏结束之后小结:瞧,经过我们的努力,友谊之树已经果实累累了,让我们来看看哪些词语被选用的频率比较高。嗯,看来具备这些良好品质的人会拥有更多的朋友。

采访个别同学,让他们说说自己的好朋友是谁,他(她)具有怎样的魅力才吸引了你,彼此成为好友之后又有怎样的收获。(3个学生)

板书:人际交往中能成为好朋友的特征……

◎ 转:寻找化解朋友间矛盾的"金钥匙"

1. 听《给知心姐姐的一封信》。

师:看来,拥有朋友是件快乐的事,朋友给了我们支持、温暖。但有这么一对好朋友却遭遇了一件烦心事。(课件展示《给知心姐姐的一封信》)

师:经过信中主人公的同意,老师告诉大家,这封信是班里的×××写的。现在掌声有请×××。

(1)摆出两把空椅子来表示两个人的不同立场。让他逐一坐在两个立场谈谈心里的想法。

根据以上方法,教师引出——空椅子技术。(课件展示空椅子技术)

师:刚刚老师用了心理学上很有名的空椅子技术来引导同学换位思考,相信对大家一定有所帮助。(贴:换位思考)

师:这位遇到烦心事的同学写信给知心姐姐寻求帮助,也是个好办法。(贴:寻求帮助)

师:这里老师向大家推荐本校的心理咨询室,海曙区心理咨询热线87321890(谐音:把气散了一拨就灵)。(课件展示心理咨询室的概况)

2. 听哲理故事。

师:说到解决朋友间的矛盾,我想起了一个小故事,我们一起来听听吧。(课件展示故事,请同学朗读)

两个朋友在沙漠中旅行,在旅途中他们吵架了,一个打了另外一个一记耳光。被打的觉得受辱,一言不发,在沙子上写下:"今天我的好朋友打了我一巴掌。"他们继续往前走,终于到了绿洲。被打巴掌的那位去水潭边喝水却差点淹死,幸好被朋友救起来了。被救起后,他拿了一把小刀在石头上刻了:"今天我的好朋友救了我一命。"

朋友不理解,问:"为什么我打了你以后你要写在沙子上,而现在要刻在石头上呢?"

另一个笑笑,回答说:"把朋友的伤害写在沙子上,让风把它抹平;把朋友的帮助刻在石头上,不让它磨灭。"

（1）请同学说说听完这个故事后的想法。

（2）小结：朋友间的相处，伤害往往是无心的，帮助却是真心的。忘记那些无心的伤害，宽容大度地一笑而过，铭记那些真心帮助过你的人，你会发现这世上你有很多真心的朋友。（贴：一笑而过）

◎ **合：助人自助，运用方法解决问题 —— 后测**

1. 寻找：个体解决自己人际交往问题的方法。

（1）小组讨论：生活中你和朋友之间遇到过什么样的矛盾，你是怎么解决的？

（2）在自愿的基础上，大班交流。教师进行富于鼓励性、针对性和差异性的点评，启发他们总结出更多解决矛盾的方法。

板书解决人际交往障碍的方法：一笑而过 / 寻求帮助 / 换位思考 / 积极沟通 / 找人倾诉 / 主动和解 ……

2. 强化：集体智慧，解决大家人际交往的问题。

师：牙齿和嘴唇也有打架的时候，朋友之间也难免有些小矛盾，但有了我们总结出来的这些方法，就能让友谊之树常青。

师：黑板上的这五个方法犹如五把金钥匙，能解开朋友间的矛盾。接下来，老师再带领大家玩个游戏，叫"心有千千结，我们来化解"。

师：这里有五个案例，分别藏在五把锁头里。老师还有五套金钥匙，每套里面有五把，只有最适合的钥匙才能开锁。

游戏规则：1. 有五个案例，藏在锁里，最合适的钥匙才能开锁。

2. 出示案例后，默读，把最适合的方法写在金钥匙上。

3. 老师说"开始"后才能举手抢答。

4. 答对有奖，答错不奖。

5. 吵闹，没说"开始"就抢答的小组取消本轮答题资格。

游戏时让学生将解决办法说具体。

师：看来同一件事情可以有不同的解决方法，你要根据朋友的性格和事情的性质来灵活运用这几个方法。

◎ **结束：理性提炼、情感升华**

师：爱因斯坦说过，世间最美好的东西，莫过于有几个头脑和心地都很正直、严正的朋友。写名言并非名人的专利，我们也可以。现在就不妨也试着写一句关于朋友的名言吧。别忘了签上你的大名哦。（课件展示名人名言）

播放周华健的《朋友》。（课件展示歌词）

请同学们把写好的名言送给朋友，也可以贴在苹果树边。好朋友间可以互相拥抱、握手。

结束语：朋友就像歌里唱的那样，一句话，一生情，一辈子，朋友就是无论你遇到什么困难都在旁陪伴的人。希望大家能有更多的好朋友，老师永远都是你们的朋友。

【辅导活动点评】

友谊是人们在交往活动中产生的一种特殊情感，是一种双向关系的情感，任何单方面的示好，都不能称为友谊。友谊以亲密为核心，亲密性是衡量友谊程度的一个重要指标。在小学阶段，随着学生的接触面增大，对朋友的需求也逐渐增多。因此，有意识地培养学生的交友态度与准则，不仅是心理辅导的重要内容，更是全面实施素质教育的要求。

学生正处于身心发育期，是一个关注交往、需要理解、渴望友谊的时期，但也是一个容易出现人际交往心理障碍的特殊时期。相关调查研究显示，34%的小学生有人际交往困难，21%的学生存在各种人际交往的心理障碍。若不能建立良好的人际交往，就会产生各种心理问题，进而影响学习和成长。有鉴于此，王骥、周雪燕老师选择通过心理辅导课培养学生正确的交往心理，让学生学会解决交往过程中出现的一些常见问题。选题好是本次心理辅导活动的第一个特点。

本辅导活动的第二个特点是，利用好丽友广告、"心手相连"游戏快速激发了学生积极参与的心，并且通过这个游戏让大家知道具备哪些优良品质的人可以拥有更多的朋友，从而给了他们一个正确的交友和做人方向。第三个特点是在《给知心姐姐的一封信》和寓言故事中，让学生自己体会、领悟怎么样才可以让友谊天长地久，遇见矛盾时又该怎么样正确处理。第四个特点是最后写一段名人名言，或贴在友谊之树上，或送给好朋友，让他们记住这节课，记住朋友的重要性，记住朋友对你的友情。

王骥老师执教的这个辅导活动，被所有专家评委一致推荐为宁波市 2013 年优秀心理健康活动课特等奖第一名。

【给家长的建议】

人际沟通指的是，个体在共同活动中彼此交流思想、感情和知识等信息的过程，主要通过言语、手势、表情、体态以及社会距离等来实现。这里介绍一种理论供家长参阅。

心理学家伯恩提出 TA 理论,认为只有辨清自己在沟通中存在的心理状态或者别人的心理状态,才能提高自己的沟通水平。该理论基于三项绝对事实:

1. 每一个大人都曾是小孩子。
2. 每一个脑部机能良好的人,皆有适当应对现实的潜能。
3. 每一位长大成人的个体,都有受父母或其他重要关系对象影响的痕迹遗留。

伯恩提出,每个人都有三种"自我状态"组成:父母自我状态、成人自我状态和儿童自我状态。其中,每一种自我状态都包括完整的思想、情感和行为方式,人与人之间的交往就是人们各自的"三我"之间的交往。所有的自我状态均出现在交往时的"此时",是可以观察到的真实现象。

当个体处于父母自我状态时,你是以曾经经历过的一位成人(父母或其他重要关系对象)所使用的方式来处理现实;当个体处于成人自我状态时,则是以一种经过思考、比较平衡的方式来面对眼前的状况;而当个体处于儿童自我状态时,你是以某个早年经历过的重要方式来应对眼前的现实情况,也就是你可能运用 5 岁时的参照架构,来处理如今已 40 岁的你遇到的状况。

儿童自我状态:每个人在自己的内心深处都带着一个小小的儿童,当一个人以儿童自我状态与人交往时,他的情感、思考和行为等就会表现得像孩子一样。儿童自我状态又分为适应型儿童自我状态和自由型儿童自我状态。

举例:处于适应型儿童自我状态的人听话、服从、讨好、友爱,内心常常充满自责、担心、焦虑和自罪;而处于自由型儿童自我状态的人,则往往表现为活泼、冲动、天真、自发行动、贪玩、表情丰富、爱憎分明等,像以自我为中心的婴儿一样,追求快感并能充分表达自我的感情。

父母自我状态:指我们从父母或其他重要关系对象那里复制来的思想、情感和行为。父母自我状态又分为控制型父母自我状态和营养型父母自我状态。一个人处于控制型父母自我状态的时候,与人交往常常会表现出教育、批评、教训、控制的一面;而处于营养型父母自我状态的时候,人与人交往时则常常会表现出温暖、关怀、安慰、鼓励的一面。

举例:人际交往中,那种特别喜欢教训别人的人,常常运用的就是自己的控制型父母自我状态;而那些总是无微不至地关心别人的人,则常常处于营养型父母自我状态中。

成人自我状态:一个人处于成人自我状态时,其思想、行为和情感都指向于此时此地,具体表现为理性、精于计算、尊重事实和非感性的成熟行为。

每一种自我状态都有其适应性,也都有其不适应之处,因此,并不严格存在好坏之分。事实上,就一个健康、平衡的人格来说,每个自我状态都是必需的。

要让孩子尽早地融入社会,我们既需要控制型父母自我状态提供规范,以便遵守伦理底线,也需要营养型父母自我状态,帮助我们去维护自己的人际关系。适应型儿童自我状态,是成人遵守社会规则的前提,而自由型儿童自我状态所包含的自发性、创造力和直觉能力,是工作成就和业绩的基础。

从人际沟通分析理论的角度看,一个心理健康的人就是能在恰当的时间和地点使用恰当的自我状态的人。

第七章
幼小衔接心理辅导

> 要升入小学了,儿童迈出成长期关键的一步,教师会关心什么呢?家长要注意什么呢?心理准备与物质准备是必需的。除此之外,适应环境很重要,包括校园物理环境与人际环境,还有小学里的各种规则。本章精选出6个范例。

第1节 开开心心上幼儿园

【辅导主题】

不想上幼儿园的心理辅导。

【辅导目标】

1. 感受幼儿园生活的快乐美好,知道进入幼儿园学习生活,是小朋友成长、独立的标志之一。

2. 结合自身经验,尝试用表述、讨论等多种方式转化幼儿的不良厌学情绪,消除上幼儿园的厌烦和恐惧心理,愿意开开心心上幼儿园。

3. 感受和伙伴们在一起的快乐时光,获得在园时的积极心理体验。

【辅导对象】

幼儿园中班以上幼儿。

【辅导预设与教学流程】

◎ 游戏导入,愉悦心情

以游戏的情景,轻松的乐曲,带领幼儿一起去关注、去发现,为幼儿制造和谐、安全的心理氛围。

师:小朋友,今天老师带你们一起到小动物幼儿园去参观一下吧!(伴随音乐,带领幼儿开火车走进教室)

活动流程:游戏导入 → 情境体验 → 迁移自我,分析判断 → 助人自助,拓展延伸

◎ 情境体验,回顾自我

1. 教师利用真实记录的DV画面帮助幼儿梳理自己的内心感受,将幼儿不愿上幼儿园的不良情绪以多媒体的形式展示出来,生动形象,直观具体。

2. 观看视频。

小朋友们都陆陆续续地来上幼儿园了,老师正在门口迎接小朋友,这时豆豆妈

妈带豆豆来上幼儿园了,可是豆豆哭闹着不肯走进幼儿园,要跟着妈妈去上班,豆豆妈妈问豆豆为什么不想来上幼儿园,豆豆哭着说是因为昨天表现不好,老师在发五角星的时候没给他。

师:豆豆怎么了？她为什么不想去幼儿园？她是怎么做的？

◎ 迁移自我,分析判断

1. 师:你们有不想上幼儿园的时候吗？是什么原因呢？你又是怎么做的？

此时教师抛给幼儿开放式的问题,尽量让幼儿放下顾虑,坦诚地说出自己的想法。教师根据幼儿所说的用表情图进行统计,预设幼儿不想上幼儿园的原因有:幼儿学习压力太大,如不会讲故事、念儿歌;被老师批评了;与小朋友之间产生矛盾;自理能力弱,产生自卑心理等等。

红	
黄	
蓝	
绿	

2. 教师根据幼儿的回答与幼儿一同分析各种不同想法的后果是什么。

师:小朋友们不想上幼儿园的原因有这么多,有谁知道如果我们每天不上幼儿园会怎样呢？

◎ 深入拓展,助人自助

同伴的经验是幼儿信息的重要来源,由于他们的年龄相仿,同伴经验更容易引起情感共鸣,也更容易被接受。所以用小组讨论的方法,充分让幼儿调动自己的生活经验,进行方法交流,从而获得新的经验。

师:我们可以用什么办法来帮助他们,让他们喜欢上幼儿园呢？

1. 小组讨论(分红黄蓝绿四组):按小组标记自由选组,以竞赛的形式举行,每想出一个办法就在该组标记上贴上一个笑脸。

2. 请有厌学情绪的幼儿用笑脸哭脸的魔法棒进行效果尝试。

师:小朋友们真聪明,有了这些好办法,以后遇到这种情况我们就不怕了！

（伴随《上学歌》，带领幼儿走出教室）

【辅导活动点评】

幼儿在园里的生活总的来说是安逸而随性的，但需要慢慢地适应在幼儿园的各项规范，适应和小朋友之间的各种相处，而孩子们一旦在这些问题中碰到小小障碍，有时就会有不愿来园的"小任性"，他们并非不喜欢幼儿园，而是对园内生活、学习、游戏有一些小抵触。这样的情形之下，一味说教或者讲道理，收效甚微。

不想上幼儿园是幼儿对学习的负面情绪表现，从心理学角度讲，是指幼儿消极对待学习活动的行为反应模式。徐美老师执教的本次心理辅导活动，很有必要。

3~6岁的幼儿开始接触各种信息，开始遨游于知识的海洋，假如幼儿在这一阶段产生了负面情绪，将会影响其对知识技能的学习和吸收。而幼儿产生这种负面情绪的原因有很多，主要有以下几种：1. 家庭因素：家长对孩子的期望值过高，父母给幼儿的学习计划安排得太满，导致幼儿产生厌学情绪。2. 幼儿自身因素：如同伴交往能力比较差，与同伴之间相处不融洽或被排斥，导致幼儿产生厌学心理。3. 教师因素：幼儿觉得老师不喜欢自己，或是教师经常以犀利的语言批评幼儿使幼儿产生厌学情绪。

所以，在本次辅导活动中，第一个环节是心理辅导活动常用的方法：暴露与倾诉，通过情境演示充分唤起幼儿的自身经验，并以开放式的提问帮助幼儿放下顾虑，坦诚地说出自己的想法。而后又利用小组讨论、同伴互助等形式让幼儿调动自己的生活经验，进行方法交流，从而获得新的经验，同时教师进一步引导、指导，帮助幼儿消除上幼儿园的厌烦和恐惧心理，最后达到让大家愿意开开心心上幼儿园的辅导目的。整个过程比较契合幼儿的实际心理情况，辅导方法得当，取得了很好的效果。

情景剧的体验和扮演的方式，让孩子最大限度地融入其中，孩子在对情景剧中的情节感到似曾相识的同时，也能站在旁观者角度分析问题。这样，当孩子们在生活中真正遇到这样问题的时候，就不至于一味躲避，最后达到助人自助的效果。

【给家长的建议】

在日常学习生活中，无论是刚入园的小班幼儿，还是有了一定幼儿园学习经验的中班和大班小朋友，都会时常出现不想上幼儿园的负面情绪，那么，家长该如何解决孩子不愿上幼儿园这一问题呢?

建议尝试以下办法:

1. 消除潜意识中"不放心孩子上幼儿园"的想法,化解因孩子入园带来的焦虑。孩子入园是走向社会的第一步,由于环境的转变,孩子或多或少有些不适应,因此一想到孩子入园,家长就会产生焦虑,心里各种担心,这些都会有意无意地表现在自己的行为中,并把这种焦虑转移到孩子身上。因此,家长要有意识控制自己的情绪,以积极的情绪影响孩子,让孩子喜欢上幼儿园。

2. 了解孩子不愿意上幼儿园的原因,对症下药。有的孩子不会与同伴交往,没有玩伴感到孤独;有的孩子性格内向,得不到老师的关注,认为老师不喜欢他;有的孩子偶尔受了小朋友的欺负;也有的是新入园因不适应产生了分离焦虑。家长要找出自己孩子不愿意上幼儿园的原因,对症下药。

3. 与班级教师联系,了解孩子在幼儿园的表现,尤其是要了解孩子的闪光点,回到家后向家人宣讲孩子的闪光点,帮助孩子树立自信。要与教师配合,发现和利用孩子的某一长处,让他在集体中展示出来,当他受到教师和同伴的赞扬时,便会有信心,也能与同伴自在地相处了。

4. 多与孩子谈谈幼儿园的生活、学习活动,引发孩子对幼儿园、对老师、对小朋友的兴趣。家庭成员都这样关心幼儿园的生活,孩子能不喜欢上幼儿园吗?

5. 不可将孩子不愿意上幼儿园的行为予以强化。当孩子萌发不愿意上幼儿园的想法时,家长应想办法转移孩子的注意力,尤其是不要当着其他人的面重复提起孩子不愿意上幼儿园的事,而应淡化。

第2节 走近小学

【辅导主题】

入学前焦虑的心理辅导。

【辅导目标】

1. 通过各种方式,让孩子了解小学各方面的生活、学习情况,明白进入小学是自己成长的标志之一。

2. 让孩子乐于大胆讨论与表述,尝试化解担心情绪,增强上小学的自信心,为入小学做好充分的心理准备。

3. 尝试以积极乐观的心态面对上小学的各种焦虑。

【辅导对象】

幼儿园大班下学期幼儿。

【辅导预设与教学流程】

◎ 心理共情 —— 谈话交流,引出担心

即将上小学了,说说自己的心情与担心的事。

师:孩子们,再过几个月,你们就要上小学了,你们的心情怎么样? 对于上小学,你们有什么担心的事吗?

此活动适合建立在幼儿已有初步的了解,最好是已参观过小学,对小学生活充满好奇而又迷茫的时候。这时他们对于入学的一些情绪和担心是最多的。既有兴奋期待,也有许多担心。第一环节开门见山地提出问题,是为了下一步梳理、归纳担心情绪的几大方面内容做准备。

◎ 心理体验 —— 经验梳理,了解担心

1. 图画归类,罗列出四类担心:学习、交往、环境、整理。

个别讲述:你担心什么? 你有什么担心的事?

集体分类:其他小朋友想一想你的担心是属于哪一类的,请把你的画贴在相应的表格里。

这一环节最重要的是展示了事先让孩子画好的担心,孩子根据图画来讲述自己入学的焦虑。这样做的目的:一是孩子在事先作画的时候已经深刻考虑了自己担心的事,比临时想更具代表性和真实性;二是图表的设计也让归因更具直观性,便于幼儿理解操作;三是教师事先根据幼儿的担心可以有更多的预设,使辅导更贴合幼儿的心理需求。

2. 课件辅助,了解担心的心理感受。

师:原来我们有这么多的担心,担心是怎样的感觉呢?

小结:原来,担心会让人觉得紧张,会不舒服,心好像提到了嗓子眼,悬在半空

中。(课件中"心"提起)

在之前的归因环节,孩子已经有了心理共情,引发了些许担心的感受。但担心到底是什么样的心理状态呢?借用课件,更加生动形象地让孩子体验到担心是一种心悬起来的感受。也增强了活动的趣味性,为之后的"放心"做好铺垫。

◎ **心理调节 —— 小组讨论,化解担心**

1. 自选分四组进行针对性讨论。

师:瞧,我们有这么多的担心,就好像我们一颗颗悬着的心。(放道具)

道具为四颗立地的大爱心,代表四个组别。道具形象地展示了担心的心理状态,萌发幼儿解决问题的积极性。

师:有些小朋友担心丢三落四的毛病,有些小朋友有学习／写作业的困扰;有些小朋友担心到了小学没有好朋友;还有的小朋友担心小学太大,找不到要去的地方。(边说边展示问题)想一想,你有什么办法来化解这些担心?

师:你最想化解哪类担心? 坐过来,和小伙伴讨论一下,并且把你的好方法画在爱心卡上。

孩子在产生担心的同时一定也会有方法来自我安慰和解决,或者对于其他小朋友的担心有独到的见解,这时采取小组讨论的方式,充分尊重孩子的自主意识,让其根据自己的经验和意向来选择要解决的问题。在这个过程中也能几个问题同时进行,提高辅导的效率。

2. 用绘画的形式记录方法,并相互交流。

教师巡回指导,引导幼儿想出各种化解担心的方法,并展示在"担心"上。

这个环节是经验碰撞的重点,也是难点,重点在于让幼儿讨论得出此类担心的解决策略,难点在于他是否能真正理解他人的担心,从而帮助他人解决问题。这其中又涉及助人和自助的问题,对幼儿的理解水平要求较高。

3. 小组代表发言,体验把心"放下来"。

请每一组派代表来说一说讨论的方法,教师归纳小结。

师:关于学习的担心是哪些小朋友来讨论的? 谁来说一说?

师:现在有了这么多方法,你们还担心吗? (课件中"心"放下了)

此环节为心理疏导环节,通过让幼儿自己讲述、提供策略,缓解了他们的各种担心。道具的配合让幼儿发言的积极性更高并获得更有趣味的心理体验。大多数幼儿担心的问题在这个环节可以得到解决,甚至有多种不同的策略,而这些策略都来自幼儿自己的讨论,教师要加以归纳、提升。

◎ 心理强化 —— 视频提升，萌发向往

1. 观看小学生讲述的视频，对小学产生向往和渴望。

师：今天我们想出了许多好办法解决了这些担心，可是有些小朋友也许对上小学还有其他的担心，让我们来听听看，小学生是怎么说的。

2. 课件呼应，强化不再担心。

师：今天我们聊了许多上小学的事，现在你们还像原来那么担心吗？大声说。（不担心了！）哦，孩子们真棒，只要我们勇敢面对，积极准备，就没有什么好担心的。（课件中"心"放下）

最后的视频是对孩子有力的心理强化，视频中一个小学生哥哥对小学生活的细心讲述和小学丰富多彩的活动照片进一步消除了幼儿对小学的不确定感和担心情绪，并让他们萌发了上小学的渴望。同时视频也是活动的一个升华部分，不仅是小学，以后遇到同样的事情，只要我们积极面对，总能有办法去解决，缓解心中的焦虑。课件部分做到首尾呼应，让孩子大声说出不担心并伴随着"心"降下来，是一种心理发泄和舒缓，辅导活动有始有终。

【辅导活动点评】

从幼儿园升入小学，是儿童心理发展过程中一个重大的转折期，这一变化往往使刚入学的儿童难以适应小学时期的学习生活。在幼儿对小学没有充分的了解、对自身的能力不够自信时，他们或多或少会产生入学前的焦虑，若不及时调节幼儿的心理，孩子的焦虑会扩大，从而会对小学产生抵触，影响到学习生活。

本辅导活动需要特定的时间和特定的对象，只适合大班下学期幼儿，特别是在对小学有了模糊的认识之后，本辅导活动更有针对性。

活动事先做了充分的经验调动，如参观小学、绘画自己担心的事情等等。教师需要根据幼儿的绘画归纳出担心的几大类原因，发现大致包括学习、交往、环境、整理这四大类。所以辅导也根据这四类有针对性地进行。通过幼儿的小组互助，既发挥了幼儿学习的主体性，也让孩子在这过程中学会解决问题的方法，并学会合作分享。道具和视频的配合增强了心理调适的效果，直观形象地让孩子在心理上同步感受了从担心、焦虑到放松、积极的心理状态的变化。

但是，在活动过程中，也发现幼儿的心理能力水平存在差异，部分幼儿没有参与讨论组里别人的担心，而依然在想自己的担心。确实，对幼儿来讲，突然从"自己的担心"转化成去解决"他人的担心"这个要求偏高，在这部分还有待改进，以确保孩子更自然地过渡。

儿童发展时期具有连续性,又具有阶段性。儿童从幼儿园进入小学跨越了两个阶段,在这一跨越的过程中,儿童身心发生了巨变,假如掌握不了这一阶段教育的规律性,就会出现种种衔接问题。幼儿和小学生虽然是两个不同的发展阶段,且都有着各自的特点,但阶段的变化不是突然的,而是渐变的。

《走近小学》由胡莹老师执教,获得2013年海曙区幼儿园心理健康教育活动二等奖。本心理辅导活动围绕"认识小学"这一主题展开,让孩子们对小学多一点认识,少一点迷茫;多一些鼓励,少一些担心。这是幼小衔接中必须给予孩子的正能量引导。本心理辅导活动的主要亮点有:

1. 主题非常切合幼儿的实际,在幼小衔接的时期帮助大班幼儿很好地疏导了心理情绪,使其对小学产生积极的渴望。

2. 立体"担心"道具和视频的导入,非常形象生动,寓教于乐,跟本心理辅导活动的主题极其吻合,幼儿容易产生理解迁移。

3. 创设了一种尊重、轻松、平等的教学氛围,教师教态自然、和蔼,让幼儿感到心理安全,思维变得积极,各项活动主动配合。教师的语言以引导、鼓励、肯定、赞扬为主,让幼儿在活动中充满成就感、满足感。

【给家长的建议】

幼小衔接是孩子从幼儿园生活向小学生活过渡之间的衔接,也就是孩子从以游戏为主导活动的学龄前生活走向以学习为主导活动的正规学习生活的过渡。这一过渡跨度很大,若处理得不好,容易导致孩子对生活环境不适应、学习跟不上、无法融入班集体甚至厌学等不良后果,给他的心理带来很大的阴影,所以家长们务必予以高度重视。

上小学之前,家长应帮助孩子做好物质和心理两方面的准备,可从以下几个方面入手:

1. 生活习惯的适应

孩子在家庭或在幼儿园里,生活的时间观念不强,缺乏时间概念;而进入小学后,要适应打铃上课,上课要坐在固定的位子上,要注意听讲,不许随便说话,上课时不能去厕所等等。上学前家长一定要加强对孩子在这些方面的训练。有些孩子上过学前预备班,情况可能会好点,但无论如何,家长都不能掉以轻心。

2. 自理能力的提高

家长要有意识地锻炼孩子学会自己穿、脱衣服,系鞋带,洗手和上厕所等,培养他们自己管理自己的文具、书包以及使用这些文具的能力等。

3. 学习动机的激发

6~7岁的孩子,对为什么要学习并不明确,父母要通过各种方法,激发孩子的学习兴趣与积极性。家长要结合孩子的理想、愿望,给孩子讲学习的重要性,而不要空洞地只讲大道理。如可先问他:"你长大后要做什么呀?"答:"我长大后要当科学家。"这时可进一步给他讲科学家是做什么的,科学家必须要读书、有知识等道理,让他知道,要想实现自己的愿望和理想,就必须好好学习。

4. 上学程序的训练

在上学前,家长可在家里对孩子进行"模拟常规训练":上学带齐学习用具,准时到校;听到铃声响走进教室,坐在自己的座位上,把书包放进桌肚;老师来到教室时,起立向老师问好;坐的姿势要端正,上课认真听讲,发言先举手等一整套学习程序。家长充当老师,对孩子进行反复训练,使其养成习惯。

5. 学习方法的培养

家长应教会孩子上课注意听讲及识字、阅读的方法,书写和做作业的技巧,培养孩子按时准备功课、完成作业的习惯。只有让孩子自觉地适应这些学习方法,孩子入学后才能顺利地开始正规的学习生活,并取得好成绩。

6. 角色转变的演练

孩子入学后,就要从"玩耍的孩子"转变为一名按时完成学习任务的小学生,所以家长要在孩子入学前进行这种角色转变的预演。如对他的称谓上应有意识地称呼"某某同学",来启发他的角色意识,并对他说:"上了学就是一名学生了,就要遵守学校纪律,和同学团结友善,尊敬老师,爱护公物等,这些都是学生要做到的。"

幼小衔接的一个最好的方法是:先带孩子们到附近的小学去实地参观,包括参观教室、厕所、食堂、操场、多媒体教室、美术室、音乐室等等。

总之,在孩子上学前,家长应该把能想的都想到,能做的都做到。只有这样才能帮助孩子顺利完成幼小过渡,让孩子高高兴兴上学、快快乐乐学习,尽快适应小学的学习生活。俗话说"好的开始是成功的一半",家长们努力!

第 3 节　说再见

【辅导主题】

面对失去的心理辅导。

【辅导目标】

1. 学习缓解难过的策略。
2. 体验积极面对失去后的情绪,懂得有决心就能做到。
3. 初步学会调节难过的情绪。

【辅导对象】

幼儿园大班幼儿(最好人数相对较少)。

【辅导预设与教学流程】

◎ 回顾体验,梳理经验

1. 经验回顾。

通过前期的调查和图文展示,组织幼儿交流讨论,梳理幼儿的难过经验。

师:你们在生活中有没有遇到过让你难过的事情呢?

出示展板,幼儿来说说自己难过的事情。

2. 难过体验。

体验是心理活动的基础,只有体验了才能更好地进行本次活动。在体验难过时,通过课件中灰色小人和彩色小人的强烈对比,理解难过是种灰灰的感觉。

师:难过是种怎样的感受?(灰灰的、痛痛的、不舒服的感觉)

(展示课件中的彩色小人渐变成灰色)

3. 寻求策略。

在回顾经验和难过体验的铺垫下,激发幼儿探索的积极性,从而主动去寻求缓解难过的策略。生生互动,鼓励幼儿积极参与,大胆说出自己的想法。教师整合、梳理幼儿已有的经验,帮助小朋友达到助人自助。教师的整合归纳,起到助推器的作用,体现小朋友在前教师在后的教育理念。

师:你喜欢这种感觉吗?我们都希望这种感觉很快就能消失。怎么想办法把这种难过的情绪赶走?(幼儿讨论)

(当幼儿说出方法的时候,小人就变成彩色的了)

幼1:安慰他,抱抱他,对他说"没关系"。

幼2:可以找老师或者小朋友说说心里的话。

幼3:想哭就哭出来。

幼4:做些自己喜欢的事情,就忘记难过了。

幼5:和我的朋友一起玩。

小结:方法一是宣泄、释放,难过的时候想哭就哭吧,把不高兴的事情说出来;方法二是做自己喜欢的事情,转移注意,忘记难过,让自己快乐起来。

◎ 解决策略,提升感悟

这里根据幼儿的认知经验和理解水平,情景再现,从丁丁小朋友失去心爱的小动物的生活事件入手,同理理解生活中的失去。没有过类似生活体验的幼儿,只能通过感受其他小朋友的经历,用同理心进行移情体验,体验失去小动物的难过情绪。

师:还有一个小人是灰灰的,用了刚才的办法,还没有帮他把难过赶走,他心里一定有很难过、很难过的事情,究竟是怎么回事呢?我们一起来看一看。

师:大家一起商量,帮助丁丁想想办法,让他好受起来,也可以问问客人老师。

小结:方法一是为小兔举办葬礼,给小兔准备一块墓地;方法二是纪念小兔,记住它的样子,把它永远记在心里,为它画一张像,回忆在一起的时光。

◎ 释放心情,难过再见

幼儿学习释放自己难过心情的策略后怎么运用呢?引入心理垃圾箱,将难过的事情扔掉,真正体验与难过再见。

师:我们学习了这么多克服难过的办法,现在我们已经不难过了,把刚才难过的事情(调查表)一起撕碎,揉成一团,扔进心理垃圾箱。

【辅导活动点评】

从本次心理辅导的选题看,其独特性可以打五星。戴朝霞教师进行了大胆而富有挑战性的尝试,因为面对失去甚至死亡引起的负面情绪的心理辅导是否可以开展,一直存在争议。虽然不是每个小朋友都会遇到这种情况,也不是很多孩子能亲身感受到,但只要是有利于孩子身心健康的,戴教师都愿意尝试和挑战,做这类心理辅导的先行者。

这节课第一个环节是对儿童已有经验的梳理,帮助孩子掌握更多的排除难过的可行性方法。但是,人生是变化无常的,小小年纪的孩子或许会遇到突如其来的事件。当孩子遇到更深层次的难过或面对失去时,如何引导孩子运用已有的经验,应对生活中的失去所引发的难过?在辅导课的第二个环节,教师引导幼儿在原有经验的基础上,学习失去心爱的小动物后缓解难过心情的策略,从而懂得坦然面对生活中的失去,进而培养积极乐观的态度,并告诉孩子面对失去时该如何说再见。

该心理辅导活动遵循活动性原则,在整个活动过程中,教师不是简单地说教,而是让幼儿自我体验、自我探索、自我感悟,最后懂得自我缓解。

另外,教师的教态非常好,不急不慢,娓娓道来,充分显示了教师优雅的素质与心理辅导教师的特质。本次心理辅导活动获宁波市心理健康教育优质课二等奖。

【给家长的建议】

即使是幼小的孩子也会遇到失去人和物的情况,面对失去,若孩子不会调节,消极的情绪积压在心里,肯定不利于孩子的身心健康。帮助孩子学习应对失去的方法,引导其坦然面对生活,那么,即便突发意外情况,孩子也会具有相应的应对能力。

我们认为,只要引导得既自然又符合幼儿的接受水平,是可以和幼儿谈论一些包括"死亡"在内的沉重话题的,可以提高幼儿面对"改变与失去"的情绪管理能力。

然而更重要的是,作为第一监护人的家长,要对孩子生活中突发性"改变与失去"的具体事件,进行针对性的直接引导。

第4节 守规则,好处多

【辅导主题】

规则意识与幼小衔接团体心理辅导。

【辅导目标】

1. 通过做游戏,从认知上明白规范在我们的生活学习中是很重要的。

2. 认识到建立规则感能带给我们有序、安全、公正、健康的生活。有规则的生活是幸福的生活。

3. 通过角色扮演、辨析和绘本阅读,在情感上对各类规则不抵触,并能愉快地接受。

【辅导对象】

小学一年级上半学期学生。

【辅导预设与教学流程】

◎ 课前游戏:请你跟我这样做

教师坐在正前方,仿照幼儿老师上课的模式,进行游戏。

一年级学生的注意力容易分散,学习动机高低取决于学习活动是否有趣。用游戏来吸引孩子的注意力,在上课开始就让孩子情绪饱满,积极投入到活动中来。

◎ 游戏导入

1. 师:小朋友们,今天很高兴和大家一起上课,见了面要互相问好,咱们来问个好吧!小朋友们好!(学生问好)

师:真是有礼貌、守规范的好孩子,大家喜欢做游戏吗?今天老师就带领大家做个小游戏,好不好?请你跟我这样做。(教师背过身做示范)

游戏内容:把双手放在身体两边,左手掌心向下,右手伸出手指,把左手手掌盖在左边同学的手指上,每个小组围成一个圈。用左手抓左边同学的手指,右手手指则要逃走,不要被右边的同学抓住。

2. 教师介绍游戏方法后就开始游戏。

第一次教师无明确指令规则,让学生自由发挥。(游戏过程混乱,结果不明显)

3. 师生共同讨论游戏过程混乱的原因。

师:出了什么问题?(学生各抒己见)

小结:游戏混乱的原因主要是没有明确的游戏规则。

4. 进行第二次游戏,教师说出明确的要求:老师数到三,左手一边捉,右手一边逃走。

师：两次游戏都结束了，你们喜欢哪一个？说说为什么。

小结：游戏中规则很重要，没有了规则，游戏就乱糟糟的，结果也不准确。

师：其实除了游戏，在我们的学习生活中到处都有各种规则。（板书课题）我们今天就来一起上一堂有趣的心理辅导课——守规则，好处多。通过刚才的游戏，我们发现只有遵守一定的规则，游戏才好玩。

◎ 视频辨析

1. 师：我们的生活和学习中有哪些规则呢？（学生自由说）

总结：规则无处不在。

师：要是没有了这些多而烦琐的规则，我们的生活会不会更自由自在呢？

2. 观看两组视频。

（1）语文课认读生字。（开火车，课堂上井然有序，声音响亮、清晰）

（2）中午就餐，有同学推搡导致饭盒打翻在地。

3. 师：这就是老师在校园里拍摄到的同学们真实的生活。如果是你，你更喜欢哪组情景，为什么？（同学们自由表达）

4. 小结提炼内容。（有序、公正、安全、健康）

◎ 联系实际，角色扮演，认知导行

（1）在阅览室借阅图书，有同学是这样做的……

（2）等待批改作业的人好多，有同学是这样做的……

（3）写作业时发现铅笔不见了，同桌的桌子上有好多……

（4）上课铃声响了……

以小组为单位，自由选择内容，进行角色扮演。

◎ 绘本故事，激发情感

师：如果你更愿意有规则地生活，让我们一起来看这本书，它的名字就叫《规则》。（课件播放图片，配以朗读）

总结：守规则使我们更幸福。

【活动辅导点评】

离开幼儿园进入小学，对孩子而言是生活中的一个大转折。小学的学习环境不像幼儿园那么宽松活泼,变得严谨而规范。孩子的角色也从过去以游戏为主导活动的幼儿,变成以学习为主导活动的小学生。良好的学习习惯和行为习惯是孩子成长的标志,也是个体健康发展的标志。一年级学生初入学时,基本上是老师以命令强调孩子必须遵守规范。乖巧的孩子接受这样的指令比较快,但仍有很多孩子不理解为什么要遵守规范,他们时不时地游离于规则之外。建立规则感这个过程很长,还容易反复,家长和老师都很头痛,孩子自己也很苦恼。

本次辅导活动就是针对这个情况而设计的,房瀛老师在一开始就进行了两次对比强烈的游戏,两次游戏从无规则到有规则,从无指令到明确指令,从自我指挥到老师协助,让孩子们感受到有规则的活动有序、公正、结果清晰,从认知的角度感知到规则存在的意义和重要性。

之后播放的两组在校园里拍摄的视频,展示的是孩子们最熟悉的两个场景:一段关于学习,一段关于生活。在对比中,有序安静的课堂和推搡导致饭盒打翻在地,这两段视频在画面上就有鲜明对比。孩子们直观地感受到有无规则带来的生活是不同的,对有规则的片段更倾向和认同,对规则的认知更明确,从老师的要求过渡到自己的需求。

辅导活动中最后的绘本阅读板块,是本次辅导活动的一大亮点。《规则》一书是英国的儿童情商培养图画书系列中的一本,这类绘本是就儿童身心发展过程中出现的某些问题而编写的,有很强的针对性,同时又能激发学生强烈的好奇心和浓厚的学习兴趣,非常切合孩子的实际,符合孩子的年龄特点。

本次辅导活动由房瀛老师执教,周蓉老师参与设计,获 2013 年海曙区小学心理辅导优质课一等奖。执教教师在辅导过程中的教学语言以引导、肯定为主,亲切自然,注重体态语言,关注学生情况,让学生在活动中保持愉快放松的状态,积极地参与到辅导活动中。

【给家长的建议】

从幼儿园跨入小学,标志着人生新阶段的开始:幼儿需要努力从心理上适应环境,建立一系列新的行为方式,以满足新生活的需要。从研究调查中可得知:入学初期,部分幼儿适应困难、好动、难教、注意力不集中、小动作多、不守纪律、不愿听讲,这些正是缺乏规则意识的表现。

要做好幼儿园教育向小学教育的过渡,关键在于及早做好降低"坡度"的工作,培养幼儿的规则意识与执行规则的能力,这是幼小衔接期社会适应性教育的一项重要内容。

先看一则新闻:据《广州日报》2011年2月6日报道,美国得克萨斯州一名中学生在课堂上对老师出言不逊,付出637美元代价。2010年10月6日,该学生在课堂上对教师使用不敬语言,违反学校规则。该学生被带至校长办公室,校方向她开具340美元罚单。学生不服,辩称自己无罪,最终法院裁定其需缴纳罚金。该名学生总共承担637美元的罚款,她说:"我真不知道该怎么办。我没那么多钱。"为此,她只好去餐馆打工挣钱"还债"。

美国学校制订规则以及执行规则的严肃,值得借鉴。第一,学校的校规通常由社区教育委员会、家长委员会共同制订,因此,无论多么严格,各方都知情、参与并接受;第二,规则既已制订,就必须执行,校方根据事实,严肃地按规定对学生做出处理;第三,学生不服,可提出申诉,有关部门将根据申诉进行调查、处理;第四,学生本人承担罚款,要用自己的劳动"还债",而不是家长代为其交罚款。

反观中国的规则教育,特别是家庭规则教育实在难以令人满意。有些孩子从小缺乏规则教育,无法无天,长大之后,家长又利用自身的影响力与特权摆平孩子的问题,最终反而害了孩子。

让孩子从小形成规则意识,这是所有教育的基点。若没有基本的规则意识,受教育者就无法成为合格的社会公民,他们离开家庭、学校走向社会,就会导致社会管理的失序,"明规则"失效,"潜规则"盛行。

在家里,制订科学、合理的规则,并对规则严肃执行,对孩子来说,就是最好的规则意识教育。

第一步,协商、制定规则。这里建议家长注意三点:1.规则必须建立在孩子充分理解的基础上。让孩子先懂得为什么需要这一条规则,它会带来哪些益处,它与生活有怎样的密切联系。只有让孩子理解了规则的意义,才能让他们很好地接受。2.让孩子参与规则的制订过程,提高孩子独立自主能力,增强主人翁的意识,有助于孩子遵守与执行规则。3.规则制定时注意前后时间的一贯性,家长协同的一致性,以及遵循循序渐进、由简到繁的原则。

第二步,严格执行规则,任何人包括家长本人都不例外。

希望规则教育能深入到每一个家庭。

第5节 我想和你交朋友

【辅导主题】

幼小衔接期人际交往心理辅导。

【辅导目标】

1. 体验同伴交往的乐趣。
2. 懂得只有正确的交友方式才能与他人建立良好的同伴关系。
3. 掌握一些必要的交友方法。

【辅导对象】

小学一年级学生。

【辅导预设与教学流程】

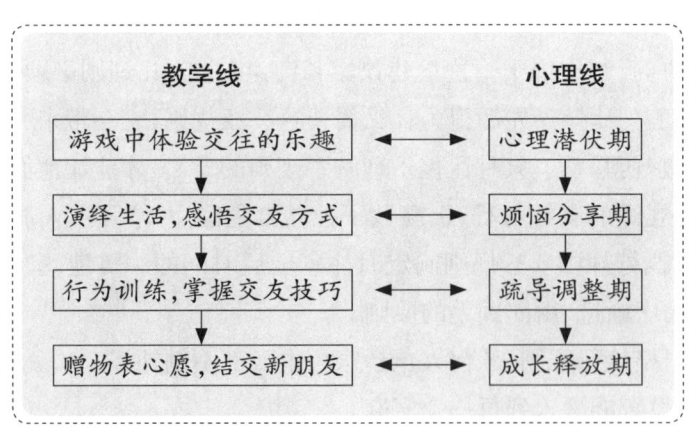

◎ 游戏体验同伴交往乐趣

1. 热身小游戏:找朋友。

把小朋友随意地分成两组,组成两个同心圆。音乐响起,两个圆按照相反的方向转动,听到"敬个礼,握握手,你是我的好朋友"时,内外圈两个小朋友面对面站定做动作并互赠个性化名片。

此举调动学生参与的积极性,营造一种开放、安全、温暖、热烈的气氛,让学生初步感受文明交友的礼节。

2. 石头剪子布擂台赛。

游戏规则:4位小朋友为一组,共分成4组。每组再分成两小队打擂台赛,输的人站到赢的那队去。

(1)师:你喜欢和大家一起玩这个游戏吗?

(2)师:这个游戏你一个人能玩吗?你觉得还有哪些游戏要人多一点才好玩呢?在游戏中体验有朋友一起玩的乐趣,激发学生交友的欲望。

◎ 演绎生活,感悟交友方式

1. 情景AB剧表演。

(1)学生A热情地邀请学生B一起参加游戏,在玩的过程中互相协作。

(2)学生C不经过他人同意就玩别人的铅笔盒;别人在一起跳皮筋,学生C就过去捣乱,结果,没有一个人愿意跟他玩。

2. 小组讨论后集体交流。

师:如果这两个小朋友都想和你交朋友,想和你一起玩,你会怎么说?

3. 教师参与情景表演,问表演中不受人欢迎的那个孩子。

师:你知道为什么大家不喜欢和你一起玩吗?听了大家的建议你想对小伙伴们说些什么呢?

通过表演,让学生领悟到哪些交友方式是友好的,别人乐于接受的;哪些方式是不恰当的,会造成人际关系紧张。

◎ 行为训练,掌握交友技巧

接下来请有礼貌地去邀请名片中的小朋友,组成4人小组一起来玩拼图游戏,看看哪组小朋友拼得又快又好。

(1)师:你们组拼得最快,有什么诀窍吗?你们是怎么分工合作的?

(2)师:你们组是最后拼完的,你们觉得问题出在哪儿呢?(如果出现埋怨伙伴的现象,问那个被人埋怨的:听到小伙伴这样说你,你心里是怎么想的?其实你希望听到伙伴们怎么说?)

小结:在游戏中只有学会合作,才能分享快乐;在游戏中只有相互鼓励,才能增进感情。

在游戏的过程中去实践正确的交友方式。在多人组合的游戏中懂得坚持团结协作。

◎ 赠物表心愿，结交新朋友

（播放儿歌《我们都是好朋友》）

师：今天小朋友们带来了很多小礼物，想送给自己新交的朋友。请你看看手中的名片，希望待会儿你在送礼物的时候对你的新朋友说几句话，来表达"我想和你交朋友"的意思。

通过儿歌的烘托、行动的落实，为学生今后的友好交往奠定了基础。

◎ 教师总结

师：今天小朋友在活动中又结交了一些新朋友，老师真为你们感到高兴。希望你们以后能快快乐乐地交往。（结束时集体围成一圈跳"兔子舞"）

【辅导活动点评】

从幼儿园进入小学段，孩子的角色发生了根本性的变化，孩子的交际也进入了一个特殊阶段。从交往的形式看，逐渐从一对一向三五成群发展；从交友的方式看，由原先单一的以交换为目的，转变为在心理上的控制和反控制，情感上的依赖和沟通。对新入学的小学生来说，全新的环境会勾起他们强烈的交友欲望。但在实际交往中，总有一部分小朋友因为胆小、羞怯，不懂得如何交朋友；有些孩子有以自我为中心的倾向，无法与他人和谐交往。

本次心理活动课针对一年级学生爱动、活跃的性格特点，让孩子们在游戏活动中去思考问题，轻松掌握交友的常识，体验交友的乐趣，从而找到解决苦恼的方法，改善心理素质。

《我想和你交朋友》由李静燕老师执教，获 2011 年海曙区心理健康教育优质课比赛三等奖。本心理课通过四个环节让学生有所感悟和提高：

1. 通过游戏体验同伴交往的乐趣。在"找朋友"的游戏中，初步感受文明交友的礼节。在玩"石头剪子布"的游戏中感受集体玩耍的快乐，由此激发交友的欲望。

2. 通过演绎生活，感悟正确的交友方式。在看表演后让学生讨论哪些交友方式是友好的，别人乐于接受的；哪些方式是不恰当的，会造成人际关系紧张。学生在辨析中感受正确交往方式的重要性。

3.通过行为训练,掌握正确的交友技巧。孩子们在玩多人组合的拼图游戏中懂得了只有坚持团结协作,才能让自己融入所交往的群体中,与他人保持良好的人际关系。

4.通过活动延伸,互赠礼物表心愿来为学生今后的友好交往奠定基础。其成功之处在于活动的设计符合学生的年龄和心理特点,以游戏和活动为主,营造了一种轻松、快乐、合群的体验和氛围,教师不露痕迹地完成了引导和教育。

【给家长的建议】

有一位哲人说过:"没有交际能力的人,就像陆地上的船,永远到不了人生的大海。"人是生活在人际关系中的,与他人的交往,是人的一种心理需要,也是人类最基本的社会活动。心理学家指出,人们总是希望与他人进行交流,从而摆脱孤独与寂寞;希望参与集体活动,希望加入某一群体,并为之所接纳,从而获得归属感。这样,快乐时有人与你分享,痛苦时有人为你分担;困难时有人给你帮助;忧伤时有人予以安慰;气馁时有人给予鼓励;迷惘时有人给你指点。通过交往,人们能够寻求心灵的沟通,能够寻找感情的寄托。作为孩子当然也不例外,同样需要交往,需要朋友。

家长自己要善于与邻居、同事、朋友交往,要主动询问孩子:今天是否交了一个好朋友?跟好朋友一起玩了什么游戏?今天你听到了什么有趣的故事?及时发现、分享或者体验孩子在交往过程中的快乐等情绪。

第6节 学会合作你我他

【辅导主题】

学会合作的心理辅导。

【辅导目标】

1.明白人总是处于各种团体中,团体中的合作、团结有重要的作用,了解合作的重要性。

2.学习关于合作的方法与技术,学习如何一步步互相信任、互相配合、互相照顾、互相合作。

3.亲身感受团体的力量,愿意参与团队合作,克服个人主义倾向,感受团结合作带来的快乐。

【辅导对象】

小学一、二年级学生。

【辅导预设与教学流程】

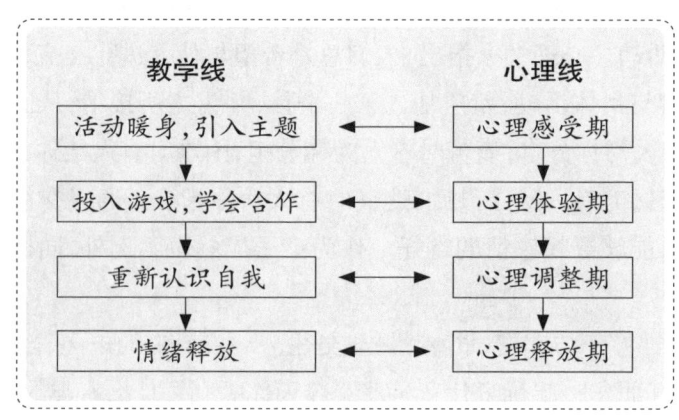

◎ 暖身活动,体验合作

进行三脚赛跑游戏:分组,各组出两人,把他们的左右腿绑在一块儿,两人一起跑到终点。请冠军组和其他组分别谈成功和失败的原因。

总结:在活动中,两个人要合作。(引出课题:学会合作你我他)

通过游戏认识团结协作的重要性,并引出活动主题。

◎ 开展游戏,学会合作

举例生活中需要合作的事,概括合作的定义:为了共同做好一件事情,各有分工、互相商量、相互配合。

1.活动一:记图形。

游戏规则:以小组为单位,在十秒钟内将四组图形中每一组分别有几个三角形、圆形、方形记下来,全部回答正确即为胜利。

让学生通过活动,明白合作需要有明确的分工,才能成功完成合作任务。

2. 活动二:听故事。

一个跛子在马路上偶然遇见了一个盲人,只见盲人正满怀希望地期待着有人来带他行走。"嘿,"跛子说,"一起走好吗？我也是一个有困难的人,也不能独自行走。你看上去身材魁梧,力气一定很大！你背着我,这样我就可以为你指路了。你坚实的腿脚就是我的腿脚;我明亮的眼睛也就成了你的眼睛了。"于是,跛子将拐杖握在手里,趴在了盲人背上,两人一人走一人指路,获得了一人不能实现的效果。

让学生通过听故事,明白合作还要懂得充分发挥每个人的长处。

3. 活动三:坐凳子游戏。

方法:准备4张长凳(两人凳),分4个小组,每组6人,在教师喊口令让坐下时,组内的同学要想办法在一张凳子上坐下来。学生活动,反复做两次。

通过活动让学生体会到人多力量并不一定大,还得心齐才行。要想战胜对手,取得比赛的胜利,就必须心往一处想,劲儿往一处使。

孩子们交流,得出合作的真谛:与人合作要有统一的目标,取人之长,补己之短,充分发挥每个人的长处,明确分工。除此之外,还需要有合理的计划、策略以及良好的沟通等。

◎ **集体合作闯关,感受合作快乐**

出示任务:制作一张合作卡。要求将"合作快乐"四个字剪下来贴到卡片上,并设法美化合作卡。人人参与,人人动手。制作结束后,按完成的先后顺序贴到黑板上。评一评哪一组制作的合作卡最漂亮。让获得第一名的组员来谈谈这次合作成功的经验。

在学生通过上面的活动学会合作的一些方法后,在实际活动中实践这几种方法,以巩固和加深印象,并体验合作带来的快乐。

◎ **小组分享所得,扬起合作风帆**

小组分享本次活动收获,小组代表用富有诗意的语言来表达大家的感受。

教师肯定学生的表现,然后告诉学生有些事情只有合作才有力量,只有合作才能迈向成功。愿同学们在今后的学习工作中同舟共济、合作成功！（在《众人划桨开大船》的歌声中结束本次辅导活动）

【辅导活动点评】

"学会学习,学会创造,学会合作,学会生存",早已成为21世纪的教育主题。

在小学阶段,合作和协调精神是学生进行良好人际交往所必需的心理品质,是教师塑造良好的学生班集体所必须加以培养和训练的,也是小学生团体发展性心理教育的重要内容。

本团体心理辅导活动获得了海曙区第八届心理健康教育优质课评比三等奖,设计者是施虹老师。她精心设计了几个游戏活动,第一个活动"三脚赛跑"导入课题,旨在通过活动,让学生体验到合作中要学会商量、合理分工、想办法等技巧。活动"记图形""坐凳子",让学生在活动中尝试成功的合作和失败的合作,从而感悟出合作的技巧与方法。最后一个集体合作大闯关,通过制作一张合作卡,人人参与,人人动手,在实际活动中来实践刚刚学到的合作技巧与方法,以巩固和加深印象,并体验合作带来的快乐。

本团体活动适合小学低段,可以让六七岁的孩子们一步步互相信任、互相配合、互相照顾、互相合作,感受团结合作带来的快乐。其中,使学生掌握如何更好地来进行合作是本节心理辅导课的重点。本节课遵循"以教师为主导,以学生为主体"的理念,辅导方式以学生学习为主,教师进行有效引导,学生在愉快的情境中获得新的体验。

整个课堂教学通过层次鲜明、结构严谨、搭配合理、环环紧扣的活动,让学生在不经意间掌握重点、突破难点。教学内容贴近学生生活,教师点拨到位,思路开阔,善于引导学生的思维方向,易与学生产生情感共鸣。学生在活动辅导课中,深刻体会与人合作的重要性、合作前的准备工作的必要性以及合作方法的可操作性,最主要的是体验合作后的快乐情感。每一项小活动的目标都是具体、明确的,实施中好操作、易实现,赢得了同学们的积极响应,充分调动了同学们的参与意愿,进一步培养了同学之间、小组之间的合作精神。在活动中充分体现了层次递进性,没有为了活动而活动的那种假热闹的场面,体现了活动的目的性,达到了预期的效果。

【给家长的建议】

家长也许会给孩子讲这样两个故事。

和尚喝水故事:一个和尚挑水喝,两个和尚抬水喝,三个和尚没水喝。

蚂蚁搬米故事:一只蚂蚁来搬米,搬来搬去搬不起,两只蚂蚁来搬米,身体晃来又晃去,三只蚂蚁来搬米,轻轻抬着进洞里。

上面这两个故事有两种截然不同的结果:

"三个和尚"是一个团体,他们没水喝是因为互相推诿、不讲合作;"三只蚂蚁"之所以能把米"轻轻抬着进洞里",正是因为它们团结合作。

今天的孩子是新世纪的小主人,他们必须学会共同生活,这就需要他们从孩提时代就学会相互理解、平等交流与和平共处,学会在合作中竞争,在竞争中合作。因此,培养孩子的合作精神,让孩子学会合作,是教育工作者和家长们共同面临的重要课题。

在家庭生活中,父母与孩子之间融洽的亲子关系是孩子较好地形成与他人合作精神的关键。

首先,家长们在日常生活中应该注重积极的情感交流。子女在与父母的沟通交流中,逐渐形成了他对世界、对社会、对人生的态度。因此,父母在日常生活中,不失时机地用赞美、鼓励的语言与孩子交流,孩子会感到很亲切,进而缩短彼此间的距离,加强相互间的信任感,这样彼此间的合作就会顺畅得多。

第二,家长要想方设法与孩子一起合作。合作是亲子间平等关系的一种表现,父母与子女在年龄上虽有长幼之分,但在人格上是平等的。因此,父母要以民主的态度去理解和尊重孩子,以朋友的身份聆听孩子的心声。父母必须处处讲究合作技巧,想方设法赢得孩子的信任合作。比如一起干家务,一起做手工等等,并且在合作中强调:"我的孩子真的会合作!"

第三,想让孩子形成合作精神,还要培养孩子为他人着想的意识,学会换位思考,而要达到这一目的,家长必须首先学会为孩子着想,学会设身处地、体贴入微地去理解孩子。

第四,家长要避免以命令的口吻说话。如果我们用委婉的语调与孩子交流,就比较容易赢得孩子的合作,如对孩子说"如果你乐意帮忙,我很高兴"等等。如果我们能对孩子做到以礼相待,孩子一般是愿意与父母合作的。

第五,家庭会议是培养孩子合作精神的有效途径。对孩子来说,参加家庭会议是很有诱惑力的,他们会觉得很新鲜有趣,并因与大人"平起平坐"地讨论家庭大事而充满自豪感。家庭会议能有效地加强家庭成员的合作意识和归属感。

最后,父母应该给予孩子充分的鼓励、关注和爱。孩子闯祸犯错误时,看到的是父母给予的宽容、理解,平等的态度和相互尊重、相互合作的精神,当他走向学校、社会时,也必然以友善、坦诚、平等和尊重的态度来对待别人,同样也会赢得别人的接纳和尊重。

第八章
学习心理辅导

> 学习好,意味着学习习惯好,会静心、能倾听、善于时间管理,学生能够保持学习自信、摆脱习得性无助、克服考试焦虑。本章精选了8个范例,直面考试焦虑等各种状况,供参阅。

第1节 静心，收获成功

【辅导主题】

学习静心的心理辅导。

【辅导目标】

1. 知道噪声的危害与静心的好处。
2. 学会调节和控制自己的烦躁情绪,提高静心的效率。
3. 培养静心思考、静心学习的习惯。

【辅导对象】

小学二、三年级学生。

【辅导预设与教学流程】

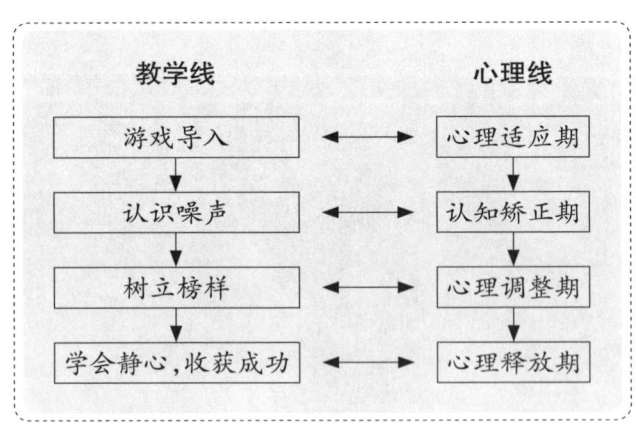

◎ 游戏导入,引出课题

师:同学们,我们先来做个小游戏,看谁能在线上走。

游戏规则:

请孩子站到线上,双手自然摆放在身体两侧,脚踩在线上。眼看前方,慢慢地脚尖碰脚跟,顺着线走。

师:我想采访下刚才走得好的同学,你为什么能够走得那么棒?(根据学生的回答写上"静")你在哪些地方看到过这个字?

◎ 了解噪声,拒绝噪声

1. 放录像:同学们下课的时候嘈杂的环境。(测试声音分贝)
2. 了解噪声及噪声对人的危害。

说说你曾经制造过的噪声。请一个学生对着仪器尖叫,看看有多少分贝,对照着说说噪声对人体的伤害。说说你今后会注意什么。

◎ 读故事,以名人为榜样

师:其实,从古到今,很多名人都说过,唯有静心才可学到知识,才能做好事情。让我们来看一个故事,说说感受。(读关于静心的故事,学生交流感受)

师:很多名人也留下了许多静心学习的名言。让我们一起静静地用心去感受吧。一起读关于静心的名言:

(1)治学之道,首在心静。非心静无以言学,非宁静无以致远。
(2)宁静,是一种修养,一种智慧,一种境界。

◎ 如何收心,控制烦躁情绪

师:当然,我们也有烦躁的时候。此时,你会怎么做?(学生自由说)
师:老师教你们几个方法。

1. 做呼吸游戏。

五分钟后,慢慢结束活动。请小朋友站起来,说说自己的感受。

2. 静坐点名游戏。

(1)确定孩子已经能控制自己的意志进入安静状态,并敏锐感知环境中的声音后,就开始这个游戏。
(2)邀请孩子们坐下来,先请孩子们静坐不动,然后轻唤某个孩子的名字。当该孩子听到自己的名字后,以最安静的移动方式,走到老师的身边。
(3)呼唤所有参与此活动的孩子名字。

3. 静下心来练书法。

在音乐的伴奏下,学生静下心来练习两排书法,再与平时的作业相比较。体会静心学习的好处。

◎ 总结

师:最后老师送给你们几句话。

(1)学习要一步一个脚印,踏踏实实。

(2)学习要一心一意,不可心猿意马。

(3)按照作息时间调节自己的生活,要全身心地投入。

师:让我们来共同努力,将自己的心静默下来,一起去创造学习上新的成就吧!

【辅导生成或精彩片段】

◎ 如何收心,控制烦躁情绪

师:当然,我们也有烦躁的时候。此时,你该怎么做才能收心呢?

老师教你们一个方法——做呼吸游戏:

小朋友盘腿坐下,手拉着手,慢慢闭上眼睛,深深吸一口气。憋住气在心中默数"1,2,3,4,5",慢慢吐气。再深深吸一口气,想象你吸入的是新鲜空气或能量。停留五秒,想象好的能量正充满全身。慢慢吐气,吐气时,想象身体中的脏东西、坏的情绪都吐出去了。(静静地重复刚才的呼吸法五次)

现在脏的空气、坏的情绪都不见了。你的心中充满爱和宽恕。你感觉正将心中的爱透过手心传给旁边的小朋友。

五分钟后,慢慢结束活动。请小朋友站起来。

师:说说你在游戏中的感受。

生1:我觉得通过呼吸的调节,自己心里很舒服。

生2:我会慢慢地让自己静下来。

师:请大家坐下来,静坐不动,老师来呼唤你的名字,叫到的同学请安静地走到老师身边,不发出声音的,可以到老师这里拿一朵红花。

师:同学们真棒。下面我们就在安静舒适的音乐陪伴下,静静地来练习两排书法。

师:请你们看看平时的作业,比较一下,有什么不同?

生1:我觉得今天写得好多了。

生2:我觉得只有静心才可以把事情做好。

【辅导活动点评】

郑薇老师的这一主题为"静心,收获成功"的心理辅导活动,有如下优点:

1. 充分运用游戏形式。这是孩子喜欢的一种参与方式。低年级学生的思维是具体形象的,对事物的理解也是直观形象的,因此,游戏是对幼儿进行心理辅导的一个很好的手段。在这一活动中,即使是一个简单的呼吸训练,孩子的兴趣也是高涨的。

2. 注重活动过程中的心理体验。因为团体心理辅导不是强调心理学知识的掌握,而是在参与的过程中不断地获得情感体验,只有保证全体学生全身心地参与,才能促进孩子个性良好的发展。

3. 注意参与孩子个性与能力的差异性。每个游戏需练习多长时间,才能进行下一个游戏,不同的孩子会有相当大的差异。所以,有些游戏方式可以结合平时的学习反复进行以巩固。

【给家长的建议】

古人云:"治学之道,首在心静。非心静无以言学,非宁静无以致远。"人生在世,理想、志气、勇气固然重要,但是,如果不会静心,整天慌慌张张,浮躁不安,也是成不了什么大事的。

现在的孩子往往暴露于过多的感官刺激源之下,电视、iPad、电脑、手机等刺激着孩子的神经,让他们难以安静地思考问题。再加上孩子动作经验不足、运动量不够,不仅阻塞了感官知觉的发展,也阻碍了身心的连结。

古人云:"门如市,心如水。"一个人在他的心境宁静如水的时候,他的心力、智慧、灵感,才会处于活跃的状态,潜能才能得到最好的发挥。而一旦失去了这份宁静,就会陷入浮躁的泥潭不能自拔,怅然失望,抱怨无穷。

此次辅导最大的收获是让孩子懂得静心学习的好处,让学习者明白在安静的状态下才能真正地学习、吸收知识。安静并不等同于不说话,安静也可以是分享、讨论,大家一起沉静地思考。所以请提供给孩子一个能培养敏锐感受力,协助身心和谐,并开发个人内在心灵力量的环境。

第2节 寸金难买寸光阴

【辅导主题】

时间管理的心理辅导。

【辅导目标】

1. 知道"寸金难买寸光阴"的含义,懂得时间的宝贵。

2. 懂得珍惜时间,能主动合理地安排时间。

3. 在合理安排时间的同时,感受美好生活带来的愉悦。

【辅导对象】

小学中高段学生。

【辅导预设与教学流程】

◎ 创设情境,引出课题

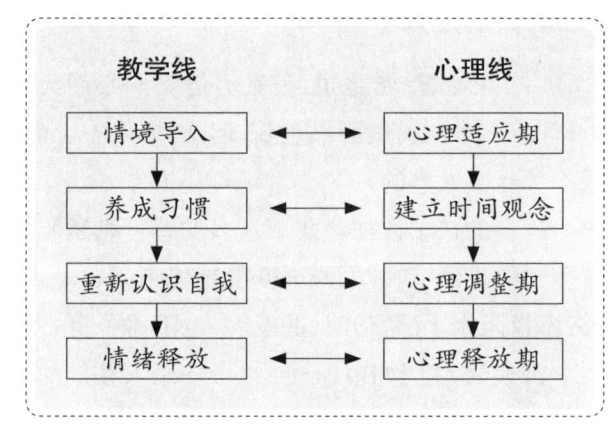

1.(课件出示谜面)大家一起来念念,猜猜是什么。(出示小闹钟)

2. 我们来说说,小闹钟能帮我们干些什么。

教师用谜语作为兴趣点,创设情境,自然地向学生提出活动要求,使小学生一开始就有了明确的目的和浓烈的兴趣,为开展下一个环节做了心理铺垫。

◎ 做游戏,初步认识时间

一分钟体验:

1. 小闹钟真不愧是我们的好朋友。愿意和小闹钟一起做游戏吗?

活动要求:全班分成六组,组长安排活动内容(跳绳、写字、做口算题、串珠、背古诗、查字典)。老师说"开始",小组就各自活动,铃声响后停止。

2. 同学们,你们知道刚才我们活动的时间吗? (一分钟)对,你们觉得一分钟长还是短? 那么,短短的一分钟你们干了一些什么? (组长汇报活动结果)

3. 一分钟我们能做这么多的事,抓住时间对我们来说就是学到知识,增长才干,得到锻炼。抓住一分一秒的时间在各行各业中又起到什么作用呢?

4. (出示课件"一分钟在各行各业中的作用")学生展示自己调查所得的有关时间价值的资料。

5. 时间是十分宝贵的,俗话说:"寸金难买寸光阴。"(出示课题)同学们是怎么理解这句话的?

这个环节为学生创设了一分钟时间做事的机会,让学生能够初步地认识一分钟的长短,也为下一个环节的开展做了铺垫。在这个活动中孩子通过游戏感知了一分钟可以完成很多事情,他们感到无比高兴。

◎ **小组活动,安排课余时间**

1. 时间这么宝贵,我们应该如何珍惜它呢? 一起来看看小胖做得对吗? (出示课件"小胖上学前的时间表")学生评议合理性。我们当当智多星,给他另外制订一张,讨论后再出示课件。

2. 现在请小朋友在小组内完成放学后这段时间的安排。看哪个小组能做到活动、学习、休息三不误,时间安排得最合理。

3. 小组汇报合作结果。

学生由内心的感知转向生活实际,为自己设计切实可行的节约时间的方法,他们觉得很有意义。

◎ **情绪释放,快乐结束活动**

1. 说说我们班级中最懂得珍惜时间、最会合理安排时间的小伙伴。评选出十名时间的小主人,给他们戴上小红花。

2. 时间就像流水,一去就不复返。生活中,告诫我们要珍惜时间的格言、谚语很多。老师发现你们制作了许多格言书签,就请你们在歌声中把书签赠送给你的伙伴。让我们时刻谨记:抓住一分一秒的时间,当好时间的小主人。

最后,通过制作书签,一方面可以感受到学生通过这个心理辅导活动之后的情绪状态,另一方面也让每一个孩子内心的感受都得到了释放,同时也给教师反思自己的教学活动提供了依据。

【辅导活动点评】

本次课堂心理辅导活动通过学生已有的真实生活体验激活了教材,达到了课堂教学心理辅导活动内容源于生活、高于生活、引导生活的目的。本次团体心理辅导活动课由陈玲莉老师执教,获得了海曙区小学心理健康优质课三等奖。

首先,"动"境生活化。一分钟挑战赛,是学生熟悉的一种比赛方式,而口算和串珠这两项内容,也来自学生的生活。学生在一分钟的体验活动中,切实体验到时间的重要性,所以他们会说时间就是知识。

其次,"费"境生活化。小剧场《快!快!不能快点吗?》跟学生的生活实际联系非常紧密,小胖其实就是现实中好多孩子的缩影。学生在辨析的过程中,自然而然地将自己与小胖相比较,与其说是辨析小胖,还不如说是辨析自己,为后面的撕纸活动奠定了基础。随后的自我认识环节,学生在老师一步步的引导下,学习生活中浪费的时间也被一点点地撕掉了,看着手中越来越短的时间,学生深刻地认识到自己浪费时间的行为,所以他们会说:"要好好珍惜时间。""我要把浪费时间的毛病改掉!"正是学生心里产生了强烈的珍惜时间的驱动力,才能说出这样的感受。由此,可以看出心理辅导的"真实性"。

再次,"情"境生活化。通过地震救灾的画面,学生真切地感受到这1分36秒的价值太大了,还有什么比生命更重要的呢?时间真是宝贵呀!此处将学生的情感推向了高潮,也将课堂推向了最高潮。

所以,本心理辅导活动回归了生活的"源头活水"。对于小孩子来说,动画谜语是他们的最爱,所以上课一开始,创设谜语情境,激发他们的学习兴趣,产生学习的欲望。然后再通过做游戏及交流讨论,使学生知道"时间是最宝贵和最公正的"这个道理,明白时间一去不复返,知道要"今日事今日毕"。接着通过让学生搜集资料、相互交流,让他们明白每一分钟的宝贵,通过"一分钟我能做什么"的活动,活跃了课堂气氛,让学生进一步明白"一分钟"的概念,以自身的体会强化时间观念,懂得不能浪费一分一秒。通过朗读体会《明日歌》,再一次感悟时间的宝贵,产生乐于珍惜时间的情感。最后通过《小军的课余生活》,让学生明白要合理地安排自己的学习与生活,从而促进行为的养成,激励自己要珍惜时间,努力学习。心理辅导呈现出了"天光云影共徘徊"的生动景象,真正成为沟通生活与学习的桥梁。

【给家长的建议】

家长们要让孩子从小树立时间观念。时间观念很重要,学会管理时间很重要。

让孩子从小做起,不迟到早退,遇事须请假。

养成严格遵守作息时间的习惯。在家也要控制好孩子的作息时间,从周日晚上到周四晚上为止,这五个晚上不应晚于20:30睡觉,因为学习日小孩子的功课都不轻松,要保证充足的睡眠。参照作息表规律生活。

有了时间这根无形的"指挥棒",孩子从小就能有规律地生活,做事也就不会那么磨蹭了。比如,当孩子做事磨蹭时,家长可以指指墙上的时钟,问他现在几点几分了。此时,孩子就会进一步明确时间,知道要做自己该做的事儿了。

用规律生活来培养孩子的时间观念,家长需要身体力行。如果家长本身的生活没有规律,孩子在认识时间、遵守时间方面就会无所适从。只有家长有规律地生活,孩子才能对时间这个抽象概念有深刻的认识和理解。

以下是一份小学低段学生的非双休日作息时间安排,供家长们参考:
早上:7:00 起床
　　　7:10 吃早餐
　　　7:30 出发上学
中午:在学校吃饭及午休
下午:15:30 放学回家
　　　17:30~18:00 看电视或看书、做手工等
　　　18:00~19:00 在家里完成朗读、手工、观察等作业
晚上:19:00~19:30 吃饭及休息
　　　19:30~20:00 完成朗读、背诵或听力作业
　　　20:00~20:20 练琴或从事其他兴趣爱好
　　　20:30 洗漱、亲子阅读、睡觉

以下是一份小学高段学生的非双休日作息时间安排,供家长们参考:
早上:6:35 起床
　　　6:40 吃早餐
　　　7:00 上学
中午:在学校吃饭及午休
下午:16:00 放学回家
　　　17:00~18:00 在家里写作业或者培养特长
　　　18:00~19:00 完成书面作业

晚上：19：00~19：30 吃饭及休息
　　　19：30~20：00 完成朗读、背诵或听力等其他作业
　　　20：00~20：30 练琴或从事其他特长爱好
　　　20：30 洗漱，独自睡觉

第3节　让耳朵更灵敏

【辅导主题】

学会倾听的心理辅导。

【辅导目标】

1. 感受倾听的重要性，了解影响倾听效果的因素。
2. 掌握一些正确倾听的方法，从而更好地学习和生活。
3. 有意识地在生活中利用倾听的方式参与课堂，与人交往。

【辅导对象】

小学中段学生。

【辅导预设与教学流程】

◎ 引出本课主题

1. 师：同学们，西方有句名言，上帝分配给人两只耳朵而只给我们一张嘴巴。你能猜想一下这是为什么吗？（预设：少说多听）

师：是呀！我和你的想法一样。在今天这个信息爆炸时代，学会倾听十分重要，你是一个合格的倾听者吗？我们来做个小调查。

2. 拿出调查表，让学生根据课件中出示的现象在调查表上涂颜色。（课件逐条出示一些不良的倾听行为，如果有这种行为的就在调查表中的一个格子上涂上颜色）

听别人说话的时候眼睛看别的地方或者东张西望。(眼神)

听别人说话的时候表情严肃、冷漠,或者皱着眉头。(表情)

听别人说话的时候不面向说话者,或者双手交叉放在胸前。(身姿)

听别人说话的时候做其他事情。(注意力)

听别人说话的时候打断别人的话或者没有反应。(反馈)

为了不引起学生的焦虑情绪,对学生适时地进行安抚,告诉学生有这些行为是很正常的,很多人都有,包括老师。

3. 引出活动主题:今天这节心理课,就让我们一起来聊一聊"倾听"这个话题,通过训练让我们的双耳更灵敏。(板书主题)

活动导入环节是教师与学生进行谈话,谈话由西方的一句名言入手,这句名言很有意思,很能引起学生探究的兴趣,自然而然引出"倾听"这个话题,然后通过现场调查让学生明白不良的倾听行为其实很普遍,由此引出这节心理课的主题——学做一个善于倾听的人。学会倾听,这是需要培养的一种学习能力。

◎ 游戏体验,了解影响倾听的根源

1. 做游戏:我说你做。

(出示大耳朵图图)这是谁啊?大耳朵图图想和大家玩一个游戏。

介绍游戏规则:

每组派1名代表参加,听大耳朵图图讲一个故事,故事中会多次出现"蜜蜂"和"蜂蜜"这两个词。每当听到"蜜蜂"时就举手,听到"蜂蜜"时就拍手,看谁的耳朵最灵敏。下面的同学做观察员,记录出错的同学。

2. 学生游戏。(预设:会有学生出错)

3. 采访出错的同学:你为什么会出错呢?还可以请下面的同学来说说参加游戏的同学为什么会出错。

(随机总结:心情、环境、注意力等都会影响倾听的效果)

大耳朵图图是小学生熟悉和喜爱的一个动画人物,图图的出现拉近了课堂和孩子们的距离,调动了学生浓厚的学习兴趣。而做游戏又是小学生比较感兴趣的一种活动形式和教学手段,学生在参与的活动中,亲身体验心情、环境、注意力等因素对倾听效果的影响,这样的活动比空洞的说教更有说服力,也更有实效。

◎ 观看视频,感悟倾听的重要

过渡:刚才我们通过游戏了解了影响倾听效果的因素,那么倾听对我们来说到底有多重要呢？

1. 观看小短剧。

A. 播放视频：一个男生在上数学课时没有注意听，开小差、做小动作，做作业时抓耳挠腮，怎么都不会做。

B. 播放视频：两个学生在下课的时候聊天，一个学生没有好好听对方讲话，还做出一些不太礼貌的行为，让另一个学生觉得很扫兴。

2. 每个视频看完后就让学生说一说自己的想法，引出不会倾听会影响学习和交往。

3. 小结：我们在学习的过程中学会专注的倾听是非常重要的。学会倾听，可以提高我们的学习效率和成绩。在与他人的交往过程中，一个善于倾听的同学会更受大家的欢迎。

看视频是学生喜闻乐见的一种教学方法，把学生在学习、生活中发生的事情搬到大屏幕上，让学生在似曾相识的场景里有比较真切的感悟，第一个视频是让学生知道倾听对学习的影响，这一点学生很容易理解，接着用一个"学生交往的情景剧"来拓展，可以增加这堂课的广度和深度。我们主要谈的是一种学习能力，但同时倾听也是一种社会交往能力，这样的拓展就比较自然。

◎ 讨论反思，了解怎样的行为才是良好的倾听行为

过渡：刚才我们通过看视频交流，体会到了倾听的重要性，那么我们怎么样才能够提高我们的倾听能力呢？

1. 出示表格。小组讨论什么样的行为才是良好的倾听行为，分眼神、表情、身姿、注意力、反馈五方面进行讨论并记录下来。（课件出示第一个调查表，学生可以对照着进行讨论）

2. 学生反馈。

3. 教师出示自己总结的内容，请学生读。

总结：任何行为的改变都不是一天两天就能做到的，需要我们不断地、有意识地加以练习。

本环节与第一个环节中的小调查相呼应，通过讨论交流的活动形式给每个学生表达自己想法的机会，扩大学生的参与面，同时也提升学生解决问题的能力。

◎ 行为训练，学会倾听

1. 出示游戏规则。

（1）一个同学扮演盲人，一个同学扮演明眼人。

（2）盲人在明眼人的帮助下,给空白脸画上五官,明眼人只能用声音提示。

2.游戏、评价、交流。

总结:看来大家已经掌握了倾听的秘诀,希望大家能在生活中运用这些秘诀,成为一个良好的倾听者。

【辅导活动点评】

如果老师经常接触学生的话,会发现很多学生虽然能够很好地表达自己,但却不善于倾听他人,例如:在课堂上随意插话,别人回答问题时根本不听,或者别人刚开始说就反驳;在与他人的交往过程中常常以自我为中心,急于表现自己,不能很好地倾听对方的话语。这在一定程度上影响了学生的听课效果和同学间的交往。

在本次辅导过程中,葛静静教师通过讲故事、看视频、做游戏、讨论等小学生喜闻乐见的形式来调动、激发学生的学习兴趣,学生在丰富多彩的活动中了解了影响倾听效果的因素,意识到了倾听的重要性,讨论出了正确的倾听方法,还在游戏中训练了倾听的能力。整个辅导过程遵循"以人为本"的原则,强调"自我体验",扎实有效地提升了学生的倾听能力。

【给家长的建议】

美国通用公司前总裁卡耐基有一句名言:"一双灵巧的耳朵胜过十张能说会道的嘴巴。"是呀,古老的谚语也说,人有一张嘴巴和两只耳朵、两只眼睛,就是让我们少说话,多听与多看。

我们与周围的世界进行信息交换主要通过五种信息获取模式,即所谓的五感,包括视觉、听觉、触觉、嗅觉、味觉。从出生起,人就要不断地获取外界的信息,借以获取外界信息的器官主要有眼、耳、手(皮肤)、鼻、舌。

心理学的研究表明,在接受知识方面,看到的比听到的给人的印象更深。单纯靠听觉,一般只能够记住15%,如果靠视觉,从图像中获得的知识一般能够记住25%,若使听视两者结合,又听又看,那么获得的知识就能记住65%。在感知活动中,为了得到优良的记忆品质,我们应努力调动所有的感知器官。

有30多年心理咨询及家庭临床治疗经验的尼可斯博士,深知"善听"有多重要,他归纳出成为一个更好的倾听者的技巧,也许对家长有用。第一,先搁置自己的需求,让说者充分表达想法与情绪;第二,在专心倾听说者的基础上,适时(而非时时)传达你的关心;第三,要抱持同理、开放的态度,不加入自己的批判。

善于倾听,不仅仅是心理咨询师的第一门功课,而且是普通人交往的一种技巧。如果说一些人不能留给别人好的印象,那可能是因为不注意听别人讲话,专注于自己要讲的话。人类的经验中,没有比渴望被了解更具威力的了! 被倾听的意思是别人"把我们当回事",对方知道我们的想法及感受,也就是说我们所说的话很重要。

卡耐基还说过,他曾与一位著名的植物学家聊天,听对方谈大麻和马铃薯的种植,结果他被对方评价为"最有意思的谈话家"。其实,卡耐基本人并没有说几句话,只不过是表达出了一种受益良多,并愿意了解更多的状态。

良好倾听的要素是"同理心",同理心只能经由我们暂时搁置自己的成见,进入他人的经验世界,才可能达成。同理心有一部分是凭借先天的直觉获得的,有一部分要经过后天的努力才能拥有。目前,同理心已为人所熟知,具有"真诚地欣赏另一个人的内心世界"的力量。同理的倾听,就像仔细地读一首诗,把文字消化之后,去了解文字背后所要传达的意思。不同的是,同理心是主动的想象,基本上它是接纳多于创造,因为当我们去听别人说话时,重要的是了解,而不是创意。

如果想让孩子学会倾听,那么家长自己就要更多地倾听孩子。

第4节　小猫钓鱼新说

【辅导主题】

培养专注力的心理辅导。

【辅导目标】

1. 了解分心的不良影响,知道注意力对于学习的重要性。
2. 在学习活动中学会克服分心的方法,养成上课专心学习的习惯。
3. 通过活动,体验到集中注意力带来的愉快感。

【辅导对象】

小学中段学生。

【辅导预设与教学流程】

◎ 舒缓心情，进入辅导

师：今天我们来上一节心理健康课，在上课前我们来做一个放松训练，大家听一段舒缓的音乐，跟着我的引导语去畅想一番。

请戴眼镜的同学把眼镜摘下来，让我们一起微闭双眼，全身放松，两手搭在双腿上……（音乐起，老师朗诵）

我仰卧在水清沙白的海滩上，沙子细细的、软软的，风儿轻轻的、柔柔的，天空蓝蓝，大海也蓝蓝，我的心一下子舒展到说不出的大。阳光暖暖地洒在我的肌肤上，耳边传来海浪的呢喃，周围没有其他人……我听到了我的呼吸，是那么的均匀……进入最佳状态，一切变得那么投入……

师：当我数到5的时候同学们慢慢睁开眼睛。心情怎样？

◎ 游戏串联，引出主题

1. 开火车游戏。

（1）跟着老师的节奏、方向拍手。老师的手在左边，你的手就往左边拍，老师的手在右边，你的手就往右边拍。你拍手的方向、节奏要和老师的一致。手往上伸，你就学火车的汽笛声"呜——"，手往前伸，你就学火车放气的声音"哧——"。

（2）做两次，采访做错的同学：你刚才节奏和方向做错的原因是什么？

采访做对的同学：恭喜你做对了，你刚才节奏和方向做对的原因是什么？

小结：看来专心能把事情做对，而分心就有可能把事情做错。

2. 一心二用。

过渡：分心和专心对我们的学习有什么影响呢？我们再来做个游戏。

（1）分别画圆形和方形。先用右手画一个圆，再用左手画一个长方形，时间限定20秒。

（2）同时画圆形和方形。右手画圆，同时用左手画方，时间限定20秒。注意一定要同时画。

（3）比一比哪次画得好，有什么感觉？

师：同样的时间，同样的图形，同样的手，第一次画得要比第二次好，原因是什么？

小结并板书：专心学习比分心学习效果好。

师:同学们平时在上课的过程中,难免会出现分心的情况,我们在怎么样的情况下会做和想与上课无关的事呢?今天我们就一起来讨论如何克服分心、怎样专心学习,以及在学习过程中分心对我们有什么影响。

3. 心花怒放。

过渡:既然分心对我们的学习有这么多不好的影响,那我们一起来想办法,克服分心,专心学习。

(1)小组讨论:针对刚才同学讲的分心原因,集思广益,想出点子克服它。小组比赛,每想出一个点子加10分。老师收集了一些分心的事例:

上课了,还想着下课时玩的游戏。

上数学课经常听不懂,听着听着就迷迷糊糊了,感觉好没劲。

我不喜欢这个老师,他一上课就觉得没意思。

今天考试卷发下来,我考得不理想,我想:"完了,回家怎么办?"于是整节课都在想这个问题。

(2)小组合作,记录员记录。

(3)小组汇报并归纳:明确目标、意志坚定、自我提醒、他人监督、合理休息、养成习惯。(板书,呈花朵状)

(4)为了方便大家去做,老师把这些方法编成儿歌。出示儿歌齐读。

克服分心有绝招,目标明确最重要。
坚定意志杂事抛,自我提醒少不了。
他人监督也很好,身心愉悦不可少。
劳逸结合效率高,享受学习成绩好。

◎ **自我诊断,找出症结**

师:要想管理好我们的注意力,我们首先得了解注意力。说到注意力,你对自己的注意力了解吗?下面我们就来诊断一下。

同学们看大屏幕,这是老师设计的诊断书,共有三部分内容,请按要求如实认真填写,3分钟后组内交流一下,确定好中心发言人,在班内交流。

1. 一节课中你的注意力可以集中(　　)。

A. 30—40分钟　　B. 20—30分钟　　C. 10—20分钟　　D. 0—10分钟

2. 影响你注意力集中的因素有哪些?

3. 你曾经使用了哪些方法来提高自己的注意力?

老师统计学生注意力情况,进一步引导:一部分同学对自己的注意力情况不满意,那么是什么因素影响了你集中注意力呢?

学生发言,老师总结并板书:兴趣不浓厚、目标不明确、气氛不好、身体原因(睡眠、生病)、外界干扰、情绪……

师:那么你曾经采用过什么办法来提高自己的注意力呢?

学生回答,教师板书归纳:提示法、自我暗示、增强意志、自我奖励、确定目标、调整身体状况、自我惩罚、相互提示、竞争比赛……

◎ 活动体会,共谈对策

1. 我的眼里只有你。

师:刚才我们已经讨论了不少办法,那么现在我们就来试试这些方法,看看谁是"火眼金睛"。

游戏规则:幻灯片播放一组图片,动物中夹杂着各种水果。播放完毕后,教师提问:请问第7幅图片是什么?(学生回答:不知道)

第二次观看组图验证答案。再提问:第7幅图片是什么?(学生能回答出正确答案)

为什么两次观察我们却得到不同的结果呢?(预设学生回答:因为第一次我们不知道要观察什么,但是第二次我们知道要观察什么)

总结:这就是"无意注意"和"有意注意",第一次同学们虽然也认真地在观察图片,但由于不知道重点所在,所以找不出答案,这是"无意注意"。但是在第二次时,我的题目已经明确,大家只要认真数到第7幅图片就可以了,所以能一下子找到答案。这是"有意注意"。有意注意有个最大的特点,就是有明确的目标。(板书:明确目标)注意力不是天生的,它是可以通过后天不断训练得到提高的,而提高注意力最重要的就是明确目标。

2. 谁是顺风耳。

师:刚才是眼力的考验,现在我们要进行一项听力的考验。这次老师首先告诉你们题目,你们来听,听听里面到底有多少首歌,又是哪些歌。

播放音乐:4首歌合在一起放。

师:你听了之后什么感受?遇到了什么困难?

师:怎么样做可以轻松地把这几首歌听出来?(一首一首听)

重放音乐:4首歌分开放。

师:刚才大家所说的困难就是我们在集中注意力时遇到的干扰,可见要想集中注意力,除了明确目标,还要学会排除干扰。

3. 小猫钓鱼新说。

上一次,小猫跟着妈妈去钓鱼,结果她一会儿追蝴蝶,一会儿捉蜻蜓,到了太阳下山还是一条鱼都没钓上。小猫可伤心了,痛定思痛,这一次她决定一定要专心致志钓鱼,跟妈妈一样满载而归。

小猫放下鱼钩后耐心地等待着鱼儿,蝴蝶来了,她没看见,蜻蜓来了,她不理睬,可是10分钟过去了,20分钟过去了,半个小时过去了……她试着换了好几个地方,可是鱼儿似乎一直躲着她。看着妈妈的鱼桶渐渐满起来,她的鱼竿还是一动不动,她有点泄气,拿起鱼竿,拎起鱼桶就往回走。

师:小猫怎么了?她这次这么专心怎么还是钓不上鱼呢?(预设:她没耐心、这里鱼不多、她的鱼饵不好……)

师:是呀,钓鱼就像是我们的生活,在成功路上总有这样那样的事情牵绊着我们,消磨我们的耐心,打击我们的意志力。可这些又不可避免,所以只能自己学会忍耐、坚持。(板书:学会坚持)故事中的小猫,她这次一心一意去钓鱼,而且不受蜻蜓和蝴蝶的诱惑,可是她却失去了耐心,所以还是失败了。

4. 火眼金睛。

师:十条线段从左边出发后交缠在一起,请你用眼睛追视每一条线段的轨迹,并在终点处的方格里写下该线段的序号。要求集中注意力,并且只能用目光追视而不能借助手指或笔等工具。(活动开始)

师:如果你可以用手或笔,你觉得你会找得更快一点还是更慢一点?(更快)所以,通过手眼并用可以帮助我们集中注意力。

◎ 回归生活,学以致用

1. 我们一起度过了这节专注的课,在这节课中你有什么收获?

2. 总结:同学们今天这么专心地讨论方法,分享自己的感受,并在活动中运用这些方法。希望同学们在平时的学习中也能运用"注意之花"中的方法克服分心,使自己更加专心学习,享受快乐学习!

3. 布置作业:为自己做一张提醒卡,写上提醒自己的话,贴在文具盒上或桌边;集中注意力做一件对自己有挑战性的事,比如:专心看完一本书,专心做完一次作业等。

【辅导活动点评】

乌申斯基曾经说过,"注意是心灵的天窗",我们所要学习的一切知识都要从它那里通过。在学习中,只有时时、处处保持高度的注意力,才不会让知识从我们身边溜走,这样你的学习成绩才会越来越好。

在小学阶段,儿童的思维监控和自我调节能力处在发展的阶段,离完善还有较长一段时间。三、四年级学生虽然各方面的能力都有所发展,但随着接触的事物的渐渐增多,自我意识的不断成长,再加上自控能力尚未完善,处理事情时容易受到外界干扰。许多孩子在课堂中不能很好地集中注意力,以致影响学习质量和学习效率。集中注意力不仅能让孩子掌握好课堂知识,还能发展他们的认识能力。本次辅导活动课旨在通过各种形式的活动、游戏,引导学生体验集中注意力的重要性,学会克服分心的方法,养成专心做事的习惯。

李晓璐老师执教的《小猫钓鱼新说》,让学生在反思先前学习不集中注意力行为的基础上,认识到集中注意力是提高学习效率的重要途径。更重要的是,让学生学会集中注意力的方法和技巧,在以后的学习中逐步养成集中注意力的习惯,提高学习效率。

【给家长的建议】

心理学认为,注意是一种心理现象,是心理活动对一定对象的指向和集中。注意对儿童心理的发展具有重要的意义,使儿童对环境中的刺激做出选择性的反应,从而获得更多有价值的信息;使儿童心理活动对所选择的对象保持一种比较紧张、持续的状态,从而维持游戏、学习等活动顺利进行。注意,可以使儿童发觉环境的变化,并及时调整自己的动作,为应付外来的刺激做出相应的准备,从而能更好地适应周围环境的变化。

"注意是心灵的天窗",只有打开注意力这扇窗,智慧的阳光才能照亮孩子的心田。因此幼儿良好注意品质的形成,是幼儿发展智力的必要条件,为其一生的成长与发展奠定基石。建议家长:

第一,从认知出发,关注孩子的注意力。家长不要因为孩子小,就不观察孩子的注意力状况。当然,不同年龄的孩子集中注意的时间长短确实有差异,但只要跟同龄孩子差不多,就没关系。但是也需要在认知上加以关注,必要时,提醒孩子,再坚持一会儿。如果发现自己的孩子注意力集中时间显著低于其他孩子,建议及时就医,或者请老师进行测评。

第二,从兴趣出发,提高孩子的注意力。兴趣是人探求事物和进行活动的动力,是产生和保持注意力的主要条件,所以说"兴趣是最好的老师"。孩子在做自己感兴趣的事时,总会充分发挥自己的主动性,即使疲倦和辛劳,也会心情愉快、兴致勃勃；当遇到困难时，也决不丧气，而是想办法去克服它。

第三，从活动入手，发展孩子的注意力。有意注意是一种有预定目的并需要一定意志努力的注意，在注意活动中占主导地位，是一种最有效的注意。人在做活动时，都会集中有效注意，很投入、很专注。要帮助孩子明确注意的目的和任务，培养孩子的自我约束力，发展有意注意，应使幼儿明确任务，控制自己的行为，并使行为服从于活动的目的与要求注意的事，使孩子能主动、自觉地保持注意。

当然，在日常生活教育中，培养孩子注意力的方法和途径有很多，具体实施方法要因人而异，顺应孩子年龄发展的特点与天性，有计划、有目的地进行训练，有针对性地培养孩子的注意力。

第5节 与音乐对话

【辅导主题】

音乐教学融入心理调节。

【辅导目标】

1. 了解音乐可以使人放松心情，合适的音乐可以帮助我们调节情绪。
2. 体会不同音乐风格的魅力，能用音乐来调整心情，平复情绪。
3. 欣赏音乐，在享受音乐的同时，享受自己的美好心情。

【辅导对象】

小学高段学生、初中生。

【辅导预设与教学流程】

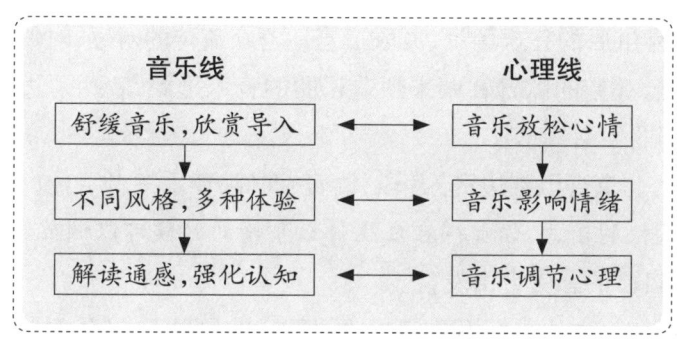

◎ 音乐欣赏,导入主题

音乐是无处不在的,音乐是我们生活的一部分。今天,就让我们与音乐对话,学习和音乐交朋友。(播放背景音乐)

◎ 对话音乐,回顾生活

同学们,你们有没有遇到过让你们感到烦恼、紧张、焦虑、失败的事?有过发脾气的时候吗?那么你们又是用什么办法解决的呢?

音乐能帮助我们摆脱烦恼、紧张、挫败和焦虑的情绪。(听背景音乐)音乐是我们的好朋友,下面让我们学习与音乐对话吧!

1. 师:先请大家闭上眼睛,以最舒服的姿势坐好,一起来听第一首歌曲。

播放《月光曲》片段。请学生们谈谈听了以后有什么感受,并自由发言。

简介:这首作品的名字是"月光曲",创作者是著名的音乐家贝多芬。下面让我们跟着音乐再来感受一下贝多芬心中的月光。

再次聆听《月光曲》片段,语言、课件、音乐三者结合。

师:这段《月光曲》的旋律,你认为适合调节怎样的情绪呢?

讨论发言。

小结:同学们在音乐中都露出了陶醉的模样,说明大家都受到了音乐的感染。是啊,音乐可以给我们安慰,使我们的心情变得平静、轻松。

2. 师:下面让我们再来听一首节奏欢快的音乐,请同学们边听边想象音乐所表现的场景。

播放《北京喜讯到边寨》片段。请学生们谈谈听了以后有什么感受。

同学们在听音乐时,有的用手打拍子,有的用脚踩出节奏,有的摇头晃脑。为什么同学们会有这些举动?

简介:这首作品的名字是"北京喜讯到边寨",以充满激情的旋律,生动勾勒出边寨人民听闻喜讯后的狂欢场景,汲取了当地群众流传的对歌、对舞的艺术表演形式,并采用苗族、彝族的歌舞音调来塑造乐曲的音乐形象,表达了边寨人民的喜悦心情,具有浓郁的生活气息。

再次聆听《北京喜讯到边寨》片段,语言、课件、音乐三者结合。

师:这首欢快的乐曲,你觉得在发生什么事情的时候可以调节我们的情绪呢?

学生根据自己的感受自由发言。

小结:欢快的旋律让我们不由自主地随着音乐动起来,音乐对我们的影响是很大的。

3.师:同学们,当你考试屡次考不好,当你想做好一件事但总是不成功的时候,会不会感到气馁,找不到前进的方向,失去了前进的动力,那就请大家来听听下面这首乐曲吧!请学生们谈谈听了以后有什么感受。

简介:这首乐曲的名字是"命运交响曲",作者是贝多芬,他一生创作了大量的作品,这些作品对音乐发展有着深远影响,因此贝多芬被尊称为"乐圣"。他自幼跟从父亲学习音乐,很早就显露了音乐上的才华,8岁便开始登台演出。他的一生经历了各种各样的苦难坎坷,这是他在饱尝人生磨难、经受身体与心灵双重伤害后所做的乐曲,是向命运发出挑战与呐喊的灵魂之歌!

贝多芬于1805年开始创作C小调第五交响曲(《命运交响曲》),那时,他的生活遭受了一连串打击,他的耳聋已完全失去治愈的希望;他热恋的情人朱丽叶塔·齐亚蒂伯爵小姐也因为门第原因离他而去,成了加伦堡伯爵夫人。但是,贝多芬并没有因此而选择死亡,生活的磨炼使他越来越坚强。他在一封信里写道:"假使我什么都没有创作就离开这世界,这是不可想象的。"贝多芬在一生中最痛苦的时期,开始了一次旺盛的创作高潮。(开始播放片段)

师:你认为《命运交响曲》的旋律在什么情况下可以调节我们的情绪呢?

学生交流讨论发言。

小结:音乐是人类的灵魂,自从有了音乐,人的灵魂就有了一个依靠。在心灵的深处,隐藏着很多鲜为人知的秘密,唯有音乐,才能激起那潭深水的涟漪。

◎ **感悟音乐,传达心情**

挑选5首带歌词的歌曲,播放片段,让学生根据情绪选择歌曲。(《水手》《阳

光总在风雨后》等）

师：老师这儿有5首歌曲，有4种情绪"悲伤、失望、紧张、焦虑"，请你选选看，当处在这些情绪中时，你会选择哪首歌曲？（讨论发言）

每种情绪分开来选择。每个人对情绪的感受不同，所以选择的也可能不一样，教师对不同选择都要给予正面评价。

畅所欲言，说说聆听了音乐后的感受，再说说音乐能给予我们什么。

◎ **音乐情绪，巧妙融合**

音乐是一把钥匙，这把钥匙能打开通向梦境、通向因果的时光隧道。

伟大的音乐家柏辽兹曾说过："音乐是心灵的迸发。它不像化学那样能进行实验分析。对伟大的音乐来说只有一种真正的特性，那就是感情。"肉体遭摧残，靠医术疗救；心灵遭受重创，音乐是最好的良药。音乐没有文字的虚伪性，音乐从来不会被误读。最无国界的语言，也许就是音乐了。

老师衷心地希望你们都能用心地去爱音乐，因为音乐是我们的好朋友，它总是在不知不觉中给我们带来希望，让我们的生活充满阳光。

【辅导活动点评】

这堂心理教育课通过对各种音乐的欣赏，帮助学生培养对音乐的感受力，培养学生理解音乐本身的意思，并懂得用音乐来调整心态。

"与音乐对话"辅导活动的目标是了解到音乐可以使人放松心情，合适的音乐可以帮助调节情绪。同时，通过感受不同音乐风格的魅力，了解能用音乐来调整心情，平复情绪。在欣赏音乐、享受音乐的同时，也要享受自己的美好心情。本节课遵循"以教师为主导，以学生为主体"的理念，辅导方式以学生学习为主，教师进行有效引导，学生在愉快的情境中获得新的体验。本团体心理辅导活动由陈娜老师设计，获得了海曙区优质课评比三等奖。

本堂课由音乐欣赏直接导入，进入主题。教学的每个环节都从生活出发，从自身感受出发，去体会不同音乐的风格，再通过学生自由讨论，老师适当点拨，让学生了解音乐的作用，学会用合适的音乐来调节自己的不良情绪。最后列举带歌词的歌曲片段进行巩固，再次强调如何用音乐来调节情绪。

执教这堂课，需要注意的问题有：

1. 心理教育课是教育者运用心理科学的方法，对教育对象心理的各层面施加积极的影响，以促进其心理发展与适应，维护其心理健康的教育实践活动。在音乐课中,音乐占了主导地位,侧重点可以偏向音乐欣赏;如果侧重调节情绪,可以联系生活实际,让学生讨论几首乐曲适合的情绪,当遇到什么事情时可以用哪首乐曲。

2. 注意欣赏音乐所需时间与学生讨论时间的比例分配,可适当缩短欣赏片段,让出一点时间用于学生讨论、思考。当然也不能上成心理讨论课,让音乐欣赏沦为背景音乐,这样也不恰当,需执教者自己掌控。

3. 在教学中要强调音乐的情感性,懂得用音乐辅导情绪,可以在最后列举一些有歌词的音乐进行巩固,再次强调如何用音乐来调节情绪。

总体上,本节课采用教师讲解 —— 共同欣赏 —— 学生讨论 —— 师生共同总结的程序和方法进行有层次的反馈,在授课过程中通过教师的引导,让学生在学习过程中做到逐步积累,让学生了解不同的音乐风格,学会用音乐来调节情绪。课堂效果不错。

【给家长的建议】

在我们的生活中,音乐无处不在。音乐能给人以美的享受和熏陶,是促进心理健康发展的一种手段。健康优美的音乐使人轻松愉快,它具有调节情绪的作用,有助于培养健康的心理,提高工作、学习效率。

每个人都有情绪周期,有情绪低落、一般或高涨的时候。情绪高涨当然有利于工作、学习效率的提高,但同时也可能会出现固执、一意孤行的极端情况。而情绪低落则会出现工作、学习效率低下的情况,甚至有可能会做出一些伤害他人或者自己的极端行为。

音乐对于人的身心的治疗作用已经被不少研究证实。相关研究显示,某些音乐特有的旋律与节奏能使人的血压降低,基础代谢和呼吸的速度减慢,使人在受到压力时所产生的生理反应较为温和。西方国家将音乐纳入医疗体系,广泛应用于各种心理及生理治疗之中,已不是新鲜的事了。

无论是家长还是孩子,都面临着学习、竞争、工作等各种压力,学会如何运用音乐来有效调节个人的情绪就显得尤为重要了。但是,现在的音乐作品五花八门,家长要恰当地挑选适合孩子聆听的作品,学会选择和积累。

另外,人们对音乐的欣赏,不但会受音乐特性的影响,还会受到很多主客观因素的影响,比如心境、环境和过去的经验。也就是说,人们在欣赏音乐时,情绪不仅仅受到音乐的旋律和节奏等方面的影响。这一点,家长也要加以注意。

家长要指导孩子积极地去感受音乐的魅力,有意识地在音乐的陶冶中净化心灵,以促进其心理健康发展。同时,帮助孩子学会用音乐来调节情绪,平衡心态,建立积极进取的人生态度,这也是心理辅导的重要内容。

第6节 轻轻松松上考场

【辅导主题】

考前心理辅导。

【辅导目标】

1. 了解学生对考试的焦虑程度,明确考试焦虑对学习的影响。
2. 针对引发考试焦虑的原因帮助学生树立正确的考试观。
3. 帮助学生掌握调节考试焦虑的方法。

【辅导对象】

小学高段学生、初中生。

【辅导预设与教学流程】

◎ 热身游戏,引出辅导主题

1. 课前热身游戏——传递试卷。

师:同学们,上课前,先让我们来进行一个比赛——传递试卷。怎么传呢? 先请每个小组的同学把椅子搬出来,排成一排,然后坐好。接着,来看比赛规则:每行为一小组,从每行的第一个同学开始往后传递,每人拿一张试卷,每行最后一位同学拿到试卷后迅速起立,比赛即按起立的先后分出胜负。

教师用一个课前热身的比赛游戏——传递试卷,让学生处于一个相对紧张的状态,同时学生的注意力也得到了集中。

2. 引出辅导主题。

师:同学们,刚才你们在传递试卷的过程中,心情是怎么样的? 为什么我们平时发作业本的时候不紧张呢?

师:其实面对考试我们每个人多少都会表现出一些紧张、焦虑的情绪,但过度的紧张、焦虑就不好了,应该引起我们的重视。那么如何正确看待考试?如何在考试来临前、考场中保持平衡的心态?我们来进入今天的话题:轻轻松松上考场。

通过课前热身的比赛游戏,进一步采访学生的心理感受,自然地引出今天的辅导主题:轻轻松松上考场。

◎ 测一测,了解考试焦虑的程度

1.测一测,你有"考试焦虑"吗?(学生课前做测试卷)

请仔细回答每道题,答案无对错之分,只要选择最符合自己情况的选项即可。A、B、C、D四选项分别代表以下意义:

  A:从未有 B:偶尔有 C:经常有 D:总是有

1. 在进行测验时,我有信心,并且感到轻松。 A B C D
2. 我在考试中感到焦虑不安,心烦意乱。 A B C D
3. 考虑到测验的分数,妨碍了我进行测验。 A B C D
4. 遇到重要的考试时,我会发呆、愣住。 A B C D
5. 考试时,我发现自己净想着我能否考出好成绩。 A B C D
6. 我越尽力想如何答题,越是慌乱。 A B C D
7. 怕考得不好的念头,影响我集中精力答卷。 A B C D
8. 我一参加重大考试就坐立不安。 A B C D
9. 尽管做了充足的准备,我仍对考试感到很紧张。 A B C D
10. 发试卷之前,开始感到极为不安。 A B C D
11. 我在考试中感到非常紧张。 A B C D
12. 我希望考试不要这么烦人。 A B C D
13. 在重要的测验中,我紧张得连胃也不舒服了。 A B C D
14. 我一参加重大考试就感到自己可能会失败。 A B C D
15. 我在参加重大考试时感到很惶恐。 A B C D
16. 在参加重大考试前,我非常担忧。 A B C D
17. 我在考试中担心考得不好会有什么结果。 A B C D
18. 我在参加重大考试时感到心跳加速。 A B C D
19. 考试之后,我竭力控制自己不去担心,但做不到。 A B C D
20. 我在考试中紧张得连本来知道的东西都忘了。 A B C D

计分方法:第1题的四种选择是:A=4分,B=3分,C=2分,D=1分。2—20题的四种选择是：A=1分，B=2分，C=3分，D=4分。依次将每题得分相加，即为总分。

师：课前，同学们做了一份有关"考试焦虑"的小测试。

同学们，是不是已经算好了得分，现在让我来公布一下测试的结果：男生总分30分以下正常，30—35分有轻度焦虑，36—45分焦虑明显，46分以上有较严重的焦虑。女生总分在26分以下正常，27—32分有轻度焦虑，33—41分焦虑明显，42分以上有较严重的焦虑。

2.讨论交流考试焦虑是好还是坏，到底会对我们的学习和身心产生什么影响。

师：考试焦虑是好还是坏？到底会对我们的学习和身心产生什么影响呢？你们可以结合自己的一些经历来谈一谈，说一说。先请同学们分小组进行交流。

这个环节学生结合个人经验，分析考试焦虑对学习的影响：考试焦虑不但会影响考试水平的正常发挥，影响成绩，而且会影响我们的身心健康，出现如心慌、出汗、头昏、失眠、厌食等不良生理反应。

◎ **小组讨论，分析产生考试焦虑的原因**

1.以小组为单位，讨论为什么会产生考试焦虑。
2.讨论结束，派代表发言，全班交流：产生考试焦虑的多方面原因。
3.学会正确看待考试。

◎ **头脑风暴，讨论缓解考试焦虑的方法**

师：理解了考试的真正作用，那么我们该如何面对之前提到的这些压力？如何来缓解考试焦虑呢？有什么好的办法？现在就让我们来一个"头脑风暴"。

分小组讨论，并把好的办法用记号笔记录在彩色纸条上。交流之后，贴到黑板上，全班分享。

师：其实，我知道，同学们之所以不愿意面对考试，主要还是因为担心自己会失败。那么失败到底意味着什么？

（出示多媒体）让学生齐读：失败意味着什么？

◎ **辅导学生进行放松训练**

给学生介绍几种自我调节、放松的方法，当在考试前或考试时出现紧张、焦虑的情绪时，可以用来使自己缓解紧张，放松应考。

【辅导生成或精彩实录】

◎ 考试焦虑测验(TAI)

下面的每一个句子描述的是你可能有的或曾出现过的一般感受或体验。请认真阅读每一个句子。这里的答案无正确、错误之分,回答每一个问题时不必用太多时间去思考,但回答必须是最符合你通常感受的情况。每一个问题都要回答:

1=从不　　　2=有时　　　3=经常　　　4=总是

( )1. 在进行考试时,我有信心,并且感到轻松。
( )2. 在考试时,我感到心烦意乱。
( )3. 考试时,老想到考试的分数,妨碍了我答题。
( )4. 遇到重要的考试时,我会发呆、愣住。
( )5. 考试时,我发觉自己老想着我能否学成毕业。
( )6. 我越尽力想如何答题,越是慌乱。
( )7. 怕考得不好的顾虑,使我不能把注意力集中于考试。
( )8. 当参加重要的考试时,我感到异常心神不定,神经过敏。
( )9. 即使对考试有了充分准备,我还是感到精神非常紧张。
( )10. 在临交考卷之前,我开始感到极为不安。
( )11. 在考试中,我感到非常紧张。
( )12. 我希望考试不要如此厉害地烦扰我。
( )13. 在重要的考试中我紧张得连胃也不舒适了。
( )14. 当进行重要的考试时,我似乎被自己击倒了。
( )15. 当我参加重要的考试时,我感到非常恐慌。
( )16. 在参加重要的考试之前,我非常担忧。
( )17. 在考试中,我发觉自己总想着失败的结果。
( )18. 在重要的考试中,我感到自己的心跳得特别快。
( )19. 在考试之后,我试图不再担忧它,但我做不到。
( )20. 在考试中,我是那样紧张,甚至把知道的内容也忘记了。

笔者曾执教考试焦虑团体辅导活动、小组辅导课,本课为笔者为海曙区中学专职心理辅导老师示范的下水课。当时在李兴贵中学312班执教后,班主任感到非常奇怪地告诉我,今天积极发言的那几个成绩最差的学生,从来都是班级里的沉默者。以下是几个学生关于心理辅导课的周记片段,供大家浏览。

孙忻媚:

随着一次又一次月考结束,中考进入倒计时,学生们考前、考中、考后压力逐渐增加,紧张、焦虑、失眠等症状影响着我们的考试成绩。这次减压的心理课程可谓是我们的"救星"。

课堂上气氛轻松,有大量的交流和互动。在老师的引导下、同学的积极发言中,我总结出了以下考前减压的方法:与家长有效沟通,同学们认为考试的压力源于父母的高期望、严要求,与家长沟通好是重要的一步;考前注意转移,在同学们的积极讨论与总结中,衍生了许多方法,如听音乐、捏泡面等等。我明白了在这个课堂,不只有同学们向老师学习知识,同时也有师生互相交流观点。在考试前要自我暗示,对自己说:"你已经认真复习了,有付出就有回报,不必紧张,你一定能考好!"这便是对自己最大的鼓励。可见,我们学到的不仅是理论知识,还有大量的实际方法。

这堂课,我们学到的不只是考试减压的方法,还有如何在考试中沉着、冷静地发挥出自己的最好水平。我们再次正确地认识了"适当"这个词,适当放松,适当减压。总而言之,这堂课使我们学到许多,相信之后我们都能抱着良好的心态去应考并取得理想的成绩。

陈佳佳:

是的,在考试前或考试中、考试后都会有心理压力,而这节课帮助我解决了这些问题。在考试前,我们可以适当听一些轻音乐缓解紧张的心情,要适当安排好时间去复习,累了可以休息一会儿。在考试前的最后一个晚上一定要早睡,这是至关重要的,这样第二天就有好的状态去面对考试。而在考试中千万不要紧张,要保持像做作业的那种状态去考试,要是这种方法不行,就用深呼吸、收腹的方法,使心情不像原先那么紧张。而在考试后呢,应该怎么做呢?与同学对答案?不行。去想考试的内容?也不行。那采取怎样的措施应对考后的心理压力呢?这节课帮助我们解决了这个问题。在考试后,我们休息休息,可以去逛逛街,做自己想做的事情,可以听听轻音乐,也可以去海滩上奔跑。许多学生在考后会十分担心自己的成绩,那我可以大胆地说:"做这些是浪费时间的,还不如玩个痛快,把考过的试抛在脑后,这才是正确的办法。"

也许,对于考试焦虑的解决方法还有好多好多,我们可以自己尝试尝试,可以从中获得更多经验。这节课使我受益匪浅。

【辅导活动点评】

考试焦虑是一种情绪反应。它由一定的应试情景引起,以担心为基本特征,以防御或逃避为行为方式,受个体认知评价、人格因素及其他因素所制约。引发考试焦虑的原因是多方面的,有客观方面的原因,也有主观方面的原因。本来学生对考试产生一定程度的心理紧张和焦虑是正常现象,但问题是焦虑只能适度,而不能过度,焦虑过强或过弱都会影响学习效率。因此,老师有必要对学生进行专门的心理辅导,以调节学生的考试焦虑。

笔者对学生考试焦虑的研究比较早,在 2005 年 5 月 31 日就开始组织举办小学生的考试焦虑辅导研讨活动。缘起一是笔者对海曙区的全区调查结果:小学生考试高焦虑现状严峻。其二是当前对考试焦虑心理辅导的做法不当。很多专家、行政人员以为孩子的考试高焦虑,是通过一次大型的专家讲座就可以解决的,这是不正确的。

冰冻三尺,非一日之寒。中考、高考的考试高焦虑,其实祸根早在小学就种下了。而一部分教师对学生考试高焦虑的状态并不知情,这也是造成学生考试高焦虑的重要原因。

当然,笔者一直在总结辅导学生考试焦虑的实践经验和理性思考。所以,10 多年前就举办专题研讨活动,培训海曙区从事心理健康教育工作的教师和班主任,让教师学会区别对待学生的考试焦虑的不同情况,缓解学生的高焦虑,解决学生成长的烦恼。

当时的顶层设计思路,放到现在依然有用:由面到点、环环相扣、层层深入。

第一种类型是班级心理辅导,面对的是不同类型的全体学生。

第二种类型是小组心理辅导,对于检测出来的高焦虑的学生进行同质的小组心理辅导。

第三种类型是个别心理辅导,由具备心理咨询师资格的教师做个别心理辅导工作,包括家庭心理辅导等。

笔者提炼总结出"正确归因、分层辅导"的学校考试心理辅导模式。

【给家长的建议】

考试焦虑的理论有很多,现提供几种公认的解释图:

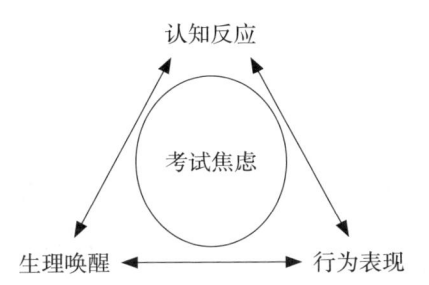
图1 考试焦虑的三个维度及其相互关系

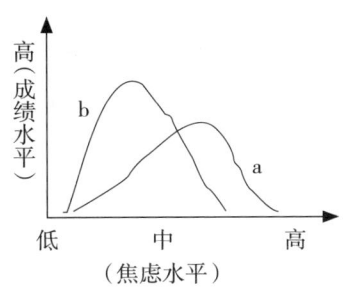
图2 叶克斯—多德森定律

家长期望水平过高造成学生考试过度焦虑的机制,分析图如下:

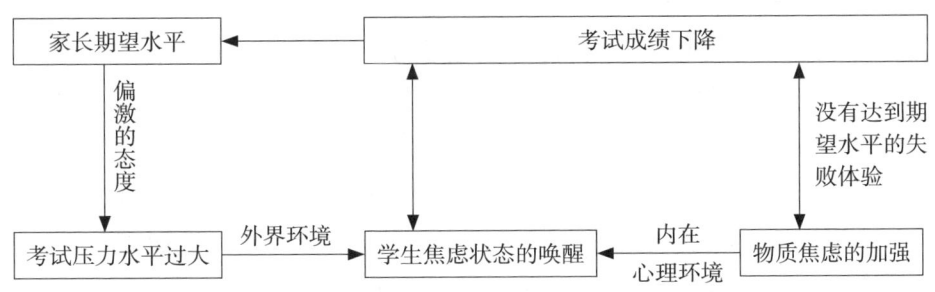
图3 家长期望与孩子焦虑程度的作用图

以下是笔者考试焦虑辅导讲座的核心内容,分考前、考中与考后三种不同焦虑的心理辅导策略,供家长与教师参考。

1. 关于考前焦虑的心理辅导策略:

第一,调整思想认知。有考试压力是正常的,见图2倒U形。

第二,调整生物节律。考前一段时间,将考生的作息时间调成与中考、高考时间一致。晚饭后安排放松时间,如散步、看电视新闻、适度体育锻炼等。不必过晚睡觉,切忌"开夜车",次日早晨不宜起得太早,维持一定生物钟节律。

第三,调整日常饮食。注意饮食卫生,变点花样。可稍微多吃一点开胃菜和有助于记忆的食物。

第四,制定复习计划。画一个表格贴在醒目处,罗列的学习任务都是通过努力可完成的。每天临睡前评估,完成则给自己大大的笑脸,增强信心,给自己积极的心理暗示。按计划行事,可增强生理节奏感与心理节奏感。

第五,运用记忆规律。早晨起床后半小时及晚上睡觉前半小时,由于不受前摄抑制、倒摄抑制的影响,记忆效果最好。

第六,创设幽默氛围。家长与老师自己不要过于紧张,大家一起树立自信心,保持平常心,看看幽默漫画、听听相声,经常开怀大笑。

第七,积极心理暗示。多看"功夫不负苦心人""一分耕耘,一分收获!""我能行!""我能成功!""加油,腾飞!"之类积极暗示的条幅,心里默念,效果显现。

第八,自我放松方法。

生理放松:(1)调整为舒服姿势,保持身体平衡;(2)用鼻子深深地、慢慢地吸气,再用嘴巴慢慢地吐气;(3)想象身体各部位的放松,顺序依次为:脚、双腿、背部、颈、手心。

想象放松:放轻音乐,想象赤脚走在轻柔的海滩上,暖暖的阳光照在身上,海风轻轻吹,海浪轻轻拍,头脑放空……

2. 关于考中焦虑的心理辅导策略:

状况一:感觉有尿意,老是想上厕所,怎么办?

考生老是想上厕所,跑进厕所又没什么"具体内容";或者平时肚子有点问题,考试时肚子隐隐作痛……

第一,行动保险法。进考场前,去一趟厕所,确保万无一失。考前几天正常健康饮食,不多不少不乱食,保证肚子无异常状况。女生经期将"暖宝宝"贴在腹部。

第二,认知调整法。告诉自己,很多人都有这样的感觉,没什么,只要自己冷静下来就没事。

第三,意念忽视法。不要理会这种感觉,只要按部就班该干吗干吗,专心做题目。

第四,转移注意法。排除真正病痛的可能,如果躯体感觉还在,那么可以停下笔,眼睛阅读试卷,双手交叉按摩大鱼际穴位,默念:"放松、放松,平静、平静……"

状况二:做题时突然脑子一片空白,怎么办?

个别考生在考场上可能出现心跳加剧、面色苍白、虚汗淋漓、手脚冰凉,甚至头脑空白的现象,一下子啥都想不起来了,没有关系,我们可以尝试以下方法:

第一,立即暂停法。既然脑子空白了,就暂时停止考试,不看试卷了。

第二,视觉转移法。转眼望窗外,看看蓝天和树木,欣赏一下外面的景致;联想大海、小溪,回味一下过去开心的事情带来的愉悦心情。

第三,按摩恢复法。闭上眼睛,揉揉太阳穴,依次按摩头部各个穴位,做做眼保健操,默念:"放松、放松,平静、平静……"

第四,"6秒放松法"。按次序进行一连串的动作:坐直、收腹、深呼吸、提肛、收拢下颌、扭动身子、打哈欠。只要把这几个动作连接起来做几遍,就能收到自我放松的效果。心理学讲究身心互动,身体放松了,精神自然也放松了,脑子就清醒了。

状况三：遇到生僻的题目"卡题"了，怎么办？

第一，暂时跳过法。若真没自信，就暂时跳过此题，特别是填空题和选择题，不能因小失大。留得时间在，不怕不得分。要明显标注出来，后面有时间再"啃"。

第二，心理安慰法。面对不常见的题目类型和内容，你不熟悉，往往一般人也不熟悉。所以一定要安慰自己，如果实在做不出也没有关系的。

第三，策略技巧法。在交卷前，对"卡题"的题目的答题技巧：填空题随便写，蒙对就赚了；选择题，一律填B或者C，25%的答对概率；演算题，列个算式、罗列几个步骤；几何题，画一两条辅助线，得分也不是没可能。文科简答题、论述题要注意了，工工整整抄几句题意，写着写着也许会有思路；罗列几条，也不扣分；批卷老师心善，很有可能给分，也许接近答案，或是标准答案呢。

3. 关于考后焦虑的心理辅导策略：

个别考生在强项学科中意外失手的话，就会影响到后面考试的发挥。想避免考场的"多米诺骨牌"状况，怎么办？

第一，消除隐患法。维持正常的生活节律，做好充足的准备，杜绝意外。比如带足学习用品和器具，包括纸巾、矿泉水之类。英国有研究报道，根据调查数据表明考前喝杯水有助于提高成绩。威斯敏斯特大学的马克·加德纳博士等认为喝水有利于镇静神经。考生也需要适量补充水分。

第二，彻底遗忘法。考完一门，扔掉一门，不反思，不议论，不对答案，更不责备自己。

第三，心存侥幸法。（1）我发挥不好，不一定别人发挥好；（2）大家都一样，也许这次就是难考；（3）只是当时感觉不好，实际情况并没有那么糟。

第四，积极暗示法。不因偶然失利而低估自己，化失误为力量，增强信心，积极暗示自己接下来的考试会不错。

第7节　I am I, I am better

【辅导主题】

正确自我评价与调整的心理辅导。

【辅导目标】

1. 客观而且积极地认识自我,正确看待自己的优缺点;能够实事求是地评价自我,增进自我接纳的意识;从认识自己(I am I)进一步升华到自我调整,使自己变得更好(I am better)。

2. 增强自我意识,掌握几种树立自信和扬长避短的技巧,提高自我评价和自我调整的能力。

3. 发挥自身优势,寻求自信的支撑点;体验积极情绪情感,形成健康的心理和生活方式,使自己变得更好。

【辅导对象】

初中生或高中生。

【辅导预设与教学流程】

◎ 课前收集信息,发现问题

课前5分钟,发下问卷调查表格,请学生填表格,教师请学生助手做简易统计。

问卷调查

你对你自己哪些地方不满意,请打勾(可多选):

A. 身材　　　　B. 容貌　　　　C. 气质　　　　D. 记忆力

E. 人际关系　　F. 知识面　　　G. 口才　　　　H. 反应能力

其他_____

请为现在的你自己打分(满分100分):_____

◎ 发现自我独特性,产生自豪感

1. 教师自我介绍,初步说明每个人外貌的独特性。

师:大家好,我是你们新的心理辅导老师,我姓干。下次我们再见面,你还能认出我吗?(认识)

师:为什么?(随手指着一个女生)我和她长得一样吗?(再指另一个女生)那我和她呢?那她们两个人长得一样吗?(不一样)

2. 出示资料,组员讨论揭示生命的可贵性。

生命来之可贵

我们人类的生命是从卵子和精子的结合开始的。男子的一次精液中大约有2亿~5亿个精子,众多精子包围在卵细胞周围,但只有1个最有活力的精子进入卵细胞,二者结合成为受精卵。在未来的280天里,这个受精卵要接受重重考验(比如声音、震动、食物的刺激等等),才能正常发育成为新生儿来到这个世界。

师:所以我们要为自己的容貌自豪,因为我们是整个地球60多亿人口中独一无二的。我们再来看一组数据,说说你们自己的感想。

学生小组讨论,得出结论:我们应该为自己而感到自豪,既然以胜利者的身份来到世上,更应该以积极的心态来迎接更好的自己。

师:今天就让我们来认识自己,提高自己。

出示课题:I am I, I am better。

◎ 认识自己的优缺点,增进自我接纳的意识

师:我们来到这个世界这么不容易,又这么的独一无二,可惜课前我们做的问卷调查结果显示,有这么多人对自己这个或者那个地方不满意。现在的你们就像以前的亨利,看看他的变化故事对你们有什么启发。

1. 讨论故事《亨利的改变》的启示。

(1)听故事:"亨利的改变"使学生理解"对同一事物的不同看法能发挥不同的作用"。

(2)学生讨论:从这个故事中,你获得了什么启示呢?

(3)教师小结:同学们,请记住这句话:"当你相信时,成功就会发生!"不要为现在的不好而忧伤、苦闷,只要你相信自己会成功,只要你努力去做,你就必将会成功!反之,如果你相信自己会被打倒,你就一定会被打倒;如果你相信自己不行,即

使你努力了,你也可能不行!所以,同学们,请用铁墙把过去和未来关闭,生活在"今天"的框框中,从今天做起,相信你自己会成功,你就一定会拥有一个比想象的更美好的明天!

2. 剖析自我,从不同角度认识自己。

(1)在纸上写下自己的优缺点,用"虽然+优点,但是+缺点"的句型表达出来。

比如:我虽然表达能力强,但是记忆能力差。

(2)用"虽然+缺点,但是+优点"的句型表达出来。

比如:我虽然记忆能力差,但是表达能力强。

逐步提高声音,大声朗读4遍,说说每次朗读之后的感受有什么不同。得出结论:同一个事物着重点的不同,会产生不同的影响:积极的或是消极的,停步不前的或是勇往直前的。

◎ 自我探索

1. 学生反省。

(1)在我的优点中,哪些已经得到了充分的发展?我是如何在学习和生活中利用和发挥这些优势的?

(2)哪些优点很容易被我忽视,还需要在以后的学习和生活中得以充分发挥?这样的状况到底对我产生了什么影响呢?

2. 小结。

(1)我们每个人身上都有许多非常珍贵的东西。有些人善于发现并善于利用这些东西,因此他们收获了各种各样的成功,也塑造了一个自信的自己。而也有些人却没有注意到它们,更不用说充分利用了,因此他们更容易遭受到挫折,也打击了自己的信心。

(2)优势和自信不是我们一出生就具备的,而是生活中逐渐形成的,它需要在实实在在的行动中加以巩固和升华。

◎ 自我调整

师:是的,人无完人。我们应该怎样把"虽然……但是……"的句型换成"不仅……而且……"呢?(我不仅记忆能力不差,而且表达能力强)

1. 游戏:凭眼力选气球。

让学生凭肉眼判断教师手里的四个颜色大小不一的气球,哪一个能飞得最高?

引导学生得出结论:气球能不能升起,不是由它的颜色、形状与大小决定的,而是要看气球内是不是充满了氢气;同样,一个人能不能成功,并不由他的种族、出身和外貌决定,而是看他能不能提升自己的内在,包括气质、学识、理解力以及记忆力等等!

2. 在自己的缺点里,选出能改变的缺点,用"不仅……而且……"的句型默读4遍,进行积极暗示。

3. 小组讨论,帮助自己和组员设计"变短为长"的具体措施。

4. 学生反馈,教师总结"信心和恒心是法宝"。

◎ 回顾总结,结束活动

1. 学生讨论、总结本课内容,说说情感体会。

2. 教师以课件形式出示"教你一招",为学生提供自我调整的四种方法。

3. 集体朗诵诗歌《更好的自己》,结束活动。

更好的自己

如果无法成为山涧的松林,就做各地的灌木吧;

如果不能成为灌木,就做小草吧,使街道更加青翠美丽;

如果不能成为林荫大道,那就做窄窄的小路吧;

若是无法成为太阳,就做一颗星星吧,只要你能发出光泽。

不能凭大小来断定输赢,不论你做什么,都要做个更好的自己!

只要你相信,并愿意努力。

【辅导生成或精彩实录】

亨利的改变

美国一个叫亨利的人,三十多岁了仍一事无成,整天在唉声叹气中度日。一天,他的一位好友告诉他:"我看到一份杂志里面讲拿破仑有一个私生子流落到了美国,这个私生子又生了一个儿子,他的全部特点跟你一样:个子很矮,讲的也是一口带法国口音的英语……"

亨利半信半疑。但当他拿起那本杂志琢磨半天后,终于相信自己就是拿破仑的孙子。此后,亨利完全改变了自己对自己的看法。

从前,他因自己个子矮小而自卑;如今他欣赏自己的正是这一点。"矮个子真好,我爷爷就是靠这个形象指挥千军万马的。"以前,他觉得自己的英语讲得不好,而今他以讲带有法国口音的英语而自豪! 当遇到困难的时候,他会认为"在拿破仑的字典里没有'难'字"。

就这样,凭着他是拿破仑孙子的信念,三年后,他成了一家大公司的董事长。后来,他请人调查自己的身世,才知道自己并不是拿破仑的孙子,但他说:"现在我是不是拿破仑的孙子已经无关紧要了,重要的是我懂得了一个成功的秘诀:当我相信时,它就会发生!"

资料:"教你一招"自我调整的四种方法

1.一条界线:为自己的能力划一条界线。

不要以为自己是超人什么事都能干,都想自己完成,这样由于力所不及就会在屡屡碰壁之后丧失信心。你应该为自己的能力划一条界线,估计一下自己到底有多大能量,能完成哪些事,然后再去尽力而为,这样做事的成功率就高了。

2.一认到底:认定目标,坚持到底。

无论你采取什么样的方式方法,贵在坚持,对于别人的一些有建设性的批评意见,要虚心接受,好好反省。对于一些怀有恶意的批评,不用理会。总之,要认定目标,走自己的路,你一定能获得成功。

3.两个自我:自我欣赏与自我激励。

把你曾经妥善完成的工作或骄傲的事清楚地列在纸上,来个自我欣赏,这时你会发觉自己突然勇气百倍,确信自己的办事能力胜人一筹。

4.两个吸取:在失败与错误中吸取教训。

学习从失败与错误中吸取教训,可以增加智慧,增加反败为胜的机会,因此,不论遇到什么问题,哪怕是面临失败,也不要灰心丧气。你要勇敢地正视它,以积极的态度寻找应变的方法,一旦问题得到解决,你的自信心将会随之增加。

【辅导活动点评】

自我意识的发展过程是个性特征形成的过程。中学阶段是人的自我意识的客观化时期,这时他们能否正确认识与悦纳自我,直接决定了健康个性与健康心理能否养成。因此,通过一些心理健康的教育活动帮助中学生逐渐掌握内化的行为准则来监督、调节、控制自己的行为,从对自己的表面行为的认识、评价转向对自己的内部品质的更深入评价,有利于中学生自我意识的发展、情绪情感的积极体验,形成健康的心理。这个选题非常重要,但是要上好辅导课也很有难度。

干海琳老师执教的这堂心理辅导课,在获得海曙区初中组第一名之后,经过2

次磨课,以其精湛的教学技巧与温婉的教态语言,无可争辩地一举夺得当年宁波市初中组心理健康教育活动课第一名。

本辅导课的亮点很多。教学辅导过程设计环环相扣;对初中生的辅导过程中,干老师积极参与学生的讨论和交流,为了增强感染力有时还结合自己的故事或事例,让自己和学生融为一体;教学资料运用丰富,辅导过程中的故事、数据、游戏等材料,针对性很强。初中学生的心理辅导其实很难,太浅则学生敷衍了事,太深则学生难以接受,干老师对材料的选择恰到好处。

辅导过程中的注意事项,教师可根据学生需要和个人风格进行选择。所以在平时的教学过程中,完全可以利用本书的团体心理辅导范例,但是如果要在比赛中获得更好的名次,恐怕还需要个人的日常教学功底做支撑,这样比赛时机来临的时候,教师就能一举把握住。

第8节 摆脱习得性无助

【辅导主题】

学习自信心培养的心理辅导。

【辅导目标】

1. 认识到不自信心理的危害和树立自信心的重要性。
2. 能够分析自身的不自信心理,并能够用适合自己的方法加以克服。
3. 激发自身潜能,走出自卑的阴影,树立自信心。

【辅导对象】

初中生或高中生。

【辅导预设与教学流程】

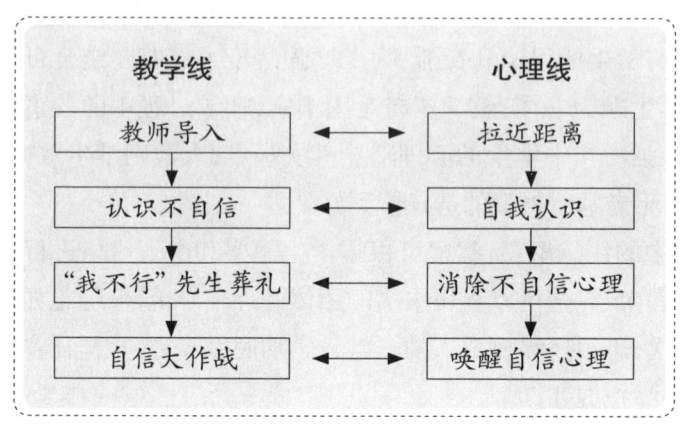

◎ 拉近距离,引入主题

师:同学们,大家好!很高兴由我来给大家上这节心理活动课。不过,作为一个"菜鸟",没什么经验,我很紧张,很担心自己上不好课,怎么办,怎么办,怎么办?同学们,你们想对这个状态的我说些什么呢?

◎ 游戏:比一比,赛一赛,了解不自信的原因:外貌

1. 做游戏。

师:首先,我们来做一个小游戏,每一组先选派一个人代表小组参赛。大家可以讨论一下,选谁来参赛。

游戏步骤:进行五轮比赛,每一轮比一样东西,比如手臂长短、眼睛大小等。每次前三名的组都可得一分,最后一名的组不得分。(五轮下来,尽量保证各组的分数差不多)

2. 思考与讨论。(幻灯出示以下问题)

(1)第一次比赛时谁是最后一名?为什么?

(2)那后面几次比赛时他得到分数了吗?分别是第几名?

(3)同样是这位同学参与比赛,为什么他拿最后一名的时候大家都记得,他拿其他名次时大家不记得呢?如果游戏规定只有第一名才可以加分,那大家的关注点还会是最后一名吗?这说明什么?你从中感悟到了什么?(学生分组讨论并自由发言)

3. 老师认真倾听学生发言后,适当加以引导。

师：是啊，每个人有强项也有弱项，有长处也有短处，所有的这些加起来才是完整的自己。但是其他人可能只是根据某一标准来评价你，或许他只看到了你身上的短处，就告诉你，"你不行""你真笨"。而有时候我们自己也会仅凭着自己的长相、身材等方面的不足，或者某件事一时的失败而给自己"判死刑"。接下来，老师要给大家讲个小故事。大家或许能从中得到启发。

◎ 故事分析，寻找不自信的原因：经验和环境

1. 教师讲故事《被木桩拴住的小象》。

朋友去泰国旅游，回来后说起一桩事情，颇耐人寻味：他说那里的人们总是把作为谋生工具的大象拴在一根极为不起眼的小木桩上，论大象的力气，完全可以轻而易举把木桩拔起，然而这些"庞然大物"从来不会尝试着挣脱。他非常疑惑，当地人告诉他，因为这些大象从刚生下来不久，人们就把它们拴到木桩上，这些被束缚了自由的小象通常会惊慌失措，不断挣扎，甚至不惜伤痕累累，然而凭它们之力，是无法撼动木桩的。几次反复，小象意识到自己根本无法摆脱这种束缚便不再尝试。当这些小象长成大象后，人们往往只需用一根小木桩就可以把大象拴住。

提问：（1）当小象长成大象后，一根小小的木桩还能困得住它吗？（不能）

（2）那大象为什么不挣脱木桩，回到森林去？（因为它小的时候无法挣脱，所以它以为长大了的自己也无法挣脱。以前的失败打击了大象的自信，使它感觉自己做不到）

（3）你能从中得到什么启示？（一时的失败并不能代表永远都会失败。我们一直在成长）

师：根据你的生活经验，你能给大家举个例子来形象地说明吗？（学生举例说明）

师：刚才的同学说得非常好。的确，在日常生活中，很多我们的同龄人都有这样的烦恼。我们一起来看一看。

2. 案例剖析。

案例一：我叫小丽，从小是个活泼好动的女孩，喜欢尝试各种新奇的东西。当然，因为尝试，难免会出很多错。比如为了学插花打破了妈妈心爱的花瓶，为了学骑自行车摔了腿，为了研究钟的原理拆坏了家里的闹钟。我的每一次尝试都换来爸妈的厉声呵斥"不准！"或大惊小怪的惊呼"危险！不要！"，久而久之，我对自己要做的事情变得不自信了，因为我不知道做完了之后大人是不是又该大声说"不"了。结果，如爸妈所愿，我变成一个"乖"孩子、小淑女，哪儿也不碰，什么也

不摸,但却把"自卑"的种子深深地埋在心中。好怀念以前自信好动的我……

案例二:我叫小刚,是一名学生。可我在学习时毫无动力,我不知道为什么要学习,也不想取得好成绩。遇到难题就放弃呗,反正我一直都是个失败者。做什么事情都做不好,没一次成功的。现在老师总说这件事我能做好,是我不努力,可我不信,以前的我也没有成功过呀。以往的经历告诉我,无论怎样努力都不能取得成功。

提问:(1)案例中两位同学的问题是什么?(不自信)

(2)为什么两位同学会这样?(小丽:因为父母的呵斥(外部环境);小刚:因为以前的失败经历)

3. 解释习得性无助。

师:大象因为小时候的失败而放弃了再次逃跑,从而无法回到森林;同学因为之前的失败,而放弃了努力,不再上进,这种现象在心理学上叫作"习得性无助"。造成自信缺失的原因有很多,之前我们做游戏时知道了,外表有可能成为不自信的原因,那么"习得性无助"也是其中一种,是一种因为重复的失败或惩罚而造成的听任摆布的行为,主要表现为自卑、焦虑、不上进。

◎ "我不行"先生的"葬礼",去除心中的不自信

1. 教师引导。

据心理学家的测试,我们大多数人的智商都处在100上下,大多数人都不是天才,也不是白痴,通过努力都可以成就一番事业,可许多人因为这种习得性无助,不再自信地将自己的才华展示于人前,不再挑战困难,勇往直前,放弃了许多本来可以把握的机会。请同学们回忆自己已走过的七八年的读书生涯,想想你是不是也错失过很多机会,想想你是不是也有曾经失败过就不再尝试的事情。

今天,我们是否该好好把握机会,不再受"我不行"的影响呢?

现在就请同学们把自己觉得"我不行"的事写下来,让我们为自己的这些"我不行"举行"葬礼"。

(1)给每位同学分发一张纸。

(2)在纸上列出我不能做成功的事。要求:态度要认真诚恳,独立完成,不讨论。

(3)学生排队依次把纸放入事先准备好的盒子里,并鞠躬离开。

(4)告别"我不行"仪式。(配上舒缓的音乐)

悼词:"我不行"先生在世的时候,曾经与我们朝夕相处,而且改变着我们每个人的生活,有时甚至比任何人对我们的影响都深刻得多,因为他成了人们逃避问题

的好帮手,每一次遇到困难的时候,我们都会想起他,怀念他,念叨他的名字,然后默默地给自己一个退缩的理由。

愿"我不行"先生安息吧,也希望他的死能鼓励更多的人站起来,愿我们每个人都能振奋精神,勇往直前!当我们想说"我不行"时,别忘了他已经死去。我们需要积极地去想解决问题的办法,永远不要说你是做不到的。

师:请同学们默默地说一句告别"我不行"的话,让它走出自己的心灵。

◎ **交流分享,重塑心中的自信**

师:确实,习得性无助对我们的影响非常之大。它会偷走我们的自信,使我们怀疑自己,使我们在前进的道路上退缩,在挫折面前一再放弃。这是一个很可怕的敌人,对吧?今天,我们要集群体的智慧,讨论出一个应对习得性无助、重塑自信的方案,把你被偷走的自信要回来。现在以前后四人为一小组,进行讨论。5分钟之后,每组派一个代表,来和大家分享自己小组的方案——你会如何让自己摆脱习得性无助,让自己自信起来。

……

师:大家说得都很有道理,其实,我也是个不怎么自信的人,看了大家的方案之后,我也想和大家分享一下我自己的做法,希望能给大家一点借鉴。

教师展示自己建立自信的方法:

(1)刷牙洗脸的时候,给自己一个肯定的眼神,含着泡沫说一声:我能行!
(2)重新读一遍自己写的诗歌和小说,赞叹一下自己竟然如此有文采!
(3)自己动手做一把想了很久的胜利之剑!
(4)痛快地打一场篮球,享受那种奔跑的快乐和得分的快感!

总结:今天,我和同学们一起,了解了习得性无助的特点,了解了自己在学习生活中一部分不自信的原因,并且和"我不行"先生说了永别。希望大家在今后的生活中,能够运用今天课上大家讨论的方法,针对自己的情况,让自己自信起来,自信地去面对初中、高中的生活。

【辅导生成或精彩实录】

建立学习自信的七个步骤:

1.告诉自己:一定要实现学习目标。
2.要做最好的学习准备。
3.重心放在你最大的长处上。

4. 培养学习信心。

5. 从你的错误和失败中吸取学习教训。

6. 放弃逃避的念头,方能产生信念。

7. 要确实遵守自己所定下的约束。

建立自信的方法:

1. 挑前面的位子坐。

2. 练习正视别人。

3. 把你走路的速度加快25%,昂首挺胸,正视前方。

4. 练习当众发言。

5. 咧嘴大笑,每天至少赞美别人一句。

6. 放大说话的声音。

7. 遇到突然的变故要能够镇静下来,可以暗示自己镇静。

8. 培养运动的习惯,可以是跑步、跳舞、远足、篮球等,最好是晨练。

9. 万一自卑起来,要马上改变一下自己的姿势,变成自信时候的姿势。如:做几个深呼吸,看看蔚蓝的天空,暗示自己说:"我不错,我不错,我真的很不错!"

【辅导活动点评】

初中生以自我为中心的特质仍然比较普遍和明显,师生之间由于年龄的差异,有一些隔阂,能否重塑自信,与学生对教师的信任程度有极大的关系。马冀老师年纪很轻,又长着娃娃脸,因此,在本辅导活动中多次运用"自我暴露"的技术手段,唤起学生的共鸣;课程最后教师经验的分享,也是寻找贴近学生生活的方法。

在案例分析的环节,马冀老师选择了学生中最容易出现的两种情况:父母、老师导致的不自信,来让学生进行剖析,他们很容易就找到了共同点。首先挖掘自己身上是否有这样的不自信,然后才能更有效地唤醒自信。

本辅导活动最重要的部分,也是一个亮点:"我不行"先生的"葬礼",这借用了美国一位教师所使用的情景暗示,经多次试教发现:这一部分的辅导效果非常好,对学生来说是一次难得的心理体验。

另外,心理辅导活动强调教师的主持人角色和组织者教态,摆脱传统初中课程教学那种说教的模式,使用更为柔和亲切的语言。作为澳大利亚"海归"的教育硕士,幽默的马冀老师很轻易地做到了。作为第二次参赛选手,他有着更好的心理辅导的教学经验与比赛经验,所以马冀老师在海曙区历史参赛人数最多的初中组比赛中脱颖而出,一举夺魁。

本课的另一个优点,是在多元智能理论背景下,让学生明白:自信可以包括很多方面;自信可以体现在很多方面;自信是可以迁移的。马老师不拘泥于学习自信,通过有针对性的各种心理辅导活动,帮助中学生树立自信心,激发自身的潜能,助其奋力学习,追求并实现自身价值。

【给家长的建议】

处于初中这个年龄阶段的孩子,自我认知还不够完善,加之青春期的影响,非常容易受到如外貌、生活经验、外部环境、人际交往等等因素的影响,变得不自信、自卑,甚至自闭。而当前学校教育形式更偏重关注学生的成绩,以分数论英雄的现象普遍存在,这也导致了成绩不好的孩子不自信的情况非常普遍。

孩子的不自信是一种消极的心态和不良的心理品质,如果任由其发展下去,将使个人失去希望、自暴自弃,导致偏执、孤僻、社交恐惧等心理障碍的产生。不自信(自卑)产生的原因有心理缺陷、性格障碍、认知偏差等。

与不自信相对应的是自信。自信是指相信自己有能力实现一定目的和愿望的心理状态。它是人们成长与成才过程中不可缺少的一种重要心理品质,也是自我意识中的核心成分。自信是挖掘内在潜力的最佳法宝,西方的皮格马利翁效应,讲的就是自信的力量。当人失意时,或失去前进的动力时,自我激励是一种重新找回自信的简单方法。

在这样的大背景下,家长应当给予孩子更多人性上的关怀,努力去除不良因素对他们自信心方面的影响,重塑他们的自信。无论是学习自信,还是道德品质、行为习惯等各方面,家长都应该时时看到孩子的优点与长处,不要让孩子被分数与学业压垮。"天生我材必有用",我的孩子也一样可以成才。

第 九 章
面对挫折/消费心理辅导

> 一方面,物质丰富了,家里有钱了,面对孩子的各种消费要求与主张,怎么办?另一方面,精神孱弱了,心理脆弱了,生命说没就没了,如何帮助儿童直面挫折?及时求助,阳光总在风雨后,让挫折丰富人生,本章共有8个范例。

第1节 我一定会回来的

【辅导主题】

坚持性培养的挫折心理辅导。

【辅导目标】

1. 了解坚持不懈、永不言败才能通往成功。
2. 学习如何坚持的具体方法。
3. 体验到在坚持中收获成功与自信的快乐。

【辅导对象】

小学高段学生、初中生。

【辅导预设与教学流程】

◎ 热身活动,营造氛围

师:这节课上,老师想在我们班进行一个小游戏。(学生参与"搭长城"的游戏)

操作程序:

(1)全体学员围成一圈;
(2)每位学员都将双手放在前面一位学员的双肩上;
(3)听从老师的指令,缓缓地坐在身后学员的大腿上。

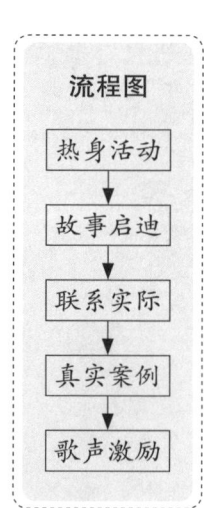

在环境和情境语言的影响下,学生投入到游戏情境中去。随着游戏情境的发展,学生会根据自己的行为,产生深刻的心理体验,如害怕、紧张、兴奋、沮丧等不同的心理。

◎ 故事启迪,引入主题

播放录像情景,将人人都有失败,有的人却坚持不懈地追赶失败后成功的实例展示出来。

在第 20 届都灵冬季奥运会双人花样滑冰决赛现场,张丹和张昊在短节目之后成绩排名第二,大家都把夺金的希望寄托在他们俩身上。抛四周跳,本是他们冲刺冠军的王牌,却成了他们致命的失误,张丹若无法在两分钟内重返赛场,则意味着放弃比赛。她,左腿膝盖韧带严重损伤,甚至无法在冰面上站立,退出比赛似乎是最合情理的选择。然而……最后,张丹和张昊获得双人滑项目的银牌,这是中国队在冬奥会上该项目取得的最好的成绩。失误,使她错失冠军的称号;坚持,为她赢得冠军般的荣耀。

师:这个故事,给了我们什么启迪?或者你有什么感悟?先与边上的同学交流一下。(集体交流)

师:面对刚才游戏的失败,我们还有必要继续尝试吗?(调查)同学们的回答,不禁让我想到了动画形象"灰太狼"。每次灰太狼捉羊的计划到最后都以失败而告终,在回狼堡的路上它总会大吼一声:"我一定会回来的!"

◎ **联系实际,自我分析**

师:记得一位哲人说过,一个人对于挫折或不幸的事,真正感到痛苦的时间只能有两天。第一天是发生事情的当天,由于事情突如其来,没有心理准备,一时不能抑制,痛苦不堪也是可以理解的;第二天,一觉醒来,痛苦的情绪得到缓解,可以理智、冷静地对事情进行分析,做自我检讨,从客观、主观、目标、环境、条件等方面,找出失败的原因;那第三天,就可以采取有效的补救措施,让一切从头再来。

师:面对刚才游戏的失败,请学生冷静分析、分组讨论,游戏失败的原因是什么?想要取得游戏的成功,我们必须做到什么?

失败是一种信息反馈。只有冷静分析,及时调整,才能靠近成功。

◎ **真实案例,引人深思**

爱迪生经过 13 个月的艰苦奋斗,试用了 6000 多种材料,试验了 7000 多次,终于找到一种灯丝材料,让电灯亮了 45 个小时。这是人类第一盏有实用价值的电灯。林肯经历九次竞选失败,只有三次成功,而第三次成功就是当选为美国第 16 任总统。

通过介绍这些事迹引导学生认识到,虽然做了周密的计划,进行了有效的行动,我们还是很有可能会失败,但我们只要做好了永不言败的准备,终有一天,我们会获得成功。

师：看了他们的事例后，当你遇到不如意的事时你最想对自己说什么？（学生反馈）

师：同学们，原来每一个人，包括伟人、名人都一样，成长路上永远不是"一帆风顺"的，会跌倒、会摔跤，但只有在一次次的跌倒后勇敢地站起来，才会站得更稳，也只有这样，才可以激发我们的进取心，磨炼我们的意志，增加我们的创造力和智慧。

同学们作为第三方去看真实的案例，容易获得心灵震撼。许多同学都知道失败乃成功之母的道理，但缺乏有效的监督，坚持不长久就会泄气。找到失败的原因，再去感悟名人"经受更大的挫折，靠自己的意志取得成功"的例子就会有更大的触动。

◎ 歌声激励，扬帆起航

师：让我们一起听喜欢的歌曲《努力》，积蓄自信的力量和挑战失败挫折的勇气。（多媒体课件播放动画歌曲）

学生唱自己喜欢的流行歌曲是缓解紧张、放松心情的一种有效方式，并能从歌词中获得自信、积极的心理体验。

当这节课结束的时候，其实就是学生敢于面对失败挫折的开始。

【辅导活动点评】

记得巴尔扎克说过，挫折就像一块石头，对弱者来说是绊脚石，让你却步不前；而对于强者来说却是垫脚石，使你站得更高。

教育部教基〔1999〕13号文件规定："中小学心理健康教育的任务：一是对全体青少年学生开展心理健康教育，使学生不断正确认识自我，增强调控自我，承受挫折、适应环境的能力……"对学生进行挫折教育，使学生正确对待挫折，敢于面对学习、生活中的失败，战胜自身弱点，成为具有健康性格的人，对他们将来更好地适应社会具有积极的意义。金贞老师设计的本辅导活动，获得了宁波市第八届小学心理健康活动优质课评比三等奖。

本次辅导活动的特点有：

心理辅导课必须创设一种轻松自由的氛围，打开学生的心扉，而游戏是一种操作简单、实效性很强的方式。本次活动中，"搭长城"的游戏让学生快速集中注意力，在自然的情境创设中感受、体验与实践，在游戏中提高对事物的分析能力，认真地反思自己，理智地剖析自己，直面失败，积极探索成功的突破口，可谓一举多得。

榜样示范法有层次。许多同学都知道失败乃成功之母的道理，但缺乏有效的监督,坚持不长久就泄气了。所以在失败面前,更需要我们用平和的心境、正确的态度来迎接它,用理性的思维、缜密的逻辑来破解它,用细腻的心思、敏捷的反应来总结它。找到失败的原因,调整自己,然后,再去感悟名人"经受更大的挫折,靠自己的意志取得成功"的例子就会有很大的触动。

由于小学生产生挫折的原因是多方面的,这堂辅导课意在加深同学的感悟和体验,做到知行统一,用学到的知识解决自身的心理困惑。通过名人及身边的人的故事来加深对挫折的认识和感悟,谈谈自己的感想和认识,联系实际,思考在实际生活中该怎样面对挫折。气氛比较活跃,情绪也比较高涨,学生更深刻地认识到"挫折可以是成功的垫脚石"的道理。

这堂课调动了学生的积极性,也使学生了解到挫折在人生的路上是不可避免的,在学习和生活中,遇到困难或不顺心的时候,要克服焦躁不安、情绪低落、抱怨家长和老师、失去学习的信心和动力等不良心理与行为。提高承受挫折的能力,掌握一些对待挫折的正确方法。

通过本辅导活动,同学们对挫折有了新的认识,明白了要勇敢地面对生活中的困难,以正确的态度和方法去战胜挫折。

【给家长的建议】

"人生不如意事常八九",无论是谁,在人生的道路上都会遇到大大小小的挫折。所谓挫折,就是指个体在从事有目标的活动中,遇到的致使个体目标不能实现、需要不能满足的障碍或干扰。

孩子在成长路程上会遇到很多障碍,绝不会是一帆风顺的。若他们在成长的道路上跌倒,那些从小娇生惯养、溺爱过度的孩子在困难面前选择屈服;而那些习惯于在跌倒后自己爬起来的孩子,敢于与困难交锋和抗争,即便跌得头破血流,也能重新站起来,最终成为命运的主宰者和事业上的成功者。

父母们当然希望自己的孩子跌倒后能自己爬起来。所以,建议如下:

第一,教孩子控制好自己的情绪。

不管是成人还是孩子,在遇到困难或遭受打击时,总会感觉紧张、烦闷、压抑,这样的情绪自然不利于孩子重新站起来。父母要主动去了解和关心遭受打击的孩子,鼓励他们控制自己的情绪,排除烦恼,让他们能积极主动地去认识问题,应对困难。

第二,引导孩子正确认识失败。

孩子遭受失败的打击后,很可能把困难夸大,产生一种发自内心的畏惧,从而选择逃避或放弃。父母此时要引导孩子正确认识失败,告诉他们如何寻找失败的原因,从失败中吸取教训和经验,为以后应对类似的问题提供借鉴,而不是在失败后自暴自弃。

第三,增强孩子重新站起来的自信心。

孩子遭受失败打击后,自信心很容易受挫。父母要不断给孩子鼓励,帮助孩子找回自信。例如孩子跌倒时,父母要说:"宝宝是最棒的,能自己站起来。"孩子失败时,父母可以说:"你一定会成功的,只要再试一次!""你只要继续努力,一定能做好!"

当然,父母的引导要注意方式方法,不应该是粗暴的,而应该是满怀真诚和关爱的,相信父母们能行的!

第2节 阳光总在风雨后

【辅导主题】

抗挫折的心理辅导。

【辅导目标】

1. 正确认识挫折的概念。
2. 从挫折中奋起,以更大的信心迎接挑战,形成能经受挫折考验的健康心理。
3. 掌握一定的抗挫方法,能根据自己的实际情况,灵活运用。

【辅导对象】

小学高段学生与初一、初二学生。

【辅导预设与教学流程】

揭题:今天我们一起来聊一聊有关挫折的话题。

◎ 了解对挫折的承受力

(做测试问卷:①强调自测;②结果保密;③通过辅导,结果会变化,所以在课堂

上测试结果不作公开)

同学们事先做了这份测试问卷,让我们来了解一下自己对挫折的承受力吧!请大家比较总分 A 和总分 B 的大小,由我来简单分析一下结果:

测试结果为 A > B,那就说明你们不怕在生活中摔跟头,能努力从失败中吸取教训,争取今后取得成功。A-B 的分值越高,说明你对挫折的承受力越强。

测试结果为 A ≤ B,说明有时你可能很怕挫折,常因担心遇到困难和失败而放弃努力。因为怕摔跟头,所以很多该走的路、该去的地方你都没有走、没有去。不过得到这个测试结果的同学也不用太担心,今天的活动,对你们一定会有所帮助。

◎ 直面挫折

1. 请大家集中注意力默读一段文字,读完后举手示意。(播放背景音乐《阳光总在风雨后》)

肯德基前奏曲

永远失去父亲的那一年,哈伦德才 5 岁,连自己的名字尚拼写不完整。

14 岁辍学后,他回到印第安纳州的农场。上学时他不开心,干农活仍让他不开心,在电车上售票还是让他不开心,瘦削的小脸上罩满与年龄不相符的沉重与愁苦。

17 岁,他开了一个铁艺铺,生意还未完全做开就不得不宣告倒闭。

他尝试过卖保险,失败了。

他力争到一份轮胎推销业务,也失败了。

他学着经营一条渡船,失败了。

他试着开一家汽车加油站,也失败了。

他在几乎清一色的挫折与失败中晃到了人生的中年,这个中年人的生命苍白无力到甚至无法从前妻那儿见自己的女儿一面。为了这日思夜想的一面相见,这个落寞的中年男人想到了绑架,绑架自己的女儿,然而,就连这荒唐之举,在他不惜弯下男儿之躯,在路边草丛中潜伏守候了十多个小时之后也宣告失败了。

这个几乎被失败判了死刑的人,又晃过了几十年无人知也无人欲知的岁月之后,退休之年,一天,他收到了 105 美元的社会福利金,他用这点福利金最后开了一家想以此维生的快餐店——肯德基家乡鸡。

随后的快餐史便是一部肯德基史。

2. 说说读后的感受。

3. 谈谈你认为什么是挫折。

小结:我们有目的地去做一件事的时候,遇到了困难,导致事情没有顺利完成,这时我们会产生焦虑、失望、忧虑、担心、痛苦等情绪反应,这就是我们通常所说的遇到了挫折。遇到挫折是很正常的,我们每个人从小到大都会遇到,关键是我们该怎样面对挫折?下面让我们一起寻找战胜挫折的方法。

◎ 寻找战胜挫折的方法

1. 看心理情景剧,续演、归纳战胜挫折的方法。

路上:

生1(兴奋):噢——我终于买到《故事大王》珍藏版喽!这可是我舍不得买零食、舍不得买玩具,咬牙攒下三个月的零花钱,才买到的!它可是我的命、我的根,我一定要好好保管它!

生2:是吗?那这本书的确来得不容易!快让我看看吧!

生1:走,到我家看去!(将书夹在腋下,和生2有说有笑,不小心将书遗失)

家中:

生2(迫不及待):噢——到家了,快让我看看你那本宝贝书!

生1:好!(到处找书,摸头皮,万分着急、懊恼)咦——书到哪去了?

师:故事到这先暂停一下,你知道故事中的主人公遇到了什么挫折吗?如果你是故事中的主人公,你会怎样战胜挫折呢?请以小组为单位,先讨论战胜这个小挫折的方法,然后派组里两位同学把刚才的故事续演下去。

请生上台演一演,师生共同归纳战胜挫折的方法。

2. 再看心理情景剧,讨论战胜挫折的方法。

那边丢书的人刚解决麻烦,这边一个同学又愁容满面,是怎么回事呢?一起来了解一下。

生:唉……又是90分,怎么考来考去,老到不了95分呢?唉……我该怎么办呢?(拿着试卷边走边看边说)

师:是呀,他该怎么办呢?请大家在小组里讨论讨论,帮他出出主意吧!

师生共同归纳战胜挫折的方法。

小结:瞧,通过我们共同的努力,找到了这么多战胜挫折的好方法,现在就请大家选择适合自己的方法,快速记一记!

◎ 创设情景活学活用

1. 助人环节。(背景音乐《阳光总在风雨后》)

师:同学们,最近老师在学校的心理辅导室里接待了好几位同学,他们都是因为受到挫折后,不知该怎么办才来到我那儿求助的。现在我想请你们帮我分分忧,当当心理辅导室的值班老师,来接听这些同学的来电,并运用刚才我们找到的这些方法,替他们解决难题,好吗?老师临时来当这些同学,听完我电话那头的叙述后,如果你能解答,就摇铃示意。

(1)喂,老师您好!近年来我一直担任班里的中队长,可今天班干部改选,我却落选了。我真不知道该怎样去面对这个现实,所以想到了您,您说,我该怎么办?

(2)喂,老师您好!最近我刚当上班里的政宣委员,今天老师让我负责出黑板报,于是我想请几位同学帮忙,可他们都拒绝了我,这使我非常苦闷,您能帮帮我吗?

(3)喂,老师您好!两星期前,我的爸爸妈妈离婚了,听到那个消息的时候,我的心就好像一下子被掏空了,现在我感觉没有了快乐,做任何事都提不起兴趣,您可以帮帮我吗?

小结:接听热线到此为止,感谢我们的值班老师,相信今后当别人遇到挫折的时候,大家一定也会伸出热情的双手,帮助他人摆脱困境。其实,像刚才这几位来电求助的同学,自身也运用了一种很好的战胜挫折的方法,那就是"学会倾诉"。同学们若是在今后遇到人生挫折或烦心事,也可以在每晚的6:00—8:00拨打海曙区教育局开设的专业教育心理咨询热线电话87321890。

2. 自助环节。

现在,请你记录自己曾经遇到过的一个挫折,并运用刚学到的方法,试着去战胜它,并将战胜挫折的方法记录在心形卡片中。(以自愿为原则,先在小组中交流,再在班中交流)

◎ 树榜样找榜样

1. 请大家看一张照片,请注意观察人物的面部表情,猜想他生活得怎样。
(出示日本作家乙武洋匡照片的上半身部分,遮住下半部分)

2. 去掉遮住的部分,把照片的下半部分呈现出来,并出示事迹简介,请几位同学谈感想。(师有意识地请测试结果为 $A \leqslant B$ 的同学谈感想)

3. 其实在我们的生活中,这样的榜样还有很多很多,就让我们一起在活动结束后去寻找榜样,以此来激励自己勇敢面对挫折,好吗?(播放背景音乐)

结束点题:同学们,我们的人生是很漫长的,然而心理辅导课的时间却是有限的,当这熟悉的旋律再次响起的时候,我们的活动已接近尾声了,老师希望大家在今后的人生道路上,不管遇到什么挫折,都能勇敢面对,并能运用我们今天学到的这些方法去战胜它。最后,请全体起立,让我们一起记住本次活动的主题,齐读——阳光总在风雨后。

【辅导生成或精彩片段】

测试对挫折的承受力的问卷

（1）考试失败会激励我更努力地学习。　　　　　　　　　　　　（　　）

（2）失败常使我丧失自信心，怀疑自己的能力。　　　　　　　　（　　）

（3）当我完不成某项任务时，会十分担心被同学或老师瞧不起。　（　　）

（4）考试考砸了，我不会灰心丧气而不想做任何事。　　　　　　（　　）

（5）考试不及格，我就想办法对父母和同学隐瞒我的分数。　　　（　　）

（6）做事只要尽了自己最大努力，即使失败了，我也不会太难过。（　　）

（7）当我做错作业时，我会努力找出做错的原因，争取下一次做对。（　　）

（8）聊天时，我从来不谈自己失败的经历。　　　　　　　　　　（　　）

（9）如果老师布置的任务艰难，我不会主动要求去做。　　　　　（　　）

（10）我觉得人不能每次考试都考得特别好。　　　　　　　　　　（　　）

评分标准：

1分	完全不符合自己的情况
2分	不太符合自己的情况
3分	说不准
4分	比较符合自己的情况
5分	完全符合自己的情况

评分：计算两个不同的总分：总分A为题（1）（4）（6）（7）（10）得分之和；总分B为题（2）（3）（5）（8）（9）得分之和。

总分A：　　　　　　　　　　　　　　总分B：

【辅导活动点评】

挫折指个体在从事有目的的活动中遇到的致使个人动机不能实现、个人需要不能满足的障碍、干扰。广义的挫折是指一切能够引起人们精神紧张，造成疲劳和心理变化的刺激性生活事件。挫折在人们的生活中可以说是随处可见的。造成挫折的原因主要有两方面：

一是客观原因,也叫外部原因,是指由于客观因素给人带来的阻碍和限制,使人的需要不能满足而引起的挫折。它包括自然因素和社会因素。二是主观原因,也叫内部原因,是指由于个人生理、心理因素带来的阻碍和限制所产生的挫折。

人生的航程不总是一帆风顺的,其间会遇到各种困难和阻碍,因此,受挫是在所难免的。学生作为社会进程中的一员,不可避免地要经受挫折。由于小学生心理发展还不够成熟,缺乏对挫折的解析能力和承受能力,所以,有意识地对学生进行抗挫折教育,引导他们正确地认识挫折,掌握一些战胜挫折的方法,有助于他们顺利走过漫长的学习和生活历程。

随着生理机能发生变化,独立意识逐步形成,中学生开始发展出错综复杂的心理特点:他们既希望独立,又少不了依赖;他们的欲望增多了,但在现实中又不能一一得到满足;受宠的生活环境往往使他们的心理变得十分脆弱,抗挫折能力较差,遇到挫折容易产生抑郁、紧张、消极、焦躁、愤怒等不良心理反应。

笔者从事青少年心理咨询工作 20 多年,发现学生受挫折的范围主要来自五个方面:学习方面、人际关系方面、兴趣愿望方面、自我尊重方面、家庭生活环境方面。根据小学生受到挫折的调查情况显示,他们一般很少碰到特别重大的人生挫折,因此,心理辅导课将挫折如何定位显得非常重要。

王璐老师执教的这节心理辅导课,将抗挫教育中的挫折定位为介于困难与重大挫折之间的,导致个人动机无法实现的障碍、干扰,是非常适宜的,旨在让学生掌握一些战胜挫折的方法,去灵活地解决来自上述年龄段学生五个方面的挫折。本活动课的其他优点还有:

首先,体现了心理辅导活动的针对性。在"寻找战胜挫折的方法"这一环节时,设计了两个有针对性的问题情景,这些问题非常切合学生实际,是学生在学习、生活中常遇到的问题。

其次,在心理辅导活动中使用音乐来缓解人的紧张情绪,起到良好的心理暗示作用。本次活动,选用《阳光总在风雨后》这首曲子作为背景音乐,反复出现在第二、四环节和最后一个环节中,并在最后让学生在这熟悉的音乐声中,揭示本次活动的主题——阳光总在风雨后,起到了较好的效果。

第三,使用了勒温"团体动力学"原理,通过学生的积极讨论,找到了许多解决这些困难、挫折的方法,使学生明白在日常生活中困难、挫折难以避免,面对困难、挫折不能退缩,要冷静地对待它们,采取一些方法,就一定能够战胜它们。在同伴的支持与鼓励下,通过同伴的力量增强了战胜困难、挫折的勇气,培养了乐观面对挫折的良好心理品质,提高了学生的耐挫能力。

挫折教育的目的,是克服挫折的消极心理影响,消解由此引发的有害行为,并转变成积极的有益行为。本课让孩子明白了,要想获得成功和幸福,要想过得快乐和欢欣,首先要读懂失败、不幸、挫折和痛苦,受挫一次,对生活的理解便加深一层;失误一次,对人生的醒悟便增添一级;不幸一次,对世间的认识便成熟一分;磨难一次,对成功的内涵便透彻一遍。挫折教育的最终目标是让孩子把"绊脚石"踏在脚底下,使之成为"垫脚石"。

第3节 直面挫折 珍爱生命

【辅导主题】

直面挫折、珍爱生命的心理辅导。

【辅导目标】

1. 知道生命来之不易,生命对于每个人来说只有一次。认识到生命的意义在于让它充实,焕发光彩。

2. 增强面对挫折的勇气,培养笑对困难、挑战挫折的乐观精神。用积极的态度迎接生活,面对生活。

3. 对自己的生命有科学的设计,做一个对别人、对社会、对祖国有用的人,让自己的生命焕发光彩,珍爱自己的生命。

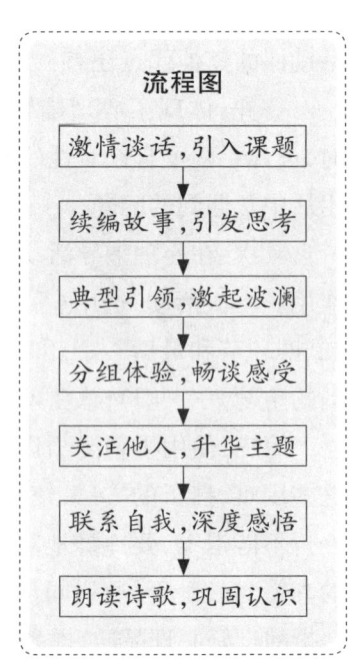

【辅导对象】

初中生、高中生。

【辅导预设与教学流程】

◎ 激情谈话,引入课题

师:世界是美好的,她的美好在于有生命的存在。

我们是这个世界最灿烂的组成部分,我们周围有蓝天和白云,有父母和朋友,有生活和理想。生命对我们来说意义是什么?我们又该如何面对生活中的崎岖?今天我们就来关注自我,关注我们的生命。

教师用一番激情洋溢的话开门见山地直奔课题,简洁明了。

◎ 续编故事,引发思考

师:同学们,你们喜欢寓言故事吗?今天,我们自己开动脑筋,来续编一个寓言故事的结尾好吗?看谁给我的惊喜最多。

1. 多媒体呈现。

死里逃生的驴

一位乡下农夫有头老驴子。一天,老驴子不小心跌进了一个深坑。农夫听到驴的哀鸣,目睹它的困境,想了很久,断定救不了它,但又不忍心看着它痛苦而死,于是,农夫决定往坑里填土,把老驴闷死,以便使它早些脱离苦海……

2. 学生分组讨论,续编这个故事。教师巡视各组,有意识地了解各组情况。选代表发言。

师:同学们,为什么会产生两种截然不同的结果呢?原因是什么?谁来说?

师:我们对待人生不同的态度,会产生两种截然不同的结果,这就告诉我们当面对不幸、困难时,决不放弃任何的努力,用坚强的意志力去克服,最后一定会战胜它们。你们看,原本用来埋葬老驴子的泥土堆,最后不是拯救了它吗?

教师用落入坑中的驴引出主题,让学生续编故事,使学生初步意识到在挫折面前,不同的态度会产生截然不同的结果。

◎ 典型引领,激起波澜

师:我们在座的每一位都是健全的人,如果遭遇突然事件而导致身体残疾,我们又该如何面对呢?让我们走进一位传奇人物的生活。

播放残奥会侯斌点火的视频。

师:侯斌,1975年生于黑龙江佳木斯,9岁时在一次意外中失去了左腿。他曾连续三届夺得残奥会田径金牌。2008年初,侯斌成为首位全球残奥大使。开幕式点火中,侯斌依靠双手牵引自己和轮椅升至高空,点燃了残奥会主火炬。其超越极限、克服万难的形象震撼了大家的心灵。许多人留言表示,侯斌向全世界人民展示了残疾人运动员创造的奇迹。

师:你们想对他说些什么?(学生谈感想)

教师出示的侯斌的故事在学生的心里引发极大的震撼,让学生感受到遇到重大的挫折,只要勇敢面对,就能成为生活的强者。

◎ **分组体验,畅谈感受**

师:一个四肢健全的人,遭遇突然事件而致残,带给他的痛苦是巨大的。接下来,我们分组来体验一下。

1. 学生当盲人,画一张笑脸。
2. 学生当一个胳膊有残疾的人来系红领巾。

师:说说你在画时的感觉。(学生反馈)

师:说说你在系红领巾时的感受。(学生反馈)

师:刚才我们体验了残疾人在处理我们平常看似简单的事情时的艰难。现实生活中,还有更多的挫折和磨难,它同样有可能降临到我们头上,我们一定要乐观面对。

教师让学生分组体验残疾人处理日常事情时的艰难,让学生体会到在面临重大挫折时,一定要乐观面对。

◎ **关注他人,升华主题**

师:珍爱生命不仅仅是珍爱自己的生命,还表现在自己力所能及的条件下关注别人的生命。

在我国的首都北京举办的第29届奥林匹克运动会上,身高2.26米的姚明手持鲜艳的五星红旗引领中国体育军团步入会场。这时当一个一手举着五星红旗,一手举着奥运五环旗的孩子,蹦蹦跳跳地出现在姚明身边的时候,相信所有观众又惊讶又感叹!这个和姚明个头差距悬殊的孩子,他是谁呢?

生:他是在汶川大地震中乐观又勇敢的9岁小英雄小林浩。

师:他的出现为此刻绚丽的北京城又带来了另一种力量。你们一定对抗震救灾小英雄林浩的事迹谙熟于心了吧,谁来说说啊?

生:在被埋废墟时,他带领同学一起唱歌,战胜恐惧。爬出废墟后,发现一名昏倒的女同学,他立即把同学背到安全地带,紧接着,他又一次返回废墟,救出了另一名受伤的同学。"我背得动!"是他跟记者说的最多的话。

师:如果你是被他所救出的一个同学,你想对他说些什么呢?(学生反馈)

教师用汶川地震中小英雄林浩的故事来告诉学生,珍爱生命不仅是珍爱自己的生命,还表现在关注别人的生命,升华了主题。

◎ 联系自我,深度感悟

师:人的一生是短暂的,若是处在生命终结前的 24 小时,你还可以做三件事,你会做些什么,让自己不至于遗憾终生?(学生写)

师:谁来给我们说说生命终结前最想做的事?(学生反馈)

师:从同学们所说的生命终结前的三件事中,我读出了同学们对自己生命的珍爱,对生命意义的理解,都希望让自己的生命焕发光彩。老师为你们而自豪!

教师通过这个环节,让学生对珍爱生命这个主题进行内化,在书写中不断反省自己,不断提高自己的认识。

◎ 朗读诗歌,巩固认识

师:在这次辅导活动中,张老师觉得和同学们相处得很愉快,张老师想送给你们美国作家道格拉斯·玛拉赫写的一首诗《做一个最好的你》,相信你们在今后的道路中能乐观面对挫折,珍爱自己的生命,让自己的生命焕发光彩。

做一个最好的你
[美]道格拉斯·玛拉赫

如果你不能成为山顶上的高松,
那就当棵山谷里的小树吧,
—— 但要当棵溪边最好的小树。
如果你不能成为一棵大树,
那就当丛小灌木,
如果你不能成为一丛小灌木,
那就当一片小草地。
如果你不能是一只香獐,
那就当尾小鲈鱼,
—— 但要当湖里最活泼的小鲈鱼。
我们不能全是船长,
必须有人来当水手。
这里有许多事让我们去做,有大事,有小事,
但最重要的是我们身旁的事。
如果你不能成为大道,
那就当一条小路;

如果你不能成为太阳，

那就当一颗星星。

决定成败的不是你的大小，

—— 而是做一个最好的你。

通过学生朗读诗歌，让学生领会到要乐观面对今后的生活，让自己的生命更精彩。

【辅导活动点评】

现今社会上，青少年自杀或是杀害亲人的事件层出不穷，给人们带来了极大的震撼。这些行为大多是因为青少年心理发展不成熟，对生命的认识不够深入导致的。如何提高学生的生命意识，如何让大家懂得珍惜生命，珍惜每个人短暂的一生，并在这短暂的一生中有所作为，干出一番事业，便成了这次辅导课的主题。

当代学生各方面条件的优越使他们渐渐养成了安逸享乐的习惯，遇到挫折的时候往往不知所措，采取逃避的态度，甚至"轻生"。针对这一现象，张红娜老师根据生命教育的指导思想，结合汶川地震的事件和残奥会的有关人物，意在帮助学生树立正确的世界观、人生观、价值观，学会用积极、乐观的精神面对生活中的困难，并意识到生命的意义并不仅仅只是"生存"。

通过这种辅导课，同学们产生了一种生命意识，一种时间的紧迫感。为了让学生能明确意识到珍爱生命的重要性，摒弃了烦琐的导入，开门见山直奔课题。教师用"落入坑中的驴"引出主题，让学生续编故事，使学生一下子就意识到在挫折面前，不同的态度会产生截然不同的结果。

这节心理辅导课的各个环节设计符合该年龄段学生的心理特点和年龄特征，层层深入，条理清晰。尤其值得一提的是活动中教师选取了能引发学生思考与讨论的事例，切入点小，立意深刻。教师收集的图片、录像，配合的解说词也匠心独具。这整个活动中，教师能做到关注学生，及时点评，是一堂符合学生内需的心理辅导课。张老师选取了贴近生活实际的侯斌、林浩的事例，让学生从典型中得到启示。为了让学生能进一步提高自我意识，让学生写写自己在生命终结前最想做的三件事，多次试教后发现这些辅导效果比较好。

辅导过程中的不足之处：在辅导的推进过程中，教师的预设成分比较重，学生的参与度与积极性还有提升空间；对于如何对待挫折还缺少一些具体的方法指引。

当然挫折教育不是一堂课就能教好的，需要多次训练。

【给家长的建议】

生命很宝贵,对每个人来说都只有一次,我们本应倍加珍惜。可是,在现实生活中,我们经常看到、听到社会上许多青少年出于各种原因自杀或被杀,一个个血的教训让人触目惊心。这些由于无知、无畏、内心脆弱等造成的意外伤害和自杀事件成了我国青少年死亡的主要原因。这一残酷现实使得我们不得不正视生命教育这一课题。

1. 教育孩子懂得生命来之不易,要好好珍惜

一位前人说过:死,是生者的痛苦。作为家长,要在孩子小时候就向他们做关于"死亡"的诠释,要充满爱意、深情地告诉孩子,生命不仅仅属于你个人,它连着亲朋和社会。父母养你不容易,大家都在关爱着你,对你寄予希望。你突然离开,你所有的亲人和那些喜欢你的叔叔、阿姨、老师、小朋友怎么受得了?再说,你还没有体验美好的丰富多彩的人生,没有报答父母的养育之恩,没有报效国家,服务社会,怎么能选择轻易离去呢?并要反复强调,选择轻生是愚蠢的行为。

2. 教育孩子遇到情况要量力而行,学会保护自己

家长要教育孩子什么是英雄,要讲清楚英雄是智勇双全的,是正义的化身,他为祖国、为人民、为正义事业,能克服许多人不能克服的困难。要突出强调:做事不自量力、鲁莽、逞能、轻易送死不是英雄行为。要教育孩子,遇到危险要立刻告诉家长或老师,因为家长和老师有经验,有能力处理复杂问题。如果情况危急,做事要量力而行,不能逞能、充英雄。无谓的牺牲是人生的失败,是家庭和社会的悲剧。同时提前告诉孩子一些自我防护的方法。

3. 培养孩子一定的抗挫折能力

家长要恰当地使用批评,给孩子的行为以正确的评判,让孩子适当体会到挫折的滋味,锻炼其承受能力,及受挫后的思考、调整能力。另一方面,在孩子受挫后,家长应充分体现细心、耐心,要了解孩子思想,密切关注动态,帮助孩子正确地看待挫折、面对挫折,避免悲剧发生。提醒孩子要正确看待老师和家长的批评,还有在与同学交往的过程中,如果遇到问题,不能憋在心里,一定要学会找人倾诉,积极地解决问题,千万不能钻牛角尖、走死胡同。

4. 教育孩子树立正确的人生观、价值观

家长要利用多种途径与方法,多与孩子进行思想交流,要教育他树立正确的人生观、价值观,提高他的思想境界,多用鼓劲的方法增长他的自信心,培养他百折不挠的意志。不能让孩子成为"温室里的花朵",始终生活在父母的庇护下,而要他

在进入纷繁复杂的社会后也能摆正心态,从容面对。

处于心理成长期的孩子,对于人与人之间的相处也正处在一个学习阶段,要让他们学会感知父母、亲人、朋友对他们的爱与关怀,要懂得以一颗感恩的心,过好生命的每一天,去回报这些身边的人。

第4节 让挫折丰富人生

【辅导主题】

承受挫折、战胜挫折的心理辅导。

【辅导目标】

1. 了解挫折是不可避免的。
2. 讨论战胜挫折的具体方法,能在实际生活中灵活运用,提高承受挫折的能力。
3. 树立正确的人生目标,初步培养不畏挫折的可贵品质。

【辅导对象】

小学高段学生、初中生。

【辅导预设与教学流程】

◎ 情境导入,激发学生探究兴趣

1. 2008年5月12日在四川汶川发生了里氏8级大地震。(图文重现汶川地震现场)

师:"5·12"大地震给人们留下了非同寻常的记忆与经历。面对这个场景,你想说些什么?

小结:生活中不可能只有平坦大道,人生路上我们也不可能都是一帆风顺的。困难和挫折是人人有份的"快餐"。那么当我们无法避免挫折时,大家该怎样认识挫折、最终战胜挫折呢?让我们一起走近挫折!让挫折丰富我们的人生。

本环节是心理辅导的导入环节。教师采用生活情境导入法,用图片、导语相结合的方式重现了汶川地震现场,引发孩子们对挫折的关注,并引入主题。

◎ **心理测试,了解承受挫折能力**

1. 发放耐挫心理调查问卷。

师:你们知道自己对挫折的承受能力是多少吗?想知道自己对挫折的承受能力是多少吗?

2. 同学们根据实际情况填写问卷表(可参考 P270《测试对挫折的承受力的问卷》),了解自己的耐挫能力。

3. 统计并交流调查问卷表。

第(1)(4)(6)(7)(10)题的总分为 A,第(2)(3)(5)(8)(9)的总分为 B,统计 A＞B、A＜B、A=B 的人数,并告诉他们其中的奥妙。

师:关于自己的耐挫能力,你有哪些担忧?

小结:A＞B 的同学说明承受挫折的能力比较强,但这个结果只表示你目前的状况;A＜B 和 A=B 的同学也不用担心,因为耐挫能力是可以通过锻炼得到提高的。

本环节是本次心理辅导的重点环节。运用现场调查问卷统计法,统计学生目前耐挫能力的情况。这一环节展现了心理辅导对象的整体情况,根据学生的不同差异,老师进行有的放矢的教育;并给需要挫折辅导的学生一些暗示,耐挫能力差不需要过于担忧,战胜挫折是有方法可循的,要树立起自信,克服它。

◎ **尝试疏导,师生形成探究共识**

1. 名人效应,缓解受挫心理。

出示贝多芬、海伦·凯勒、桑兰的事迹,学生认真阅读、思考。

师:这些名人遭受过哪些挫折?面对巨大的打击他们挺了过来,又取得了哪些辉煌的成就?此时此刻,你又有了哪些感受?

小结:没有挫折就没有人生,人生因挫折而精彩。就让我们以名人为榜样,从他们身上汲取力量,最终战胜挫折!

2. 迁移训练,提高抗挫意识。

师:不管是名人还是普通人,在成长中都难免遇到挫折和打击,生活中你有类似的经历吗?把最近遇到的困难或挫折写在小纸条上(不必写自己姓名),写完后,把它塞到"开心小屋"里。

> 我遇到的至今印象深刻的一次挫折是_____
> 我受挫后的心情（或表现）_____

3. 助人自助，掌握自我疏导的方法。

师：当我们无法避免这些挫折和打击的时候，该怎么来认识和面对挫折呢？打开"开心小屋"，随机抽几位同学的事例，让老师和同学们一起来帮帮他。

小结：战胜挫折的方法还有很多，而且有些挫折需要综合运用各种方法才能战胜它们。

4. 书写爱心卡，给汶川受灾的孩子们送去慰问与鼓舞。

本环节是本次活动的辅导难点。教师针对孩子的心理困扰，进行多层次的心理疏导。首先，采用名人效应策略，帮助学生缓解受挫心理。应用他人已有经验的启示和教益，既自助又助人。其次，通过学习迁移的策略，提高了学生的抗挫意识。学生找生活中类似的经历，以匿名的形式把自己所遇到过的挫折写下来，是一种情感的宣泄，也是对战胜挫折的一种挑战。第三，采取助人自助策略，活动中学生掌握了自我疏导的方法，获得一定的经验，培养了不畏挫折的可贵品质。最后，书写爱心卡，给汶川受灾小伙伴送去慰问、送去力量、送去鼓舞，把课堂中所学的带到实际生活中灵活运用。

◎ 挫折自白，体验自我成长的喜悦

1. 挫折的自我告白。
2. 唱诵抗挫儿歌。

小结：挫折就像根弹簧，你退它就进，你强它就弱。挫折一点都不可怕。

本次活动的最后一个环节，以挫折的自我告白情境贯穿，以唱诵儿歌的形式，笑谈挫折，表达自己能勇敢、从容地面对挫折，提高心理素质，体验成长的喜悦。

【辅导活动点评】

《中共中央关于进一步加强和改进学校德育工作的若干意见》明确要求："通过多种方式对不同年龄层次的学生进行心理健康教育和指导，帮助学生提高心理素质，健全人格，增强承受挫折、适应环境的能力。"可见，增强学生的挫折承受能力，培养健康、完善的心理素质，是当前素质教育的主要内容之一。

儿童个人成长的道路不可能总是一帆风顺的，人生挫折是难免的，教会儿童如何正确对待挫折，拥有承受挫折的能力，那将是人生的一笔精神财富。所以，儿童挫折教育很必要。

整个心理辅导活动中,老师始终把构建和谐良好的心理辅导环境放在首位,平等对待每一位学生,尊重学生人格,做好学生学习过程中的指导者、组织者。

本次教学辅导,能恰当地运用情景教学法、体验法,发放调查表,通过音乐营造气氛,图片展示情景,语言描绘情景等,让学生知道在学习和生活中常常会遇到挫折,人人都不可避免;初步掌握战胜挫折的方法,培养学生战胜挫折的能力;学生在助人自助中以积极、健康的心态正确对待挫折,用勇于挑战自我的勇气和毅力战胜挫折,取得成功。

活动中,学生独立思考、积极讨论交流,不仅在知识、情感上,而且在合作技能等方面都得到了提高,取得了较好效果。本次辅导活动由虞芳娇老师执教,获得2008年度海曙区比赛二等奖。

【给家长的建议】

家长在对孩子实施挫折教育时,要讲究分寸与策略,需要注意的事项如下:

第一,小树成长不需要额外风暴。不要无端地给孩子设置挫折,更加不要随便否定孩子。挫折事件发生了,就事论事,在解决方法上帮助孩子多下点功夫。

第二,遇到大小挫折时,请家长不要包办,要给孩子足够时间去思考和探索,解决问题后,引导孩子总结自己的成功之处,下一次再出现挑战或挫折时,孩子就会主动积极地去面对。

第三,自愿挑战而遇到挫折时,家长要更多地从技术层面给孩子以点到为止的指导和启发,尽可能让孩子自己来解决问题、克服困难,这样才能让孩子体验到成功的喜悦和父母的关怀。

第四,控制好奖品与奖励。取得一点点进步,就不要给予孩子过多的物质奖励和过分的美誉之词,让孩子有机会去享受成功后的精神奖励。过多的物质奖励,会冲淡孩子的成功体验,甚至为物质奖励而努力,这时悔之亦晚矣。

总结成一句就是:只有在挫折逆境中成长的人,才更能深刻理解什么叫成功,体验到成功的快乐。

第5节 我是小富翁

【辅导主题】

财富意识的心理辅导。

【辅导目标】

1. 明确生活中单纯的物质财富的富裕并不是真正的富裕。

2. 具有财富意识,掌握如何让自己富有的途径,成为精神上和物质上的双重富翁。

3. 对财富有正确的理解,引导学生对人生价值观进行思考。

【辅导对象】

小学高段学生、初中生。

【辅导预设与教学流程】

◎ 创设氛围,谈话导入,暴露心态

1. 聊富裕的生活。

教师通过"衣、食、住、行"等方面的交流,创设一种讲真话的氛围,充分暴露学生对财富的片面理解。

2. 心理情境示范。(播放录音)

(1)哇!你的新书包真漂亮,还是名牌的呢。我的书包也是妈妈新买的,可是比起你的差远了。

(2)妈妈,我去过咱们同学家,他们家装修得可漂亮了,现在我都不敢把同学带回家了!

3. 采用"自我揭示法"启发。

教师说说自己的烦恼,采用"自我揭示法"启发学生交流自己的想法和心态。

4. 教师小结,解决烦恼。

◎ 探究分析,知识迁移,调整心态

1. 双关图,说启示。

2. 听故事《贫穷和富有》,说感受。

贫穷和富有

一位非常有钱的父亲带着全家来到乡下。他很想让儿子看看穷人过得多么可怜,于是,就特意选了一个最穷的家庭住了一天一夜。回城后,父亲问儿子:"这次旅行感觉怎么样?""非常好!""那你现在该知道穷人的生活是什么样了吧?"父亲又问。"是的。""哦,说说看,你都看见什么了?""我看到:我们家只有一条狗,而他们家却有四条;我们家花园里有许多照明的路灯,而他们家却拥有满天的繁星;我们家的院子虽然很大,但他们家的院子却一直延伸到地平线上。"儿子说完后,父亲变得沉默无语。最后,儿子又补充道:"谢谢您,爸爸,您让我明白了我们是多么贫穷。"

3. 交流讨论:在富裕的生活条件下,我们怎样才能让自己更富有呢?

◎ 知识反馈,解决烦恼,助人自助

1. 解决"我的烦恼",并板书解决方法。
2. 心灵独白。
学生可以根据方法解决自己的心理问题,或者写写对富有的理解。
3. 学生反馈,教师总结。(出示课题:我是小富翁)

【辅导生成或精彩片段】

◎ 知识反馈,解决烦恼,助人自助

师:在这里,老师带来几个小资料,让我们来听一下。

1. 比尔·盖茨建立的慈善基金会资金规模超过600亿美元,他留给子女的创业基金却不过百万美元。盖茨表示:"我不会将自己的所有财产留给自己的继承人,因为这样对他们没有一点好处。"

2. "慈善一日捐"活动,广播电台寻找"风调雨顺""顺其自然"等无名捐款的好心人。

生1:听了资料我觉得回馈社会也是一种让自己富有的途径。

生2:通过一己之力帮助需要帮助的人,这样的人才能称得上"富翁"。

……

师:学到这里,你能解决自己的烦恼或者同学的烦恼了吗?

生3:我来解决××同学的烦恼,在五星级酒店办生日会并不代表富有,生日是一个纪念日,其实以其他的形式来过生日,比如帮助需要帮助的人,或者把自己的压岁钱拿出来捐助"希望工程"等,这样的生日比在五星级酒店办更有意义。

生4:我认为贫和富是一种心态,钱多并不代表富有,钱少也不一定贫穷,因为有时候他们的精神生活很富有!

生5:我们要学会回馈社会,做精神的富翁。

……

总结:同学们,看看这些句子,老师特别欣慰,大家不仅在这堂课中解决了自己的烦恼,而且对"富有"有了一个全新的认识,那么请大家在今后牢记这堂心理辅导课的收获,做一个物质上和精神上的双重富翁,这样的你才是最富有的!

【辅导活动点评】

学生中普遍存在着不同程度的攀比心理。"攀比"是个体发现自身与参照个体发生偏差时产生负面情绪的心理过程。而学生的攀比心理,是与别人在物质享受方面相比较中产生的一种狭隘的片面的心理现象。这种心理促使学生在物质享受方面向较高的档次看齐,且力求拉平,从而产生对财富观的不正确心态,当这种心态无法得到满足时,便会有一种挫折感、自卑感。这种心理的存在,必然会给学生的生活、学习及身心的发展带来负面的影响。

俞英老师设计执教的本辅导活动在获得海曙区一等奖后，又以精湛的辅导能力和优异的临场教学表现，获得宁波市比赛第一名。

本辅导活动的优点十分明显：

1. 创设畅所欲言的氛围，帮助学生更快暴露自身的心态

本次心理辅导活动的开展旨在使学生在宽松、和谐的氛围中畅所欲言，创设一种讲真话的氛围，了解他们原有的财富观，特别是面对物质财富时的心态。教师借助双关图和心理小故事来告诉学生不同的人从不同的角度去看，就可能得出不同的结论。并在此基础上，为学生呈现他们心目中的富翁是如何看待财富的报道，更加加深了学生对做一名"精神富翁"的理解。

通过本次心理辅导活动，学生对财富有了一个全新的认识，从他们的心灵独白来看：财富是心情愉快，广交朋友；赠人玫瑰，手有余香；开阔胸襟，回馈社会等。他们的精神世界变得很富有。相信通过努力，他们一定能成为地道的精神富翁。

2. 保证学生全身心地参与，注重活动的心理体验

团体心理辅导不同于一般的文化课，绝不能仅仅满足于让学生了解一些心理学知识，懂得一些道理，而要以学生活动为主，体现学生心理活动的轨迹。教师投入到团体互动中，表达出在团体中此时此刻的自我感受或人生经历，以引导学生自我开发，自我暴露，增进学生对教师的信任，促进团体更深层的互动。所以，在教学中，要让学生积极参与课堂活动，在参与的过程中不断获得情感体验，真诚地与人沟通，说出自己的心里话，从而促进学生个性良好的发展。

【给家长的建议】

近些年来，学校周围的小店越开越多，而且每到放学，门庭若市，生意好得令人眼红。在一些商业娱乐场所，人们不时可以发现学生的高端消费现象。当前儿童消费的心理特点主要有：一是攀比性。在群体中消费为了突出自我，显示自我，相互攀比，追求自我优越，求得心理满足。二是盲从性。花钱不是从需要出发，而是赶时髦、随潮流，毫无目的性。三是交际性。花钱交友，搞友情投资。有的孩子为避免孤独，便寻求社会交往，这方面支出越来越多。四是娱乐性。网吧、KTV、公园游乐场也是儿童会光顾的场所，不在乎花钱多少，只图玩个痛快。而且市场上投儿童所好的各种玩具不断翻新花样，档次也越来越高，对儿童具有强烈的吸引力。这些都不能不令家长、教师担心。

针对上述的消费心理特点，分析学生不良消费行为产生的原因主要有：

1. 模仿心理。学生兴趣广泛，模仿能力强，分辨能力较差，对新事物无论好坏

都想尝试一番。看见别人穿名牌服装,用名牌物品,出入 KTV、网吧等场所,自己也跟着去做。

2. 虚荣心理。学生同样有被人尊重的需要,当他们发现花钱大方、宴请同学、衣着华丽等高消费行为,能引起同学们的羡慕时,虚荣心会得到很大的满足。因此他们便借助高消费来炫耀自己,以获得所谓的"面子"和"尊重"。

3. 弥补心理。有些学生相貌一般、学习成绩不好或者没有什么引人注意的地方,因此,他们便用高消费来吸引同学们的目光,掩盖自己的不足。还有些学生在家所受关爱较少,父母忙于工作,很少与孩子沟通,只会往孩子手中"甩票子",于是孩子便用高消费填补内心的空虚和寂寞,发泄怨恨和不满。

4. 依赖心理。有些学生从小娇生惯养,衣来伸手,饭来张口,吃的、用的、穿的应有尽有,慢慢地便形成了一种惰性,这种依赖心理,使学生难以控制自己的高消费行为。

对于儿童在消费过程中存在的问题,家长首先要自我检查,以身作则,这样才能成为孩子的榜样。其次,针对如上心理问题,家长可以对症下药,对孩子进行认知矫正,晓之以理,而且要立足于自身的家庭经济条件,绝不可一味地、无条件地满足孩子的虚荣心理。

第6节 名牌的烦恼

【辅导主题】

适度消费的心理辅导。

【辅导目标】

1. 树立适度消费的观念,抵制盲目攀比的错误消费。
2. 学会选择正确健康的消费方式,养成勤俭节约的良好习惯。

【辅导对象】

小学高段学生、初中生。

【辅导预设与教学流程】

◎ 热身游戏,猜名牌价格

1. 课件出示一些名牌标志,猜品牌;出示一些名牌商品,猜价格。
2. 请学生说说自己和周围的同学拥有哪些名牌商品,并谈感受。

猜品牌、价格的游戏使课堂气氛活跃,并带领学生进入消费心理辅导的主题。然后从名牌商品入手,对孩子们消费情况进行初步调查,了解他们的消费心理,为下面的辅导做好铺垫。

◎ 焦点讨论,新闻看看看

课件出示"天价月饼""郭美美炫富"等热点社会新闻,请学生发表看法。

介绍新闻热点以揭露社会不良消费现象,引导学生对此进行探讨,通过社会舆论导向让孩子们对错误的消费观形成一定的概念。在这里充分运用侧面引导的教育策略。

◎ 情景体验,观小品表演

名牌的烦恼

场景一:小明、小强、小刚是好朋友,一起放学回家。

小明:哇,小刚,这双鞋好漂亮。

小刚(一脸得意):这是我爸爸昨天给我买的新款名牌篮球鞋,花了五百多呢。

小强(不屑一顾):这算什么,我的这双耐克还是去年的款,就要七百八,明天我让我妈再给我买一双。

小刚、小强:小明,你那鞋是什么牌子的啊,我们怎么没看到过?

小明:这……

场景二:小明与爸爸在家中。

小明:爸爸,给我买双鞋吧。

爸爸:你不是有好几双鞋吗?

小明:那都穿旧了,小刚才买了双新鞋。

爸爸:好吧,明天给你买。

小明:爸爸,我想要买双耐克鞋。

爸爸:干吗买那么贵的鞋?

小明(央求):爸爸,人家小强小刚都有了,我没有那么没面子啊。再说我们家又不是买不起……

1. 看完小品,请学生思考:小明的要求合理吗?
2. 出示普通的书包和名牌书包,比较外观、作用、价格,看看两者的区别。

这个小品表现的是学生生活中比较常见的一种攀比现象,能引起学生的共鸣,引发他们对追求名牌的思考。而将名牌和非名牌商品进行对比,能让学生清楚地意识到两者在实用功能方面并没有多大的区别,从而使他们意识到追求名牌、盲目消费的误区,树立正确消费的意识。

◎ 消费选择,做行为判断

出示一些消费项目,让学生进行选择,同意举绿旗,不同意举红旗,并说明理由。

1. 旅游

举绿旗:我同意。因为旅游能增长我们的见识,有益身心。

举红旗:我不同意。在电视里也能看到这些风景,还不累。

点评:有些人认为旅游是花钱找罪受,有些人觉得能增长见识,仁者见仁,智者见智。

2. 在大酒店请客过生日

举绿旗:我同意。因为请朋友一起过生日能增进友谊。

举红旗:我不同意。这样太奢侈了,可以在家里过得简单一些。

点评:友谊不需要用金钱衡量,真诚是最好的礼品。

3. 买学习机

举绿旗:我同意。因为学习机能帮助我们学习。

举红旗:我不同意。只要努力学习照样能学好,不需要学习机。

点评:消费的原则是看看是否真的需要它。

……

总结:大家通过这堂课都有了共同的意识。我们应该提倡合理、健康、科学的消费,把钱花在有价值有意义的事情上,穷不卑,富不奢,成由勤俭败由奢。

【辅导活动点评】

本心理辅导活动围绕"消除攀比心理,树立正确消费观"这一主题而展开,紧扣小学生消费心理形成的原因,有针对性地采用了恰当的方法突破了活动的重难点,不仅纠正了学生对名牌过分追求迷恋的消费心理,而且对小学生今后的消费有指导意义。

合理使用和支配自己的零花钱,是孩子形成正确消费观的一项重要内容。本辅导活动模拟消费这个环节,恰恰能在培养小学生管理自己的零花钱方面起到积极的作用。通过自我评估与判断,能更清楚地了解哪些支出是合理的,哪些是可以节约的,避免消费行为中的盲乱和混乱,对强化正确的消费观有重要的作用。

《名牌的烦恼》由符慧君老师执教,获得海曙区二等奖、宁波市三等奖。

【给家长的建议】

随着人们的生活水平不断提高,尤其是一些家庭收入剧增,金钱代替了对孩子的教育。现代家庭,往往又是"缺什么也不能缺了给孩子的钱",助长了小学生追求名牌、追求奢华、爱慕虚荣的风气,使一些学生从小养成了追求享受、铺张浪费的不良习惯。心理学家认为,完全可以通过教育引导,提高小学生的认识能力和判断能力,培养正确的消费观念和方式,养成良好的节约习惯,当然只有家长身先垂范,才能从根本上解决问题。

第7节 我的money我做主

【辅导主题】

自主消费的心理辅导。

【辅导目标】

1. 感受经济发展带来的消费水平、消费选择、消费观念的变化。
2. 能有计划地管理好自己的钱,提高自我管理能力。
3. 能感受到富日子带来的快乐。

【辅导对象】

小学五、六年级学生,初中生。

【辅导预设与教学流程】

◎ 游戏热身，活跃气氛

1. 上课前我们先来做个游戏轻松轻松，叫"一元五角"。

2. 现在每个同学手中都拿到了代币。请你按照老师规定的钱款数额，手持代币寻找伙伴，凑齐数额，不能多也不能少。凑齐后立即围成一圈，并且手拉手。

3. 看来大家都玩得很开心，就让我们带着愉快的心情开始上课吧。

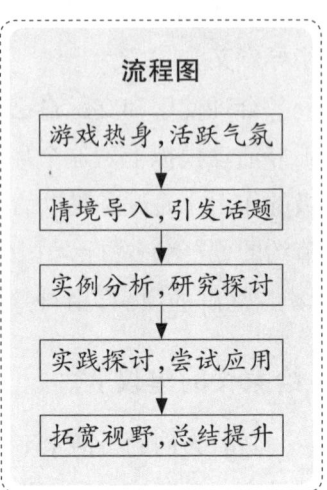

本环节是心理辅导的课前预热环节。通过游戏"一元五角"活跃课堂气氛，同时引入钱币概念，预示本次辅导的主题。

◎ 情境导入，引发话题

1. 师：同学们，手里有钱的感觉一定很好吧，那么每个月给你多少零花钱，你会觉得自己过上了富日子呢？

2. 师：我这里有三个选择——5元、50元、500元。请你把手中的乒乓球投进相应的桶里。我请3位同学来帮我统计一下人数。

3. 师：看来同学们对"富日子"的定义是不同的，感受也是不同的。记得我读小学的时候，每个月能拿到5块钱，就可以算是班上的"小富婆"了呢！看来我们的社会日渐富裕，我们的日子也越过越好。近些年来，层出不穷的新消费热点不断涌现……你们知道哪些新的消费方式？（自助旅游、健身美容、网上购物）

本环节是心理辅导的导入环节。首先，教师运用现场统计法了解孩子们对富日子的不同感受。其次，通过发现身边的消费方式，让孩子们明白我们的生活越来越精彩，人们的消费理念也在不断地变化、更新。

◎ 实例分析，研究探讨

1. 师：我们的生活越来越精彩，周围的一切都在更新变化，人们的消费观念也在变。小Q家里可热闹了，我们赶紧去看看吧。

第一集：外婆的2000元。

好不容易到家了，外婆边打喷嚏边走进家门。"妈，您这是怎么了？"妈妈问。

"我从你哥家回来,没想走到半路下雨了,我又没带伞,所以就感冒了。""那您怎么不坐公交车啊?出门前不给您带钱了吗?等不到公交车打车也行啊!现在生活好了,看政府不刚给您发了2000元的补发工资嘛!再说了您老人家身子骨弱,怕这回得感冒了!"听了这话,外婆可不开心了:"你呀,就知道花钱。一元两元都是钱啊,就一两站的路,以前你妈我去乡下也是靠这两条腿走去的,那可有10多里地呢!还让我打车,那简直是把钱丢到大街上,罪过啊罪过!照你这种花法,你们兄妹仨我怎么养得活啊!我得把这笔钱攒起来,不花!"说完扭头就进了自己的房间。

第二集:妈妈的2000元。

国庆节到喽!妈妈的心情特别好,因为单位发了2000元的奖金。一拿到钱,妈妈就直奔商场而去,那儿正在搞大型促销活动,有的商品打五折,有的打四折,有的还买一送一。妈妈心想:这样的好机会真是不多啊,可别错过了。一口气买了好多衣服和化妆品,一眨眼的工夫不但花光了2000元奖金,自己还贴了两三百进去。后来,妈妈才发现,自己买的好多东西是不需要的,现在用不上。买了用不上;不买吧,东西实在便宜,又怕失去机会。下次再遇到这样的情况,妈妈到底应该怎么做?

第三集:小Q的2000元。

难得到了假期,小Q和妈妈去买鞋子,小Q说:"妈妈,我要这双'耐克'牌的运动鞋,我班同学张易也有。"妈妈说:"你不是有'李宁'运动鞋吗?""那不一样,这名牌鞋子不嫌多,再说了别人都有了,我没有,那多没面子。我都想好了,我手头有2000元压岁钱,够我买两三双'耐克'呢!对了,我就买两双,今天穿一双,明天再穿另一双。看他怎么跟我比!"

2.我们得出了以下消费宝典。

概括为十六字方针:合理计划,勿忘节俭;量入为出,理性消费。如果我们做到这些,就能达到"花更少的钱过更好的生活"的目标。

在这一环节中,通过比较外婆、妈妈、小Q三人对待2000元钱的不同态度,让孩子们从他人身上发现消费误区,从而树立正确的消费理念。

◎ **实践探讨,尝试应用**

1.出示调查结果。

同学们,你们还记得昨天老师给你们做的一个调查吧,我们一起来看看调查结果。

其实这份调查表不是我设计的,而是心理学家针对我们小学生的消费心理设计的问卷。从这份调查问卷中,我们统计发现,大家手头的零花钱多少不等;有76.1%的同学认为勤俭节约、艰苦奋斗是好的传统,应该保持;但同时也有54.3%的同学认为自己存在浪费的现象;有50%的同学在花钱时首先想到钱来之不易;但也有部分同学认为不花白不花,或有花钱很痛快的感觉。看来我们班在消费上还存在浪费、追求名牌、花钱无计划等不合理现象。

2. 同学互动交流。

刚才在课上我们聊了那么多,相信大家对怎样花钱,已经有了自己新的认识。生活是多变的,或许你每个月有父母给你的5元零花钱,又或许你有50元,也可能你获得了一笔额外的500元收入。面对这三种不同的情况,你如何安排生活?请你先认真读一读温馨小贴士,给这三笔钱分别做个消费安排。

本环节是本次活动的辅导难点。教师首先通过对前一天预先做的调查表进行总结分析,发现班上有相当多的同学在消费上还存在浪费、追求名牌、花钱无计划等不合理现象。通过本次活动的前期辅导,组织孩子们运用学习到的合理消费理念,对三笔不同金额的钱进行合理安排。之所以设立三笔不同的金额,就是要引导学生明白:5元、50元、500元,因为金额不同,能做的事不同,花法自然也不同。

◎ 拓宽视野,总结提升

1. 今天和同学们聊得很尽兴,作为奖励,老师给大家播一段图片新闻吧!

(1)12岁的王宁坚持平均每天存一元钱,一年后,他买到了自己心仪已久的自行车。

(2)维扬实验小学四年级的"小发明家"李沐捧回第三届"中国青少年科技创新金奖"的同时,还得到5000元奖金,在征得父母同意的情况下,李沐花了4000元买了心仪已久的机器人进行研究,把剩余的1000元交给学校,倡议设立"校园爱迪生奖",鼓励更多同龄伙伴都来动手创新。

(3)小张家所在的村子在建设社会主义新农村的带动下,村民们都过上了富日子,盖起了两层楼的小洋房,但他们依旧钟爱传统剪纸手艺,作为过年礼物装饰房间。

(4)2006年,世界首富比尔·盖茨在家中宴请胡锦涛主席时,共上了三道菜:鸡肉、牛肉(虾)、大蛋糕。

(5)华人首富李嘉诚将捐1/3身家做慈善,以其约1500亿港元财产计算,基金会资金将增至480亿元,这将是全球华人私人基金会中捐款金额最高的一个。

2. 最后送同学们一副对联:

知足常乐,富裕就是一种感觉。

量入而出,生活也是一种智慧。

【辅导活动点评】

这次辅导活动选择的班级属于沿海发达地区的中心小学,绝大部分孩子的家庭经济条件都不错,因此这一团体心理辅导的主题贴近学生生活,具有针对性和实用性。学会过富日子实际上是指导学生如何进行理性消费。理性消费是指消费者在消费能力允许的条件下,按照追求效用最大化原则进行的消费。从心理学的角度看,理性消费是消费者根据自己的经济条件做出合理的购买决策。儿童在思想上对金钱的认识不尽合理,缺乏对花钱的节制,容易产生花起钱来无所谓的态度。

整个辅导活动以学生讨论为主,教师讲解点评为辅,气氛活跃,收效明显。通过投乒乓球的方式,做了一个小调查,了解孩子们对"富日子"的不同定义和感受。从孩子已有的生活基础出发,让他们发掘自己的需要,然后去研究反思自己的需要,自主性得到了最大体现,潜能也得到了充分的发挥。同时尊重差异,给那些胆怯的孩子一个宽松的环境、一个和别人对话的平台。

教师在整个辅导活动中辅导目标明确,辅导思路清晰,并巧妙地在与学生的交流中,把时间和空间给了他们,由学生自己去思考、去分析、去发现,一环扣一环地调动学生的参与激情。教学中,教师以学生为主体,扮演了组织者和倾听者的角色,组织学生围绕贴近生活的事例展开课堂讨论。由于讨论的话题贴近学生生活,课堂气氛较为活跃。每一项小活动的目标都是具体的、明确的,好操作、易实现,赢得了同学们的积极响应,充分调动了同学们的参与意识。在讨论的过程中教师和学生共同总结出"合理计划,勿忘节俭;量入为出,理性消费"的正确消费观。整堂课节奏舒缓,辅导环节衔接紧密流畅,在师生互动、生生互动中,落实了辅导目标,收到了较好的辅导效果。本次辅导活动由乐蓓霞老师设计、执教,获得宁波市三等奖。

【给家长的建议】

不少孩子会在过年时收到压岁钱,在生日时收到红包,定期会有零花钱的收入。面对这一笔笔得来容易、数额可观的钱,孩子们会感到很兴奋,有的会大肆挥霍,有的会当"守财奴"分文不动,这些都是不会消费的表现。因此,帮助他们树立正确的消费观念,引导他们正确消费是当务之急。

从本次辅导活动中不难发现,外婆、妈妈、小Q的三种消费方式都有值得商榷之处,外婆为了省下坐公交的两块钱,宁可冒着大雨走回家,虽然省下了钱,但也感冒了;妈妈因为商场促销,盲目购买,看似省了钱,却买回了一堆根本不需要的商品;小Q为了和同学攀比,购买不需要的名牌。其实他们三人代表的都是错误的消费观,正确的消费观是:不仅会省钱,不浪费钱,更重要的是会花钱,达到"花更少的钱过更好的生活"的目标。

建议家长在生活中多给孩子实践的机会,培养孩子"合理计划,勿忘节俭;量入为出,理性消费"这一正确消费的观念。不妨在家人一起去超市的时候,给孩子一定的消费额度,比如10元、20元,不能超额,看他究竟挑选了什么,节省下来的钱归孩子。及时点评孩子的购物行为,对于节俭的行为、购买到性价比高的物品,要大力赞赏,有意识地引导孩子花钱买必需品,学会过好富日子。

另外,还可以尝试开设"家长银行",有零花钱及时登记存取,有利息支付给孩子;对年龄足够大的孩子可以直接陪同他到银行开独立账户存取款,锻炼其理财能力。

第8节 热线51880(我要帮帮你)

【辅导主题】

学会求助的心理辅导。

【辅导目标】

1. 通过故事情境了解热线51880(我要帮帮你)的功能和作用。
2. 尝试通过对热线51880倾诉来找到坏情绪产生的原因以及解决方法,体验向他人倾诉烦恼,缓解内心焦虑的方法。
3. 初步探索情绪调节的方法,知道要保持积极愉快的情绪。

【辅导对象】

大班幼儿、小学低段学生。

【辅导预设与教学流程】

◎ 情境引入,经历回顾(初步感受小灰兔的烦恼)

观看情境1,带入角色。

小灰兔最近遇上了几件不顺心的事,但它没处诉说,心里憋得慌。小灰兔无精打采地在森林里游荡。

提问:

(1)小灰兔怎么了?它在干吗?

(2)你觉得它现在的心情是怎么样的?

(3)什么事情令它这么不开心?

观看情境2,经历回顾。

教师问小灰兔:"你怎么了?"

小灰兔回答:"我烦着呢!讨厌!气死我了!"(不断地发脾气,又踢又踩路边的花草)

提问:

(1)你烦恼过吗?因为什么事情?

(2)你烦恼时是怎么样的?

教师通过情境表演的方式引入课题,引发孩子共鸣。因为孩子也曾经遇到过不顺心的事,也有过这种焦虑的体验。随后通过观察法,让幼儿观察小灰兔生气时表现出的焦躁、来回走等言语和行为,让幼儿初步感受烦恼时的焦躁情绪和心理。

◎ 热线呈现,助人自助(解读热线的功能及用法)

情境3:

1. 教师播报热线电话广告"要赶走烦恼,请拨51880"。

2. 小灰兔半信半疑地拿起电话,刚一拨完"51880"就听见一个声音说:"你好,我是51880,正在倾听你的诉说。"

3. 师幼互动,小灰兔就对着电话筒把烦心的事情一件件说了出来。

(1)明明是姐姐小白兔打碎的花瓶,妈妈却因为看到小灰兔在捡碎花瓶而错怪它。

(2)在幼儿园里,小灰兔回答错了老师的问题,小伙伴们一个劲地嘲笑它。

4. 针对小灰兔的烦心事,进行辅导。

通过上一环节的感知铺垫，幼儿普遍能够比较自然地联系自身，讲述生活中遇到的烦恼和表现。教师运用榜样示范教学策略，让幼儿通过角色的示范了解热线的功能及用法，在与角色的互动交流中达到助人自助。

◎ 角色互动，讨论交流（获取宣泄不良情绪的解决方法——找出原因，及时宣泄）

采访小灰兔现在的感受。（感觉心里一下子畅快多了）

提问：电话里小灰兔说了什么？热线又说了些什么？

小结：原来，我们在生活中遇到烦恼的事情，只要拨打热线就可以找到烦恼的原因，就可以使自己的心情变得舒畅一些呢！

交流讨论，问幼儿还有没有其他的解决方法，愿不愿意尝试一下拨打热线。

通过角色互动，咨询员给以温情、关怀和理解，往往可以帮助对方从痛苦的心境中走出来，重新恢复对生活的美好感情。交流讨论的方式，有利于幼儿发散思维，找出其他有针对性的解决方法，激发尝试拨打热线电话51880的强烈欲望。

◎ 拨打热线，实践运用（运用拨打热线的方法解决生活中的问题）

1. 小组交流与倾诉自己的烦恼。（也可用绘画的形式来表现）
2. 介绍生活中的教育心理热线电话87321890（把气散了一拨就灵）。
3. 拨打热线，实践运用。

小结：在遇到烦恼的时候，如果我们光是自己闷闷不乐或者发脾气，就会伤害自己的身体，心里会越想越生气；如果我们听听音乐，做做运动，或找个好朋友说说，就会觉得心情很舒畅。

为了让儿童能够运用拨打热线的方法来调节自己的心情，向学生介绍海曙区教育心理咨询热线87321890（把气散了一拨就灵）。通过实践的运用，让幼儿真正内化，知道自己以后遇到类似的问题，应该如何去做。

【辅导活动点评】

在教育实践中笔者发现，孩子不可能把每一件心事都告诉老师或家长，也不可能把自己的每一种心情都与他人分享。那么有没有一种更好的方式或出口，一方面使孩子能主动地找到坏情绪产生的原因以及解决方法，进行情绪宣泄和调控，另一方面又能使我们更加深入了解孩子的内心和想法，及时化解他们的烦恼和焦虑呢？

学生对心理热线这方面的见闻和体验是从未有过的,本次活动也是他们第一次接触和体验心理热线,因此,教师准确地从孩子的心理特点出发,在设计活动方案时自编了小灰兔情景系列故事,通过故事中小灰兔烦恼时表现出的焦虑情绪及行为表现使幼儿产生共情,回忆自己也曾经产生相同或相似的行为和情绪表现,从而知道那些行为和表现都是消极情绪的表现,应该及时想办法找到坏情绪产生的原因以及解决方法,让自己摆脱烦恼,快乐起来。

热线51880(我要帮帮你)也是随着故事情节的发展而呈现给孩子的,情境表演小灰兔拨打热线的过程也是幼儿了解和学习的过程。环节思路清晰,情境引入,经历回顾→热线呈现,助人自助→角色互动,讨论交流→拨打热线,实践运用,四部分环环相扣又层层深入,有条不紊地展开活动。

本次辅导活动通过一系列生动形象、趣味性较强的情景小故事,层层深入地表现出遇到烦恼时的各种表现、原因以及解决方法,让孩子们能够感同身受,知道拨打热线、与人及时沟通交流能解决自己的一些烦恼,会让自己心情舒畅,缓解不良情绪。本次辅导活动由鲍雨老师执教,获得海曙区2012年度活动三等奖。

【给家长的建议】

"孩子的心灵就像一张白纸,我们可以在每一张纸上画出最美丽的图画。他们根本不会存在什么压力。"这句话有两大错误:第一,孩子不是白纸,心理学家洛克的"白板说"业已被最新的脑科学研究证伪,因为孩子的核心天性各不相同。第二,在幼儿长大的过程中,往往会经历很多风雨,稍不留神,孩子这张纸就可能被弄脏、弄皱、弄破。

孩子所承受的心理压力就像一团团灰暗的色彩,无情地泼洒在孩子的心灵之纸上,使他们未来的生活蓝图一片黯淡。有些幼儿在产生焦虑情绪时,常常找不到正确的表达方法,以致焦虑情绪难以排解,越积越多。

3岁以后的幼儿,大部分已能在日常生活中与人交谈,因此,倾诉应当成为幼儿排解焦虑情绪的主要途径。而小学生语言表达能力已经相对较强,结合《幼儿园教育指导纲要(试行)》精神,要给孩子创造一个想说、敢说、愿意说的环境。

有困难找警察,有心理烦恼该找谁?

心理学家一致认为,最常用的、有效的方式是宣泄。借助于表白,人的负面情绪得以释放,这对于保持健康的心理是十分有益的。

如今,社会上有很多专业的、公益的心理咨询电话,如海曙区教育心理咨询热线0574-87321890(把气散了一拨就灵)、宁波市中小学生心理咨询电话0574-

87368585、宁波市全球通知音热线 13957407000 和 13957408000、宁波市天一心理咨询热线 87302025 等,拨打电话,与心理咨询师聊聊天,逐渐成为焦虑抑郁人群的对症药方之一。

此外,还有很多专业的心理咨询机构,面谈咨询效果更好。当然,要注意是否是正规、专业的心理咨询单位,同时还要找对咨询师。擦亮眼睛,寻找到匹配的咨询师,将会指引你走进一片新的天地!

主要参考文献

1. 教育部基础教育司. 幼儿园教育指导纲要(试行)解读[C]. 南京:江苏教育出版社,2002.
2. 徐德荣,徐晓虹,邵静芬. 幼儿心理健康互动40课[M]. 杭州:浙江科技出版社,2008.
3. 鱼霞. 基础教育新概念:情感教育[M]. 北京:教育科学出版社,2001.
4. 吴增强. 学校心理辅导通论原理·方法·实务[M]. 上海:上海科技教育出版社,2004.
5. 田丽. 心理健康活动课评价标准的探究[J]. 中国教育学刊,2005(02).
6. 刘丽辉. 家园携手共同进行幼儿心理健康教育[J]. 中国家庭教育,2007(03).
7. 陈帼眉,冯晓霞,庞丽娟. 学前儿童发展心理学[M]. 北京:北京师范大学出版社,1995.
8. 应彩云. 孩子是天 我是云[M]. 上海:上海社会科学院出版社,2004.
9. 高岚. 幼儿心理教育与辅导[M]. 长春:东北师范大学出版社,2003.
10. 孟昭兰. 婴儿心理学[M]. 北京:北京大学出版社,1997.
11. 张辉娟. 试论幼儿园心理健康教育的特点与策略[J]. 上海教育科研.2005(09).
12. 朱小蔓,梅仲荪. 儿童情感发展与教育[M]. 南京:江苏教育出版社,1998.

后　记

2016年是值得铭记的一年,从宁波市海曙区教育局调入宁波教育学院,申报了教育部与省哲社课题立项,申请到专著的出版资助,还发表了核心期刊论文3篇,岁末完成了本书统稿,实现了到高校教师的转型。当然,还是非常怀念在海曙区教育系统工作的岁月,那是人生最宝贵的时段之一。

2016年初,独自完成了14年所有海曙区心理健康教育的档案分类与汇总,执笔市心理健康教育示范区申报的所有材料,包括档案目录彩色索引,整整67个档案盒,给自己在海曙从事心理健康教育画上了一个圆满的句号。感谢一直支持、配合我的海曙各校园长、教科室主任、心育专兼职教师们,因为在这67个档案盒子里,记录着你们的睿智,浸润着你们的精彩!

14年听课、评课与赛课,从幼儿园、小学、初中,到担任高中课比赛的评委,我积累了1000多节心育辅导课的经验。为填补宁波幼儿园心理辅导的空白,2008年出版了《幼儿心理健康教育互动40课》。基于以上经验,2013年开始梳理优质的儿童心理辅导活动。整整1000课浓缩到这60个活动中,在体现自己心育理念的同时,也感谢磨过这些课的教师们,这其中有教坛新秀、名师骨干,也有特级正高专家,这些活动承载着你们的努力,彰显着你们的才华!

作为宁波市首批获得国家二级心理咨询师资格的教师,又被省妇联、市社科联、市妇联、宁波电大等聘评为优秀讲师,为家长们传播科学的心育观念、家庭教育理念与方法,10多年来,感谢家长们的认真倾听和课后追问,其实,也正是你们的热忱与反馈滋养了我。所以,本书增加了一个栏目"给家长的建议",折射着你们的需求,寄托着你们的期望!

更值得一提的是,我的两位恩师陈如平研究员与原献学教授,还有授业于我的宁大、华师大、中国教科院的所有老师,省市教科领导专家,参与学术活动遇到的学者大家,你们滋润了我的学术涵养,提升了我的学术品质!

无尽的感谢与感恩……感谢生命中的所有贵人,感谢亲爱的家人,正是你们,让我的生活如此幸福与丰盈!

2017年1月3日

作者简介

徐晓虹,正高职称、硕士,现就职于宁波教育学院学报编辑部。宁波大学心理健康教育兼职硕士生导师(2016年第二次聘),浙江省学校心理健康教育学术委员会委员(首届),中国教育科学研究院访问学者(首届),国家二级心理咨询师。

获得全国科研教改先进工作者、长三角地区与省市教育科研先进个人、省心理健康教育先进个人、宁波市领军和拔尖第一层次人才等荣誉。主持或执笔教育部等课题15项、发表核心期刊论文10篇,执笔出版著作8部,其中《少年心事》被国家新闻出版广电总局列为向全国青少年推荐书目(2005)。

被浙江省妇联、宁波市社科联、宁波市妇联、宁波电大等评聘为市社科、家庭教育、社区教育系列优秀讲师。义务在宁波市天一心理热线(87302025)、宁波市大中小学心理咨询热线(87368585)值班,多次被评为优秀心理咨询师。2003年创办的教育心理咨询热线(87321890,把气散了一拨就灵)团队被评为2013年度浙江省年度教育新闻人物。